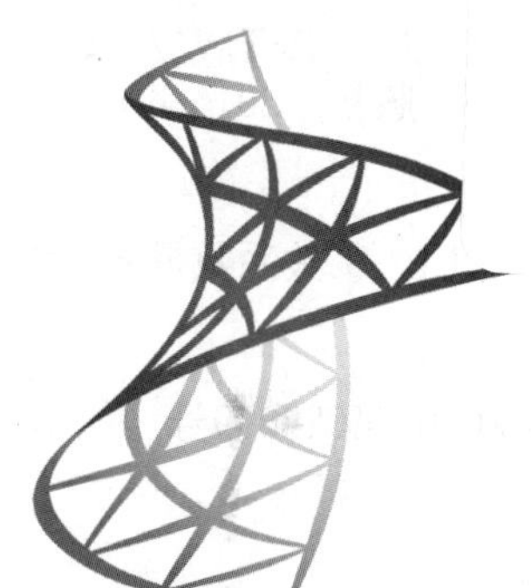

SQL Server 2012 数据库管理与开发

慕课版

明日科技 · 出品

◎ 马俊 袁暋 主编 ◎ 李颖 郭小芳 强俊 副主编

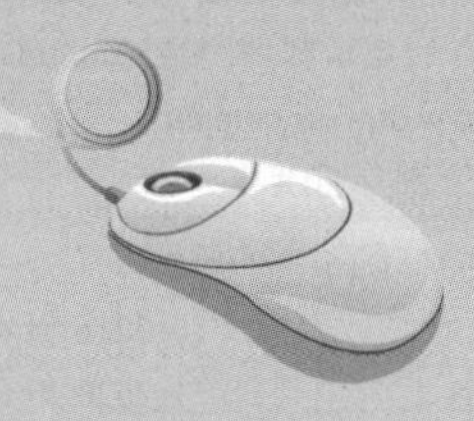

人 民 邮 电 出 版 社

北 京

图书在版编目（CIP）数据

SQL Server 2012数据库管理与开发 : 慕课版 / 马俊，袁暋主编. -- 北京 : 人民邮电出版社，2016.4（2020.8重印）
ISBN 978-7-115-41791-6

Ⅰ. ①S… Ⅱ. ①马… ②袁… Ⅲ. ①关系数据库系统 Ⅳ. ①TP311.138

中国版本图书馆CIP数据核字(2016)第028099号

内 容 提 要

本书共分13章，系统地介绍了数据库基础，SQL Server 2012安装与配置，创建和管理数据库，表与表数据操作，视图操作，Transact-SQL语法，数据查询，索引与数据完整性，流程控制、存储过程与触发器，SQL Server 2012高级开发，SQL Server 2012安全管理，以及SQL Server 2012维护管理等内容。全书最后一章是综合案例。书后附有上机实验，供读者综合实践使用。

本书为慕课版教材，各章节主要内容配备了以二维码为载体的微课，并在人邮学院（www.rymooc.com）平台上提供了慕课。此外，本书还提供了课程资源包，资源包中提供有本书所有实例、上机指导、综合案例和课程设计的源代码，制作精良的电子课件PPT，自测试卷等内容。资源包也可在人邮学院上下载。其中，源代码全部经过精心测试，能够在Windows7、Windows8、Windows10系统下编译和运行。

◆ 主　　编　马　俊　袁　暋
　副 主 编　李　颖　郭小芳　强　俊
　责任编辑　刘　博
　责任印制　沈　蓉　彭志环

◆ 人民邮电出版社出版发行　　北京市丰台区成寿寺路11号
　邮编　100164　　电子邮件　315@ptpress.com.cn
　网址　http://www.ptpress.com.cn
　北京天宇星印刷厂印刷

◆ 开本：787×1092　1/16
　印张：18　　　　　　　2016年4月第1版
　字数：540千字　　　　　2020年8月北京第10次印刷

定价：49.80元

读者服务热线：(010)81055256　印装质量热线：(010)81055316
反盗版热线：(010)81055315

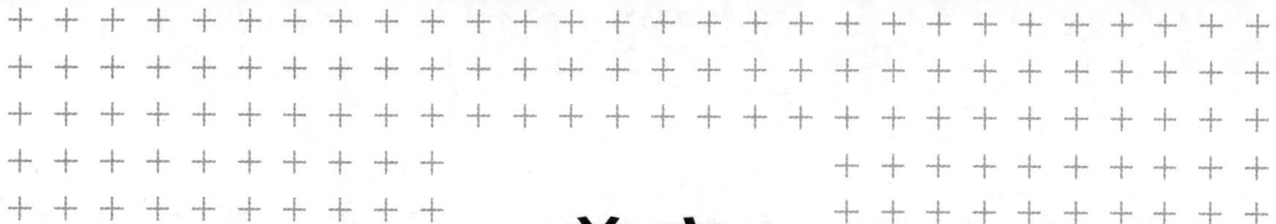

前言 Foreword

为了让读者能够快速且牢固地掌握SQL Server数据库管理与开发，人民邮电出版社充分发挥在线教育方面的技术优势、内容优势、人才优势，潜心研究，为读者提供一种“纸质图书+在线课程”相配套，全方位学习SQL Server的解决方案。读者可根据个人需求，利用图书和“人邮学院”平台上的在线课程进行系统化、移动化的学习，以便快速全面地掌握SQL Server数据库开发技术。

一、如何学习慕课版课程

本课程依托人民邮电出版社自主开发的在线教育慕课平台——人邮学院（www.rymooc.com），该平台为学习者提供优质、海量的课程，课程结构严谨，用户可以根据自身的学习程度，自主安排学习进度，并且平台具有完备的在线“学习、笔记、讨论、测验”功能。人邮学院为每一位学习者，提供完善的一站式学习服务（见图1）。

图1　人邮学院首页

为了使读者更好地完成慕课的学习，现将本课程的使用方法介绍如下。

1. 用户购买本书后，找到粘贴在书封底上的刮刮卡，刮开，获得激活码（见图2）。
2. 登录人邮学院网站（www.rymooc.com），或扫描封面上的二维码，使用手机号码完成网站注册。

图2　激活码

图3　注册人邮学院网站

3. 注册完成后，返回网站首页，单击页面右上角的“学习卡”选项（见图4），进入“学习卡”页面（见图5），输入激活码，即可获得该慕课课程的学习权限。

图4　单击“学习卡”选项

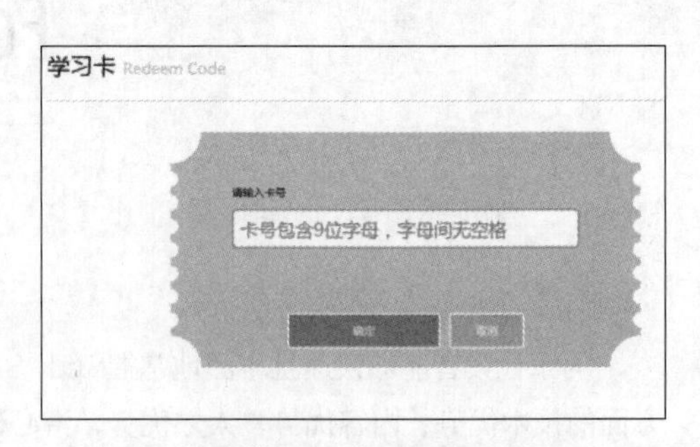

图5　在“学习卡”页面输入激活码

4. 输入激活码后，即可获得该课程的学习权限。可随时随地使用计算机、平板电脑、手机学习本课程的任意章节，根据自身情况自主安排学习进度（见图6）。

5. 在学习慕课课程的同时，阅读本书中相关章节的内容，巩固所学知识。本书既可与慕课课程配合使用，也可单独使用，书中主要章节均放置了二维码，用户扫描二维码即可在手机上观看相应章节的视频讲解。

6. 学完一章内容后，可通过精心设计的在线测试题，查看知识掌握程度（见图7）。

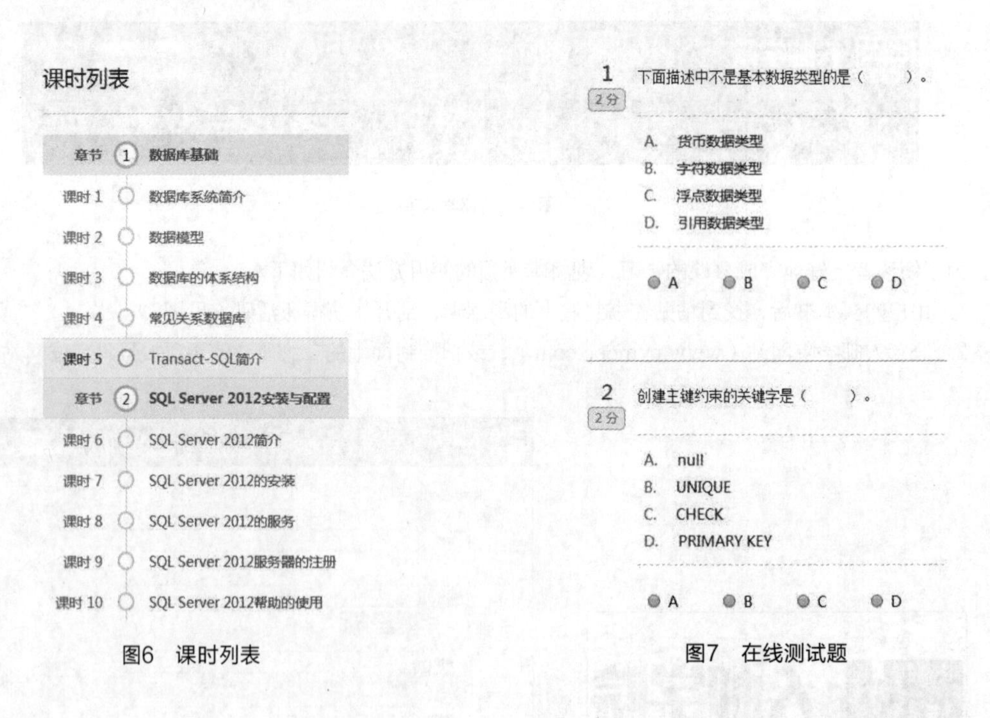

图6　课时列表

图7　在线测试题

7. 如果对所学内容有疑问，还可到讨论区提问，除了有大牛导师答疑解惑以外，同学之间也可互相交流学习心得（见图8）。

8. 书中配套的PPT、源代码等教学资源，用户也可在该课程的首页找到相应的下载链接（见图9）。

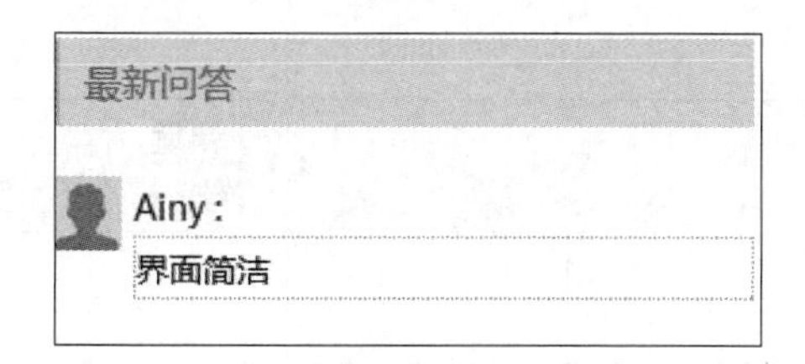

图8　讨论区

资料区

文件名	描述	课时	时间
素材.rar		课时1	2015/1/26 0:00:00
效果.rar		课时1	2015/1/26 0:00:00
讲义.ppt		课时1	2015/1/26 0:00:00

图9　配套资源

关于人邮学院平台使用的任何疑问，可登录人邮学院咨询在线客服，或致电：010-81055236。

二、本书特点

自从SQL Server 2000问世以来，SQL Server家族不断地壮大，和SQL Server相关的应用也越来越多。无论是C/S结构的各类应用程序，还是越来越多的各类B/S结构网络应用，都采用SQL Server作为其后台数据库。

2012年，微软公司推出了SQL Server的最新版本——SQL Server 2012。和2008版本相比，SQL Server 2012无论在性能上，还是在功能上都有了非常大的改进。SQL Server 2012是可用于大规模联机事务处理（OLTP）、数据仓库和电子商务应用的数据库和数据分析平台，其最大数据库长度为1 000 000 TB；与此同时，SQL Server 2012和Visual Studio 2012拥有一个统一的开发环境，使得集成于其中的编程模型能够提供一个整体的解决方案，从而使得程序开发语言、产品配置环境和数据操作这3种专业技能紧密地结合起来，让应用程序的可用性、性能、安全性和可伸缩性全面提升。凭借其在企业级数据管理、开发工作效率和商业智能方面的出色表现，SQL Server 2012赢得了众多客户的青睐，成为目前少数能够真正胜任从低端到高端任何数据应用的企业级数据平台之一，越来越多的企业开始将数据库开发平台转向SQL Server 2012。

在本书的编写过程中，我们重视理论、操作和应用三者间的比例与衔接，重视对读者实际操作能力和应用能力的培养。

全书通过“案例贯穿”的形式，始终围绕最后的综合设计案例——腾龙进销存管理系统设计实例，将实例融入知识讲解中，使知识与案例相辅相成。

本书作为教材使用时，课堂教学建议36～42学时，实验教学16～32学时。各章主要内容和学时建议分配如下，老师可以根据实际教学情况进行调整。

章	主要内容	课堂学时	上机指导
第1章	数据库的基础理论	2	
第2章	SQL Server 2012的概述、安装和配置	2	1
第3章	创建和管理数据库	2	1
第4章	表与表数据操作	2	1
第5章	视图操作	2	1
第6章	Transact-SQL语法	4	2
第7章	数据查询	4	2
第8章	索引与数据完整性	4	2
第9章	流程控制、存储过程与触发器	4	2
第10章	SQL Server 2012高级开发	2	1

续表

章	主要内容	课堂学时	上机指导
第11章	SQL Server 2012安全管理	2	1
第12章	SQL Server 2012维护管理	2	1
第13章	综合案例——腾龙进销存管理系统，包括需求分析、总体设计、数据库设计、公共类设计、系统主要模块开发、运行项目、小结	4	

本书由明日科技出品，马俊、袁暋任主编，李颖、郭小芳、强俊任副主编。马俊编写第1、2章，袁暋编写第3、4章，李颖编写第5~9章，郭小芳编写第10、11章，强俊编写第12、13章及附录。

编 者

2016年1月

目 录
Contents

PART01

第1章 数据库基础

本章要点

- 数据库系统的组成
- 数据模型
- 数据库三级模式及映射
- T-SQL

■ 本章主要介绍数据库的相关概念，包括数据库系统的简介、数据模型、数据库的体系结构、常见关系数据库及Transact-SQL简介。通过本章的学习，读者应该掌握数据库系统、数据模型、数据库三级模式结构及数据库规范化等基本的概念，并了解常见的几种关系数据库及Transact-SQL语言。

1.1 数据库系统简介

数据库系统简介

1.1.1 数据库技术的发展

数据库技术是应数据管理任务的需求而产生的。随着计算机技术的发展，人们对数据管理技术也不断地提出更高的要求，数据管理技术先后经历了人工管理、文件系统、数据库系统3个阶段，下面分别对这3个阶段进行介绍。

1. 人工管理阶段

20世纪50年代中期以前，计算机主要用于科学计算。当时硬件和软件设备都很落后，数据基本依赖于人工管理。人工管理数据阶段具有如下特点。

（1）数据不保存。

（2）使用应用程序管理数据。

（3）数据不共享。

（4）数据不具有独立性。

2. 文件系统阶段

20世纪50年代后期到60年代中期，硬件和软件技术都有了进一步发展，有了磁盘等存储设备和专门的数据管理软件（即文件系统），其具有如下特点。

（1）数据可以长期保存。

（2）由文件系统管理数据。

（3）共享性差，数据冗余大。

（4）数据独立性差。

3. 数据库系统阶段

20世纪60年代后期以来，计算机应用于管理系统，而且规模越来越大，应用越来越广泛，数据量急剧增长，对共享功能的要求越来越强烈。这样使用文件系统管理数据已经不能满足要求，于是为了解决一系列问题，出现了数据库系统来统一管理数据。其满足了多用户、多应用共享数据的需求，比文件系统具有更明显的优点，标志着管理技术的飞跃。数据库系统阶段具有如下特点。

（1）可保存大容量数据。

（2）由数据库系统统一管理数据。

（3）提高了数据共享程度。

（4）保证了数据的独立性、安全性和完整性。

1.1.2 数据库系统的组成

数据库系统（Data Base System，DBS）是采用了数据库技术的计算机系统，是由数据库（数据）、数据库管理系统（软件）、数据库管理员（人员）、硬件平台（硬件）和软件平台（软件）5部分构成的运行实体。其中，数据库管理员（Data Base Administrator，DBA）是对数据库进行规划、设计、维护和监视等的专业管理人员，在数据库系统中起着非常重要的作用。

1.2 数据模型

数据模型的概念

1.2.1 数据模型的概念

数据模型是数据库系统的核心与基础，是描述数据与数据之间的联系、数据的语义、数据一致性约束的概念性工具的集合。

数据模型通常是由数据结构、数据操作和完整性约束3部分组成的，分别介绍如下。

（1）数据结构：是对系统静态特征的描述，描述对象包括数据的类型、内容、性质和数据之间的相互关系。

（2）数据操作：是对系统动态特征的描述，是对数据库中各种对象实例的操作。

（3）完整性约束：是完整性规则的集合。它定义了给定数据模型中数据及其联系所具有的制约和依存规则。

1.2.2 常见的数据模型

常见的数据模型

常用的数据库数据模型主要有层次模型、网状模型和关系模型，下面分别进行介绍。

（1）层次模型：用树型结构表示实体类型及实体间联系的数据模型称为层次模型，它具有以下特点。

① 每棵树有且仅有一个无双亲结点，称为根。

② 树中除根外的所有结点有且仅有一个双亲。

层次模型结构如图1-1所示。

（2）网状模型：用有向图结构表示实体类型及实体间联系的数据模型称为网状模型。用网状模型编写的应用程序极其复杂，且数据的独立性较差。

网状模型结构如图1-2所示。

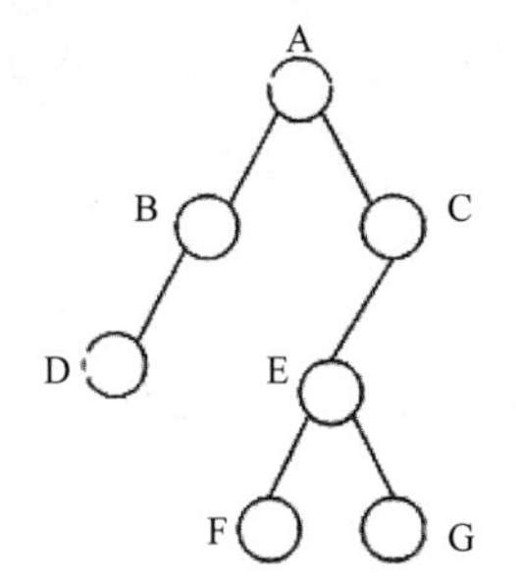

图1-1 层次模型

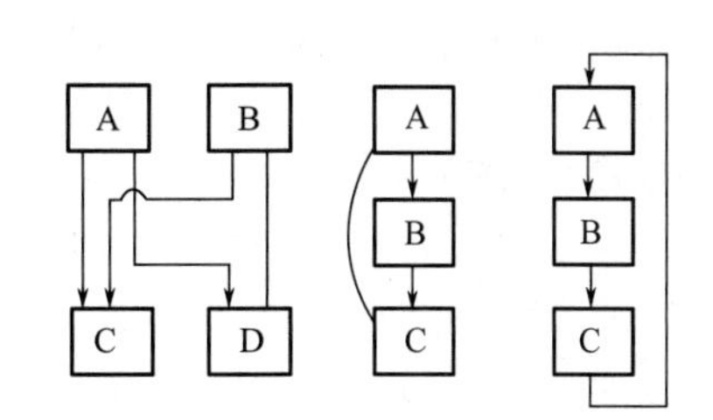

图1-2 网状模型

（3）关系模型：用二维表的形式表示实体和实体间联系的数据模型称为关系模型。在关系模型中，每个表有多个字段列和记录行，每个字段列有固定的属性（数字、字符、日期等）。关系模型的数据结构简单、清晰、具有很高的数据独立性，因此是目前主流的数据库数据模型。

关系模型的基本术语如下。

① 关系：一个二维表就是一个关系。

② 元组：就是二维表中的一行，即表中的记录。

③ 属性：就是二维表中的一列，用类型和值表示。

④ 域：每个属性取值的变化范围，如性别的域为{男，女}。

关系中的数据约束如下。

① 实体完整性约束：约束关系的主键中属性值不能为空值。

② 参照完整性约束：关系之间的基本约束。

③ 用户定义的完整性约束：它反映了具体应用中数据的语义要求。

关系模型示例图如图1-3所示。

学生信息表

学生姓名	年级	家庭住址
张三	2015	成都
李四	2015	北京
王五	2015	上海

成绩表

学生姓名	课程	成绩
张三	数学	100
张三	物理	95
张三	社会	90
李四	数学	85
李四	社会	90
王五	数学	80
王五	物理	75

图1-3　关系模型

1.2.3　关系数据库的规范化

关系数据库的规范化

范式是符合某一种级别的关系模式的集合，关系数据库的规范化理论认为：关系数据库中的每一个关系都要满足一定的要求，满足不同程度要求的为不同范式。根据满足规范的条件不同，范式可以分为多个等级：第一范式（1NF）、第二范式（2NF）、第三范式（3NF）、……、第*N*范式（BCNF）。其中，NF是Normal Form的缩写。一般情况下，只要把数据规范到第三范式标准即可满足需要。

1. 第一范式（1NF）

在一个关系中，要消除重复字段，且各字段都应是最小的逻辑存储单位。第一范式是第二和第三范式的基础，是最基本的范式。第一范式包括下列指导原则。

- 数据组的每个属性只可以包含一个值。
- 关系中的每个数组必须包含相同数量的值。
- 关系中的每个数组一定不能相同。

在任何一个关系数据库中，第一范式是对关系模式的基本要求，不满足第一范式的数据库就不是关系型数据库。

如果数据表中的每一个列都是不可再分割的基本数据项——即同一列中不能有多个值——那么就称此数据表符合第一范式，由此可见第一范式具有不可再分解的原子特性。

在第一范式中，数据表的每一行只包含一个实体的信息，并且每一行的每一列只能存放实体的一个属性。比如，对于学生信息，不可以将学生实体的所有属性信息（如学号、姓名、性别、年龄、班级等）都放在一个列中显示，也不能将学生实体的两个或多个属性信息放在一个列中显示，学生实体的每个属性信息都要放在一个列中显示。

如果数据表中的列信息都符合第一范式，那么在数据表中的字段都是单一的，不可再分的。如表1-1就是不符合第一范式的学生信息表，因为“班级”列中包含了“系别”和“班级”两个属性信息，这样“班级”列中的信息就不是单一的，是可以再分的；而表1-2是符合第一范式的学生信息表，它将原“班级”列的信息拆分到“系别”列和“班级”列中。

表1-1　不符合第一范式的学生信息表

学　号	姓　名	性　别	年　龄	班　级
9527	东*方	男	20	计算机系3班

表1-2　符合第一范式的学生信息表

学　号	姓　名	性　别	年　龄	系　别	班　级
9527	东*方	男	20	计算机	3班

2. 第二范式（2NF）

第二范式是在第一范式的基础上建立起来的，即满足第二范式必先满足第一范式。第二范式要求数据库表中的每个实体（即各个记录行）必须可以被唯一地区分。为实现区分各行记录通常需要为表设置一个“区分列”，用以存储各个实体的唯一标识。在学生信息表中，设置了“学号”列，由于每个学生的编号都是唯一的，因此每个学生可以被唯一地区分（即使学生存在重名的情况下），那么这个唯一属性列被称为主关键字或主键。

第二范式要求实体的属性完全依赖于主关键字，即不能存在仅依赖主关键字一部分的属性，如果存在，那么这个属性和主关键字的这一部分应该分离出来形成一个新的实体，新实体与原实体之间是一对多的关系。

例如，这里以“员工工资信息表”为例，若以（员工编码、岗位）为组合关键字（即复合主键），就会存在如下决定关系。

（员工编码，岗位）→（决定）（姓名、年龄、学历、基本工资、绩效工资、奖金）

在上面的决定关系中，还可以进一步拆分为如下两种决定关系。

（员工编码）→（决定）（姓名、年龄、学历）

（岗位）→（决定）（基本工资）

其中，员工编码决定了员工的基本信息（包括姓名、年龄、学历等），而岗位决定了基本工资，所以这个关系表不满足第二范式。

对于上面的这种关系，可以把上述两个关系表更改为如下3个表。

（1）员工档案表：EMPLOYEE（员工编码，姓名，年龄，学历）。

（2）岗位工资表：QUARTERS（岗位，基本工资）。

（3）员工工资表：PAY（员工编码、岗位、绩效工资、奖金）。

3. 第三范式（3NF）

第三范式是在第二范式的基础上建立起来的，即满足第三范式必先满足第二范式。第三范式要求关系表不存在非关键字列对任意候选关键字列的传递函数依赖，也就是说，第三范式要求一个关系表中不包含已在其他表中包含的非主关键字信息。

所谓传递函数依赖，就是指如果存在关键字段A决定非关键字段B，而非关键字段B决定非关键字段C，则称非关键字段C传递函数依赖于关键字段A。

例如，这里以员工信息表（EMPLOYEE）为例，该表中包含员工编号、员工姓名、年龄、部门编码、部门经理等信息，该关系表的关键字为“员工编号”，因此存在如下决定关系：

（员工编码）→（决定）（员工姓名、年龄、部门编码、部门经理）

上面的这个关系表是符合第二范式的，但它不符合第三范式，因为该关系表内部隐含着如下决定关系：

（员工编码）→（决定）（部门编码）→（决定）（部门经理）

上面的关系表存在非关键字段“部门经理”对关键字段“员工编码”的传递函数依赖。对于上面的这种关系，可以把这个关系表（EMPLOYEE）更改为如下两个关系表。

（1）员工信息表：EMPLOYEE（员工编码，员工姓名、年龄、部门编码）。

（2）部门信息表：DEPARTMENT（部门编码，部门经理）。

对于关系型数据库的设计，理想的设计目标是按照“规范化”原则存储数据，因为这样做能够消除数据冗余、更新异常、插入异常和删除异常。

3种范式之间的关系如图1-4所示。

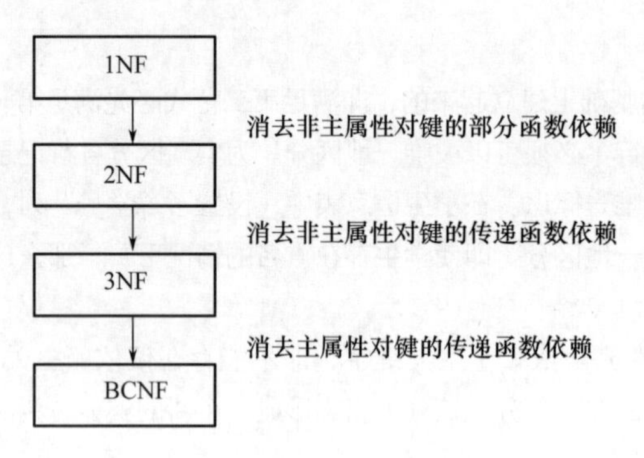

图1-4　3种范式之间的关系

1.2.4　关系数据库的设计原则

关系数据库的
设计原则

数据库设计是指对于一个给定的应用环境，根据用户的需求，利用数据模型和应用程序模拟现实世界中该应用环境的数据结构和处理活动的过程。

数据库设计原则如下。

（1）数据库内数据文件的数据组织应获得最大限度的共享、最小的冗余度，消除数据及数据依赖关系中的冗余部分，使依赖于同一个数据模型的数据达到有效的分离。

（2）保证输入、修改数据时数据的一致性与正确性。

（3）保证数据与使用数据的应用程序之间的高度独立性。

1.2.5　实体与关系

实体与关系

在数据库领域中，客观世界中的万事万物都被称为实体。实体即是客观存在的事物，如高山、流水、学生、商店等；实体也可以是一些抽象的概念或地理名词，如精神生活、物质基础、长春市等。实体的特征（外在表现）称为属性，属性的差异能够区分同类实体。如一本书可以具备下列的属性：书名、大小、封面颜色、页数、出版社等，根据这些属性就可以在一堆书中找到所要找的书。

实体本身并不能被保存到数据库中，要保存客观世界的信息，必须将描述事物外在特征的属性保存在数据库中。例如，要管理员工信息，可以储存每一位员工的工号、姓名、性别、出生日期、出生地、家庭住址、联系电话等，其中工号是人为添加的一个属性，用于区分两个或多个因巧合（包括员工姓名）而属性完全相同的员工。

实体之间有3种关系，分别如下。

（1）一对一关系：是指表A中的一条记录确实在表B中有且只有一条相匹配的记录。在一对一关系中，大部分相关信息都在一个表中。

（2）一对多关系：是指表A中的行可以在表B中有许多匹配行，但是表B中的行只能在表A中有一个匹配行。

（3）多对多关系：是指关系中每个表的行在相关表中具有多个匹配行。在数据库中，多对多关系的建立是依靠第3个表（称做连接表）实现的，连接表包含相关的两个表的主键列，然后从两个相关表的主键列分别创建与连接表中的匹配列的关系。

1.3 数据库的体系结构

数据库的体系结构

数据库具有一个严谨的体系结构，这样可以有效地组织、管理数据，提高数据库的逻辑独立性和物理独立性。数据库领域公认的标准结构是三级模式结构。

1.3.1 数据库三级模式结构

数据库系统的三级模式结构是指模式、外模式和内模式，它们的关系如图1-5所示。

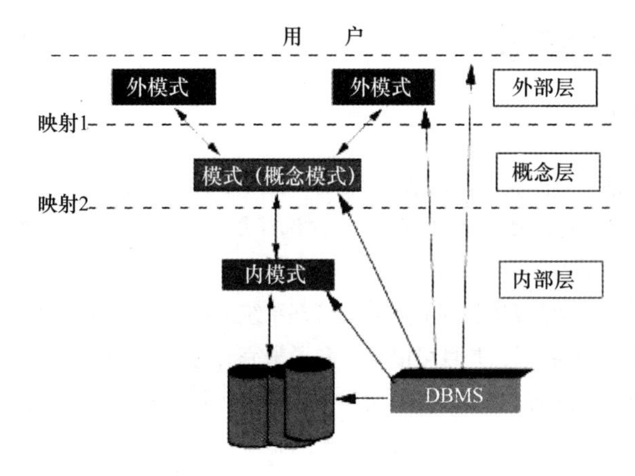

图1-5　数据库三级模式结构关系图

1. 模式

模式也称为逻辑模式或概念模式，是数据库中全体数据的逻辑结构和特征的描述，是所有用户的公共数据视图。一个数据库只有一个模式。模式处于三级结构的中间层。

定义模式时不仅要定义数据的逻辑结构，而且要定义数据之间的联系，定义与数据有关的安全性、完整性要求。

2. 外模式

外模式也称用户模式，它是数据库用户（包括应用程序员和最终用户）能够看见和使用的局部数据的逻辑结构和特征的描述，是数据库用户的数据视图，是与某一应用有关的数据的逻辑表示。外模式是模式的子集，一个数据库可以有多个外模式。例如，用户使用select查询到的表数据就是外模式。

外模式是保证数据安全性的一个有力措施。

3. 内模式

内模式也称存储模式，一个数据库只有一个内模式，它是数据物理结构和存储方式的描述，是数据在数据库内部的表示方式。例如，用户创建的数据表中定义的数据类型、索引等，都属于内模式。

1.3.2 三级模式之间的映射

为了能够在内部实现数据库的3个抽象层次的联系和转换，数据库管理系统在三级模式之间提供了两层映射，分别为外模式／模式映射和模式／内模式映射，下面分别介绍。

1. 外模式/模式映射

同一个模式可以有任意多个外模式。对于每一个外模式，数据库系统都有一个外模式/模式映射。当模式改变时，由数据库管理员对各个外模式/模式映射做相应的改变，可以使外模式保持不变。这样，依据数据外模式编写的应用程序就不用修改，其保证了数据与程序的逻辑独立性。

2. 模式/内模式映射

数据库中只有一个模式和一个内模式，所以模式/内模式映射是唯一的，它定义了数据库的全局逻辑结构与存储结构之间的对应关系。当数据库的存储结构改变时，由数据库管理员对模式/内模式映射进行相应的改变，可以使模式保持不变，应用程序也相应地不变动。这样，保证了数据与程序的物理独立性。

1.4 常见关系数据库

1.4.1 Access数据库

常见关系数据库

Microsoft Access是当前流行的关系型数据库管理系统之一，其核心是Microsoft Jet数据库引擎。通常情况下，安装Microsoft Office 时选择默认安装，Access 数据库即被安装到计算机上。

Microsoft Access是一个非常容易掌握的数据库管理系统。利用它可以创建、修改和维护数据库及数据库中的数据，并且可以利用向导来完成对数据库的一系列操作。Access能够满足小型企业客户/服务器解决方案的要求，是一种功能较完备的系统，它几乎包含了数据库领域的所有技术和内容，对于初学者学习数据库知识非常有帮助。

1.4.2 SQL Server数据库

SQL Server是由微软公司开发的一个大型的关系数据库系统，它为用户提供了一个安全、可靠、易管理的高端客户机/服务器数据库平台。

SQL Server数据库有很多版本，例如SQL Server 2000、SQL Server 2008、SQL Server 2012等。各版本发布时间如图1-6所示。

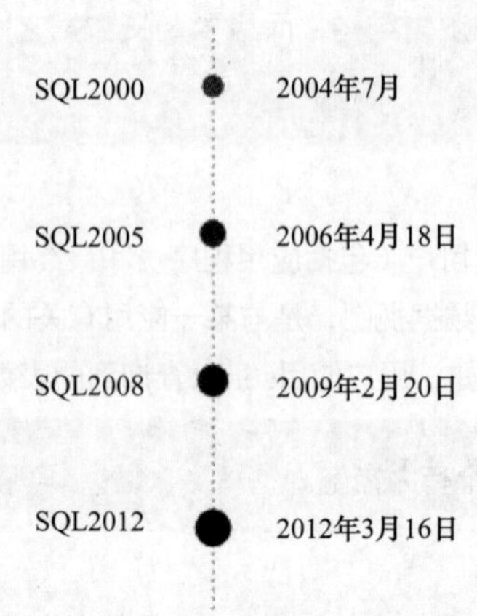

图1-6 SQL Server各版本发布时间

1.4.3 Oracle数据库

Oracle是ORACLE（甲骨文）公司提供的以分布式数据库为核心的一组软件产品。Oracle是目前世界上使用最为广泛的关系型数据库。它具有完整的数据管理功能，包括数据的大量性、数据保存的持久性、数据的共享性、数据的可靠性。

Oracle在并行处理、实时性、数据处理速度方面都有较好的表现。一般情况下，大型企业都会选择Oracle作为后台数据库来处理海量数据。

1.5 Transact-SQL简介

Transact-SQL简介

Transact-SQL是SQL Server 2008在SQL基础上添加了流程控制语句后的扩展，是标准的SQL的超集，简称T-SQL。

SQL是关系数据库系统的标准语言，标准的SQL语句几乎可以在所有的关系型数据库上不加修改地使用。Access、Visual Foxpro、Oracle这样的数据库同样支持标准的SQL，但这些关系数据库不支持T-SQL。T-SQL是SQL Server系统产品独有的。

1. T-SQL语法

T-SQL的语法规则如表1-3所示。

表1-3　T-SQL语法规则

约　定	说　明
UPPERCASE（大写）	T-SQL关键字
Italic	用户提供的T-SQL语法的参数
Bold（粗体）	数据库名、表名、列名、索引名、存储过程、实用工具、数据类型名以及必须按所显示的原样键入的文本
下划线	指示当语句中省略了包含带下划线的值的子句时应用的默认值
|（竖线）	分隔括号或大括号中的语法项。只能选择其中一项
[ ]（方括号）	可选语法项。不要键入方括号
{ }（大括号）	必选语法项。不要键入大括号
[,...n]	指示前面的项可以重复*n*次。每一项由逗号分隔
[...n]	指示前面的项可以重复*n*次。每一项由空格分隔
[;]	可选的T-SQL语句终止符。不要键入方括号
<label> : : =	语法块的名称。此约定用于对可在语句中的多个位置使用的过长语法段或语法单元进行分组和标记。可使用的语法块的每个位置应括在尖括号< >内

2. T-SQL语言分类

T-SQL语言的分类如下。

（1）变量说明语句：用来说明变量的命令。

（2）数据定义语言：用来建立数据库、数据库对象和定义列，大部分是以CREATE开头的命令，如CREATE TABLE、CREATE VIEW和DROP TABLE等。

（3）数据操纵语言：用来操纵数据库中数据的命令，如SELECT、INSERT、UPDATE、DELETE和CURSOR等。

（4）数据控制语言：用来控制数据库组件的存取许可、存取权限等命令。

（5）流程控制语言：用于设计应用程序流程的语句，如IF WHILE和CASE等。

（6）内嵌函数：实现参数化视图的功能。

（7）其他命令：嵌于命令中使用的标准函数。

小结

本章介绍了数据库的基本概念：数据库系统的组成、数据模型、数据库三级模式结构及映射、关系数据库和T-SQL简介等。通过本章的学习，读者可以对数据库有一个系统的了解，在此基础上了解Transact-SQL语言，为进一步的学习奠定基础。

习题

1-1　数据库技术的发展经历了哪3个阶段？

1-2　数据模型由哪几部分组成？

1-3　数据库三级模式结构是指什么？三级模式之间的映射有哪两种，如何定义？

1-4　常见的数据库模型有哪些？关系数据库的第一范式、第二范式、第三范式分别是什么？

1-5　实体之间有哪3种关系？

1-6　下面哪些是关系数据库？

（1）Access　　（2）SQL Server

（3）Oracle　　（4）XML

PART 02

第2章

SQL Server 2012安装与配置

本章要点

- SQL Server 2012的安装与配置
- 启动SQL Server 2012
- 注册SQL Server 2012服务器
- 使用帮助

■ 本章主要介绍SQL Server 2012的概念以及SQL Server 2012安装与配置的过程，包括SQL Server 2012简介、安装SQL Server 2012、启动SQL Server 2012的服务、注册SQL Server 2012服务器以及如何使用SQL Server 2012帮助。通过本章的学习，读者应该熟悉SQL Server 2012，会选择合适的版本进行安装和配置，并掌握注册SQL Server 2012服务器的方法等。

2.1 SQL Server 2012简介

SQL Server
2012简介

SQL Server 2012是之前的SQL Server系列版本的全新升级，是可用于大规模联机事务处理（On-Line Transatcion Processing，OLTP）、数据仓库和电子商务应用的数据库和数据分析平台。

2.1.1 SQL Server 2012概述

结构化查询语言（Structured Query Language，SQL）是关系型数据库的国际标准语言。SQL语言在1986年被美国国家标准局（American National Standards Institute，ANSI）的数据库委员会批准用作关系型数据库的美国标准， 1987年，国际标准化组织（International Organization for Standardization，ISO）也认定了这一标准，并在1989年公布SQL-89标准，1992年又公布了SQL-92标准。

SQL Server 2012在原有的SQL Server 2008的基础上做了更大的改进。在保留了SQL Server 2008的原有风格外，还在管理、安全、多维数据分析和报表分析等方面有了进一步的提升。

2.1.2 SQL Server 2012的数据库特性

SQL Server 2012作为已经为云技术做好准备的信息平台，可以帮助企业释放突破性的业务洞察力；使企业对关键业务充满信心，能够快速构建相应的解决方案来实现本地和公有云之间的数据扩展。

1. 通过AlwaysOn实现高可用级别

AlwaysOn是SQL Server 2012中提供的一种全新的高可用技术，集中了高可用界别的优点，确保企业无需增加成本和提高复杂度，即可实现高级别的可用性和数据保护。它可在数据中心内部以及跨数据中心实现数据冗余，快速地实现应用程序故障转移，保护现有硬件资源；同时简化了其配置过程。

2. 通过Power View实现快速查询

Power View提供基于网络高度的交互式拖放式数据查询及数据可视化能力，速度极快，从而可以赋予用户发现并共享企业内部各个层级的商业洞察力。PowerPivot插件拥有全新而且先进的分析能力，用户可以通过它，在Excel中用常规的分析方式极迅速地完成大规模数据的分析研究。

3. 可扩展易管理的自助商业智能服务

通过自助商业智能、IT仪表板及SharePoint之间的协作，为整个商业机构提供可访问的智能服务。商业智能语义层模型的应用范围跨度很大，它既可以支持小型个人商业智能解决方案，又可以支持规模最大的企业的商业智能需求。SQL Server2012可以通过这一功能为跨界构的数据源的报告和仪表板提供一个全方位的视图。

4. 个性化云服务

能够完全按照要求，快速地实现商业方案从服务器到私有云或公有云的创建及扩展。微软云服务，无论是私有云还是公有云，都可以通过SQL Server2012向用户提供可互通的部署方式，实现操作灵活性。利用跨越传统服务器、一体机和云的通用架构，可以冲破任何部署环境的约束，按需进行扩展。

5. 全方位的数据仓库解决方案

凭借全方位的数据仓库解决方案，以低成本向用户提供大规模数据仓库，能够实现高度的灵活性和可伸缩性。

2.2 SQL Server 2012的安装

在对SQL Server 2012有了初步了解之后，就可以安装SQL Server 2012了。由于SQL Server 2012的

安装程序提供了浅显易懂的图形化操作界面，所以安装过程相对简单、快捷。但是，因为SQL Server 2012是由一系列相互协作的组件构成，又是网络数据库产品，所以安装时就必须要了解其中的选项含义及其参数配置，否则将直接影响安装过程。本节将向读者详细介绍SQL Server 2012的安装要求以及安装的全过程。

2.2.1 安装SQL Server 2012的必备条件

安装SQL Server 2012的必备条件

安装SQL Server 2012之前，首先要了解安装SQL Server 2012所需的必备条件，检查计算机的软硬件配置是否满足SQL Server 2012开发环境的安装要求。具体要求如表2-1所示。

表2-1 安装SQL Server 2012所需的必备条件

软硬件	描 述
操作系统	Windows 7、Windows 8、Windows 8.1、Windows Server 2008、Windows Server 2012
软件	SQL Server 安装程序需要使用 Microsoft Windows Installer 4.5 或更高版本以及 Microsoft 数据访问组件 (MDAC) 2.8 SP1 或更高版本
处理器	1.4GHz处理器，建议使用2.0 GHz或速度更快的处理器
RAM	最小1GB，建议使用2GB或更大的内存
可用硬盘空间	至少 2.2 GB 的可用磁盘空间
CD-ROM驱动器或DVD-ROM	从磁盘进行安装时需要相应的 DVD 驱动器

2.2.2 了解用户账户和身份验证模式

了解用户账户和身份验证模式

SQL Server 2012是一款网络服务器，为了方便对SQL Server 2012进行管理，先来讲解一下SQL Server 2012的账户及身份验证模式。

在网络中的服务只能由一些特定的账户进行管理，而SQL Server 2012是在Windows中作为网络服务来运行的，所以需要给SQL Server 2012指派Windows中的用户账户进行管理。Windows中的用户账户包括了本地系统账户以及域用户账户。

如果想在客户机上连接服务器，就需要使用账户与其所对应的密码登录服务器，这个过程就是身份验证。SQL Server 2012不仅可以使用Windows中的用户账户登录管理（Windows身份验证模式），也可以在数据库中创建用户账户进行登录和管理（混合身份验证模式）。使用混合身份验证模式时，服务器首先查找其数据库中是否有和所登录账户相匹配的记录，如果存在，则建立连接，如果不存在，则使用Windows中的用户账户进行验证，如果验证不成功，则拒绝连接。

2.2.3 SQL Server 2012的安装

SQL Server 2012的安装

安装SQL Server 2012数据库的步骤如下。

（1）将安装盘放入光驱，光盘会自动运行，运行界面如图2-1所示。

（2）在“SQL Server安装中心”窗体中单击左侧的【安装】选项，再单击【全新SQL Server独立安装或向现有安装添加功能】超链接，如图2-2所示。

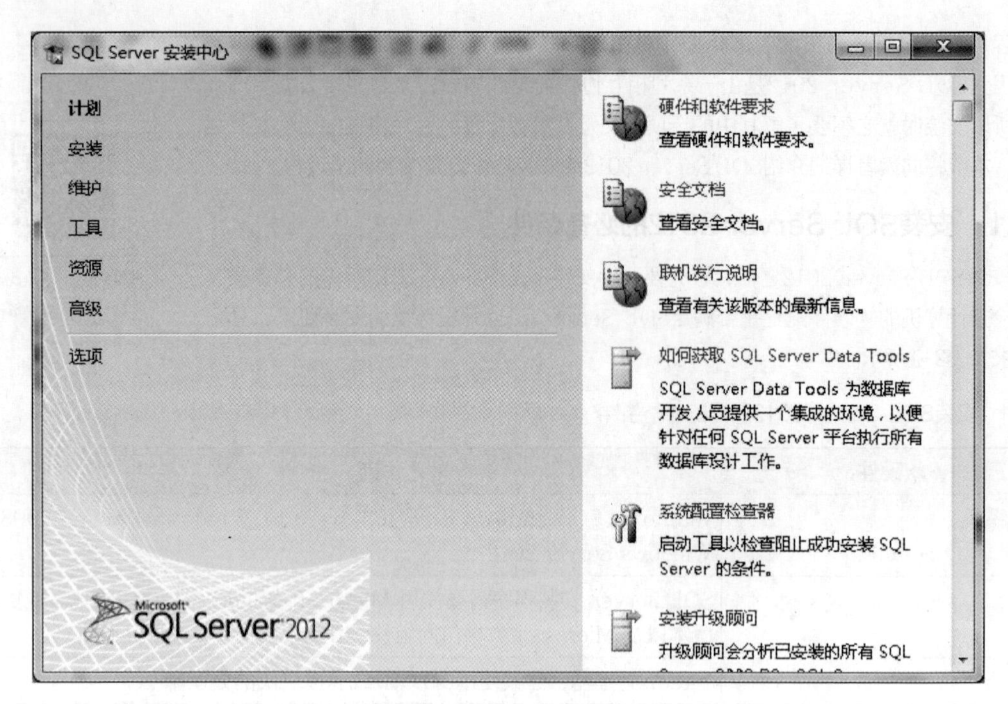

图2-1　SQL Server安装中心

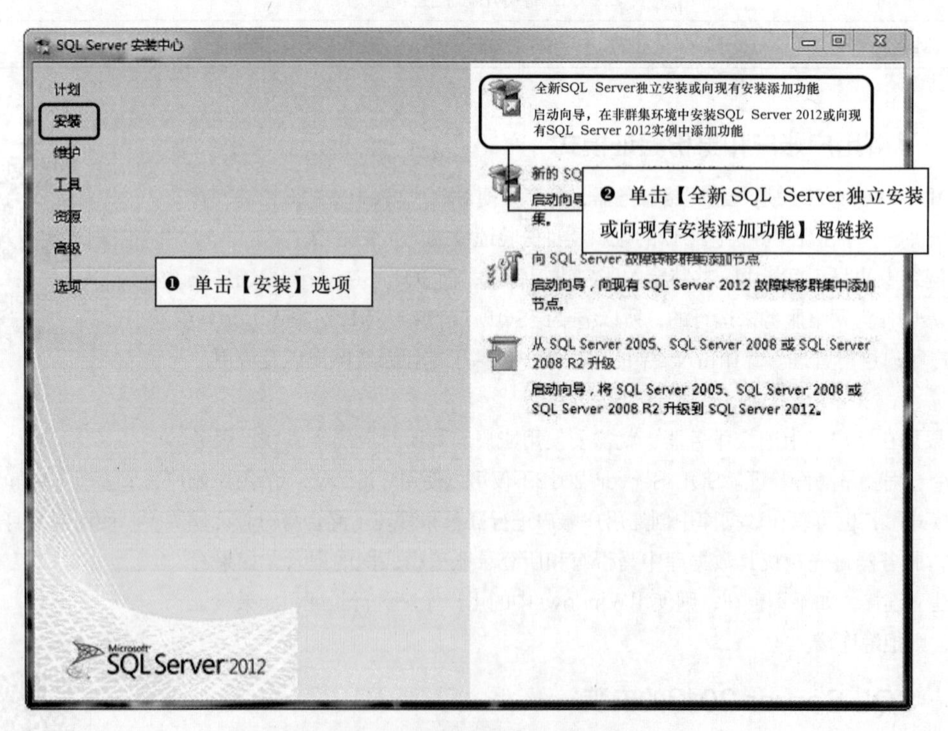

图2-2　单击左侧的【安装】选项

（3）进入“安装程序支持规则”窗口，“确定”按钮可用。如图2-3所示。

（4）单击【确定】按钮，打开“产品密钥”窗口，如图2-4所示，在该窗口中输入产品密钥。

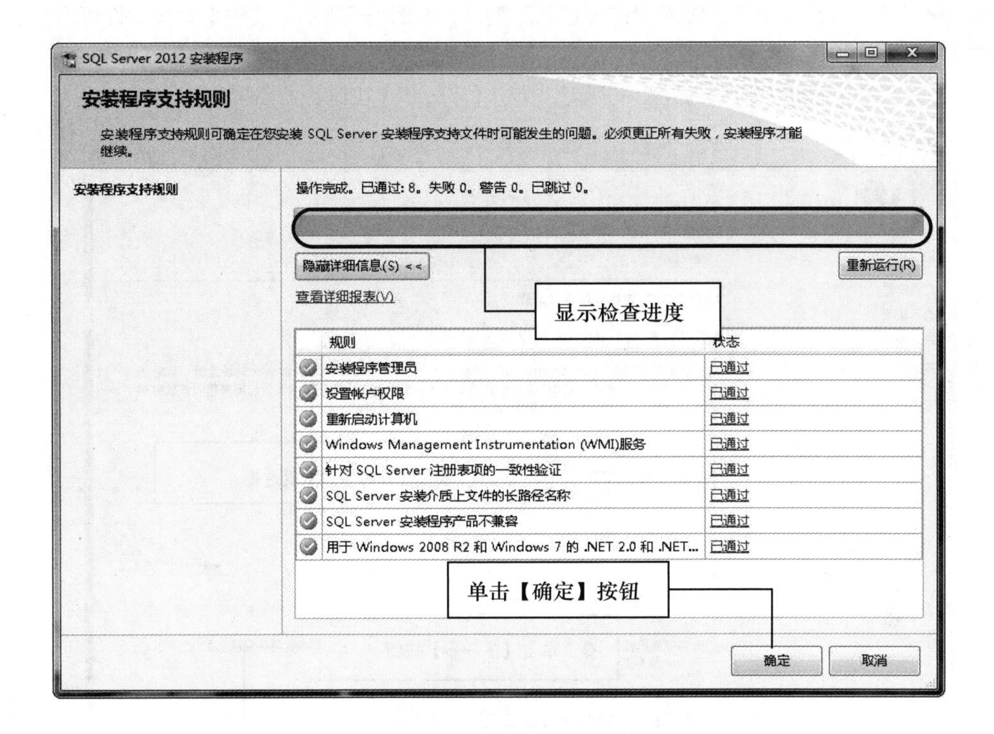

图2-3 “安装程序支持规则”窗口

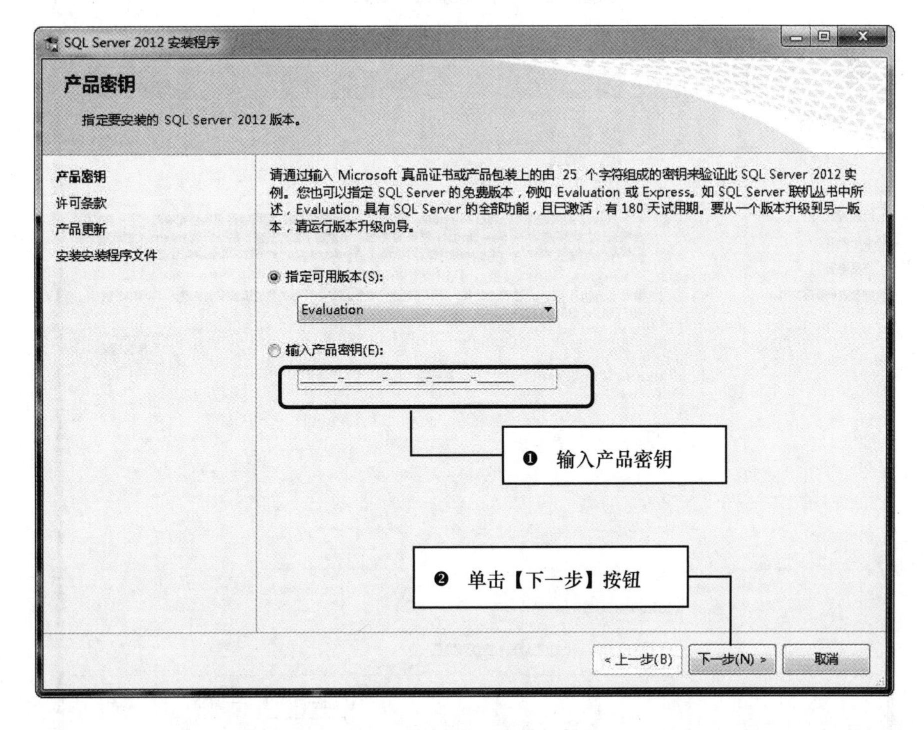

图2-4 “产品密钥”窗口

（5）单击【下一步】按钮，进入“许可条款”窗口，如图2-5所示，选中【我接受许可条款】复选框。单击【下一步】按钮。

（6）进入“产品更新”窗口，如图2-6所示，单击【下一步】按钮。

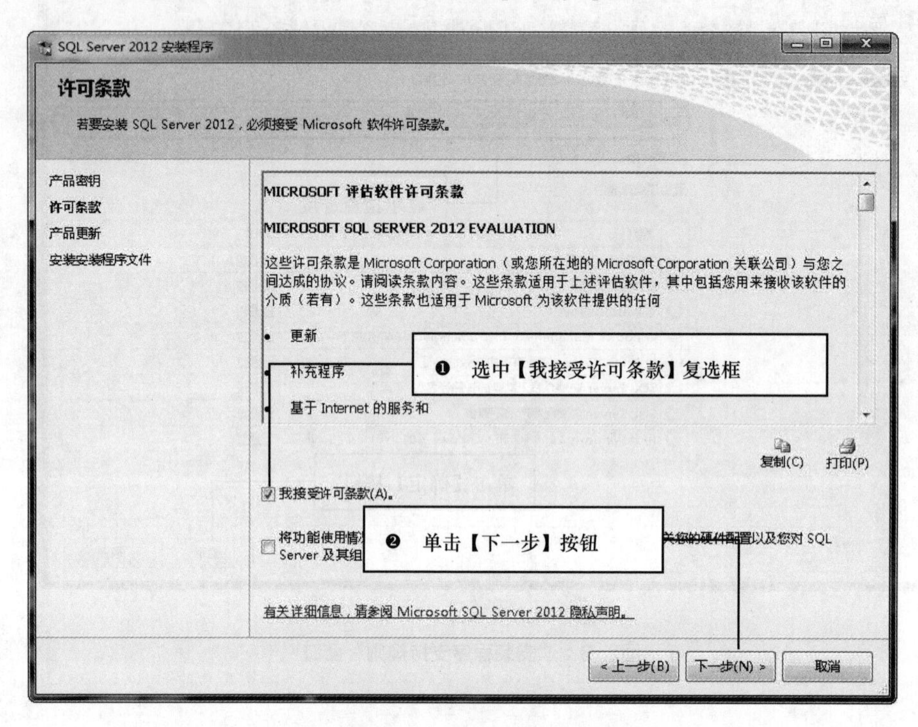

图2-5 “许可条款”窗口

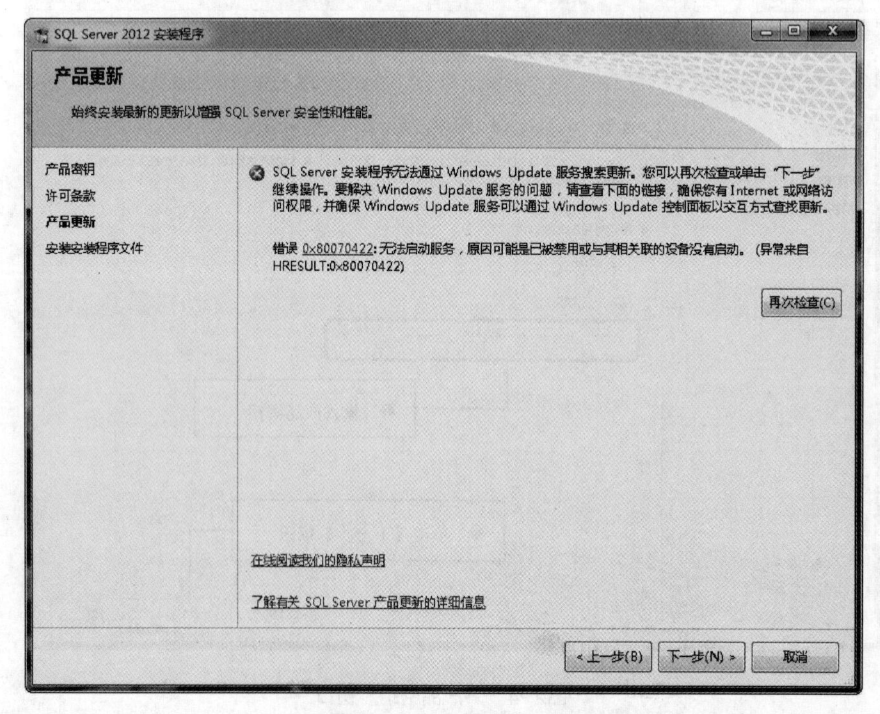

图2-6 “产品更新”窗口

（7）进入“安装程序支持规则”窗口，如图2-7所示。该窗口中，如果所有规则都通过，则“下一步”按钮可用。

（8）单击【下一步】按钮，进入“设置角色”窗口，如图2-8所示。选择【SQL Server功能安装】，单击【下一步】按钮。

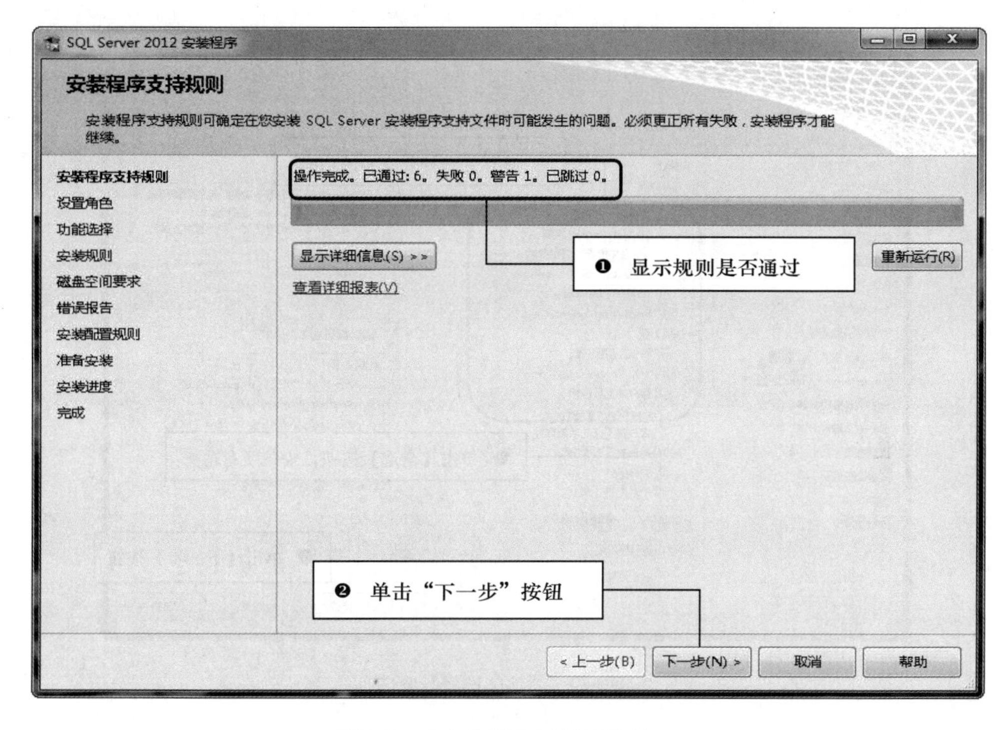

图2-7 “安装程序支持规则”窗口

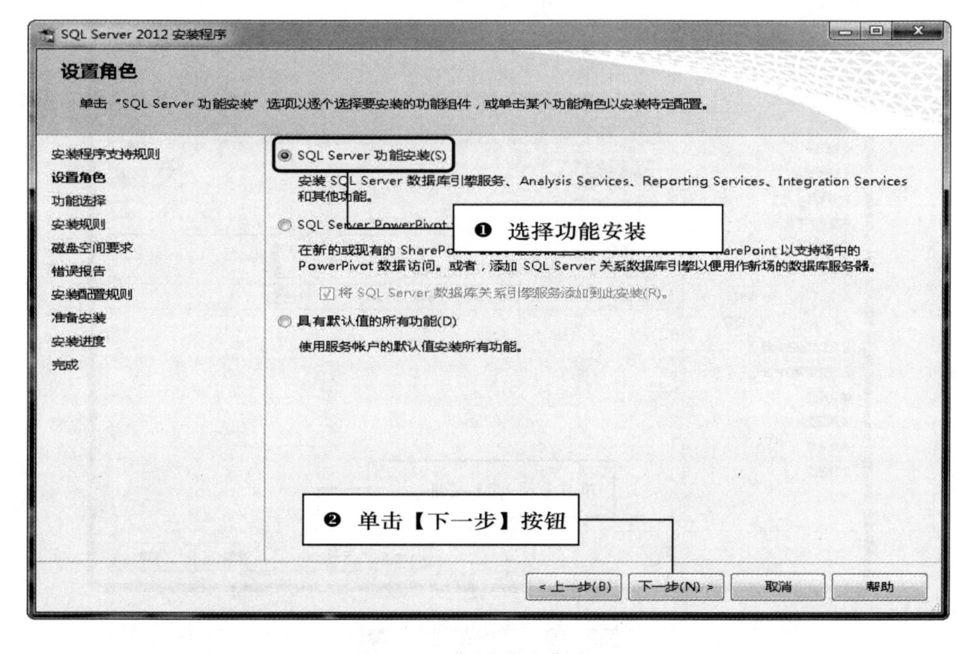

图2-8 “设置角色”窗口

（9）进入“功能选择”窗口，这里可以选择要安装的功能，如果全部安装，则可以单击【全选】按钮进行选择，如图2-9所示。

（10）单击【下一步】按钮，进入“安装规则”窗口，如图2-10所示。这里运行安装规则，操作完成后，单击【下一步】按钮。

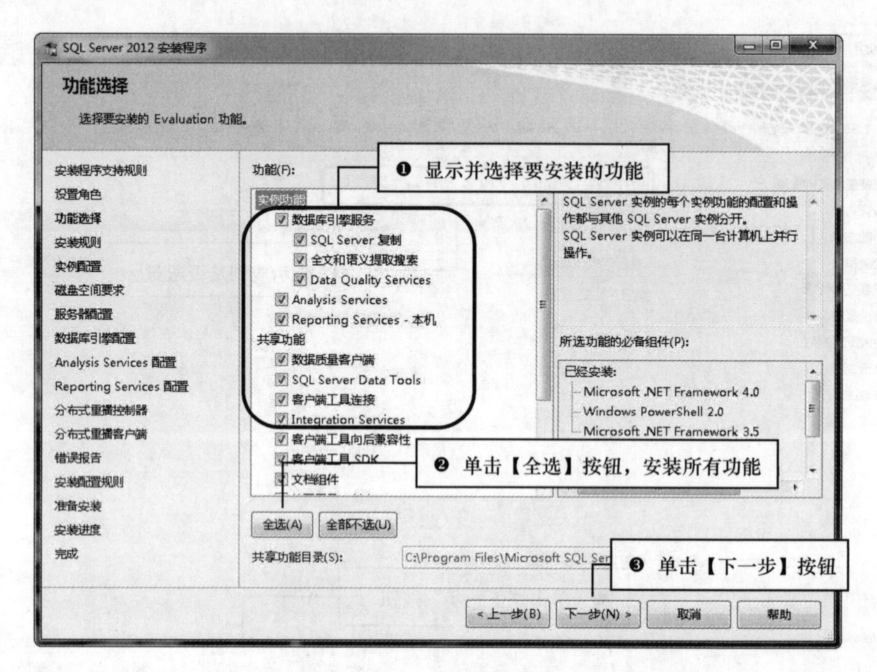

图2-9　“功能选择”窗口

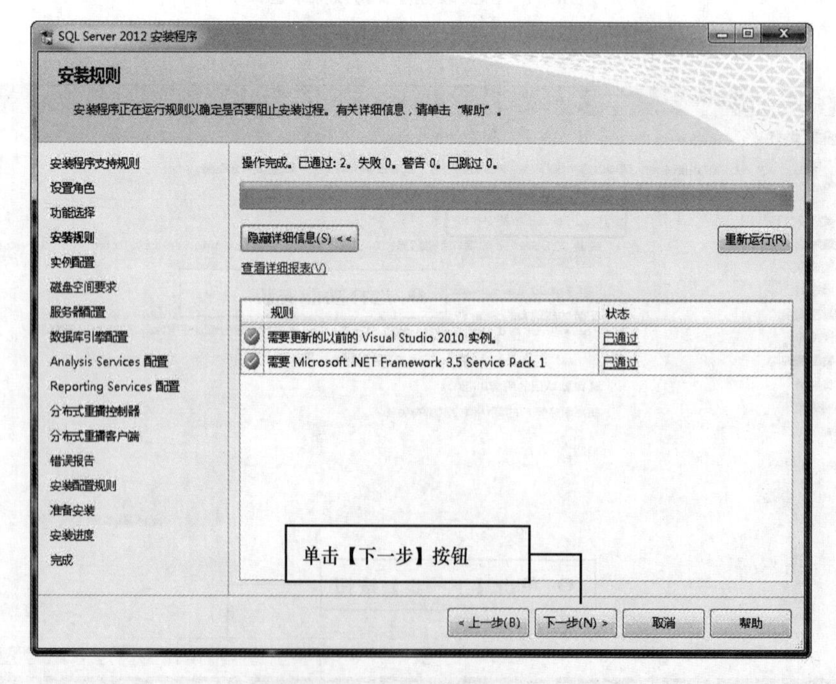

图2-10　“安装规则”窗口

（11）进入“实例配置”窗口，在该窗口中选择实例的命名方式并命名实例，然后选择实例根目录，如图2-11所示。

（12）单击【下一步】按钮，进入“磁盘空间要求”窗口，该窗口中显示安装SQL Server 2012所需的磁盘空间，如图2-12所示。

图2-11 “实例配置”窗口

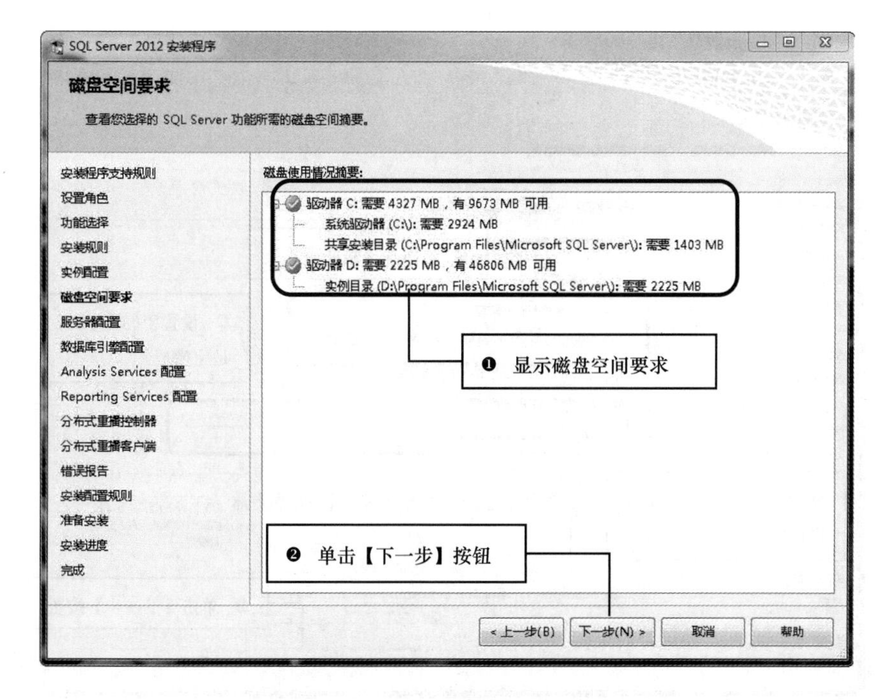

图2-12 “磁盘空间要求”窗口

（13）单击【下一步】按钮，进入“服务器配置”窗口，如图2-13所示。

（14）单击【下一步】按钮，进入“数据库引擎配置”窗口，该窗口中选择身份验证模式，并输入密码；然后单击【添加当前用户】按钮。如图2-14所示。

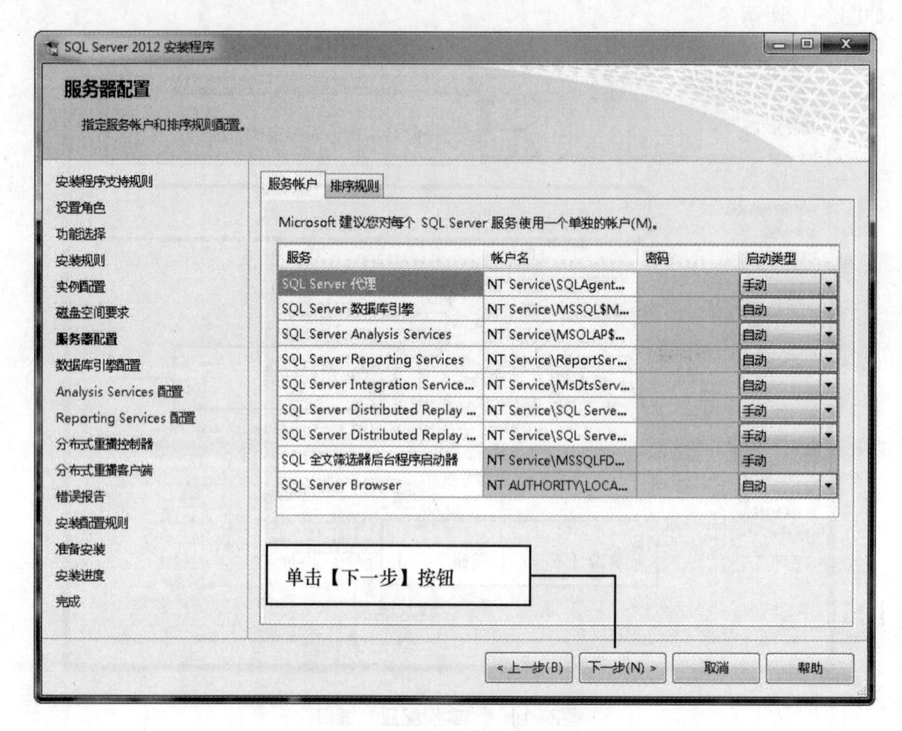

图2-13　“服务器配置”窗口

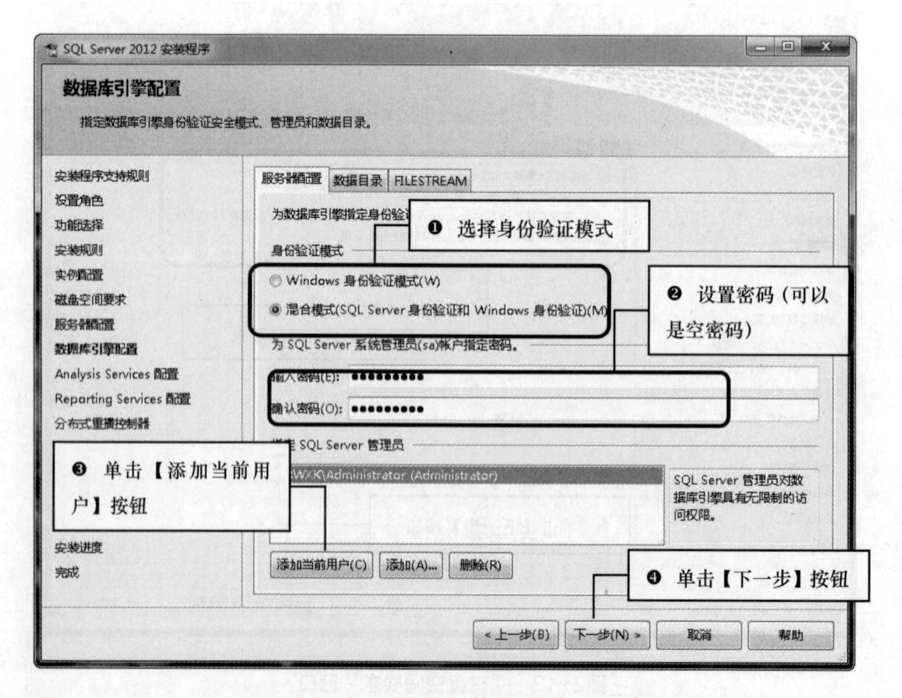

图2-14　“数据库引擎配置”窗口

（15）单击【下一步】按钮，进入“Analysis Services配置”窗口，该窗口中单击【添加当前用户】按钮，如图2-15所示。

（16）单击【下一步】按钮，进入“Reporting Services配置”窗口，在该窗口中选择【安装和配置】单选按钮，如图2-16所示。

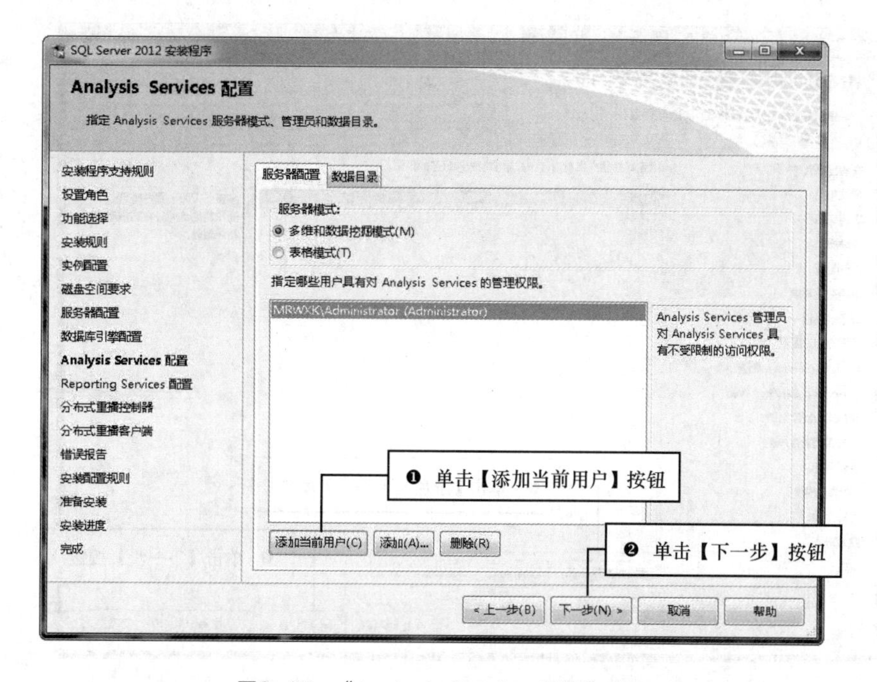

图2-15 “Analysis Services配置”窗口

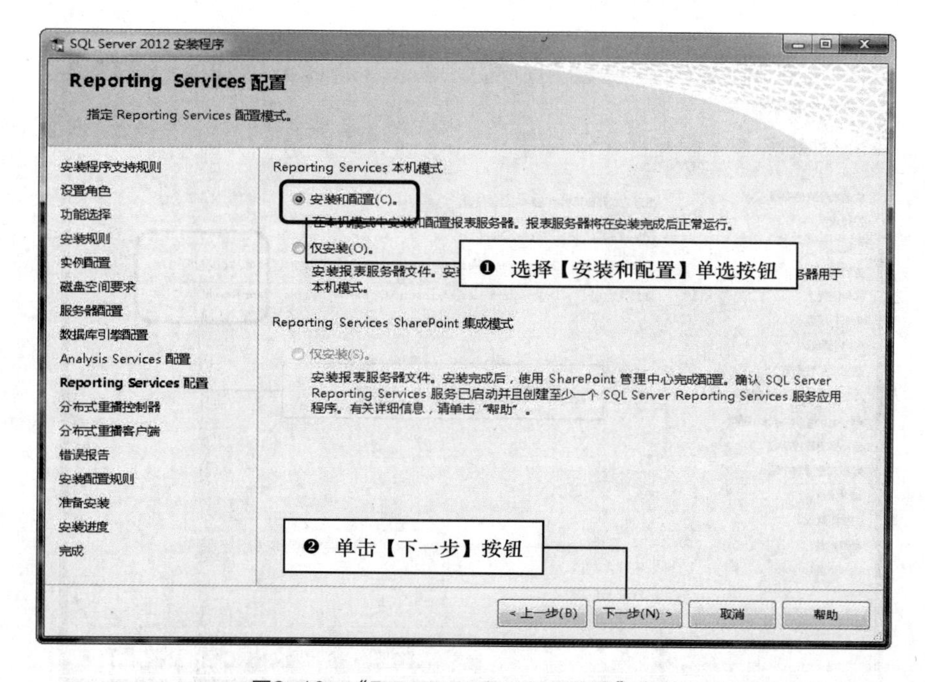

图2-16 “Reporting Services配置”窗口

（17）单击【下一步】按钮，进入“分布式重播控制器”窗口，如图2-17所示，该窗口中单击【添加当前用户】按钮。

（18）单击【下一步】按钮，进入“分布式重播客户端”窗口，如图2-18所示（该窗口中，控制器名称后面的文件夹需要自己创建）。

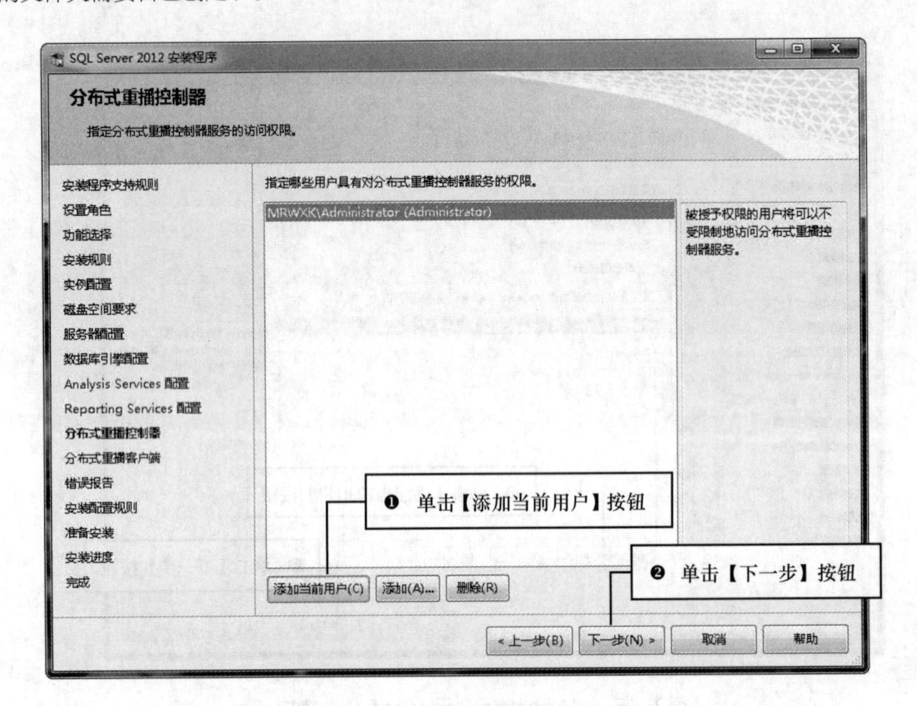

图2-17 “分布式重播控制器”窗口

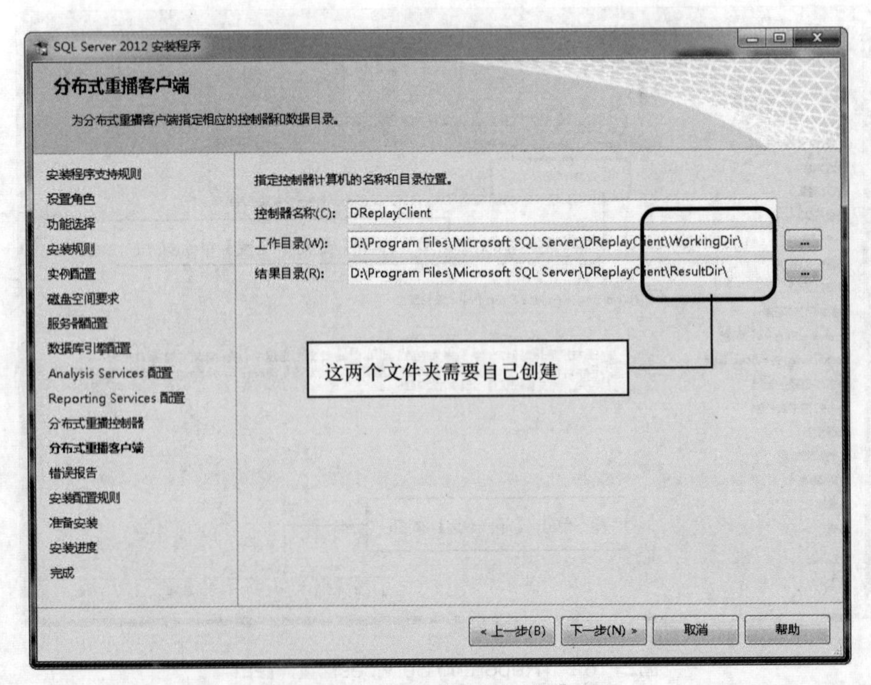

图2-18 “分布式重播客户端”窗口

（19）单击【下一步】按钮，进入“错误报告”窗口，如图2-19所示。该窗口中没有错误。

（20）单击【下一步】按钮，进入“安装配置规则”窗口，如图2-20所示，该窗口中显示配置规则的安装情况，全部通过。

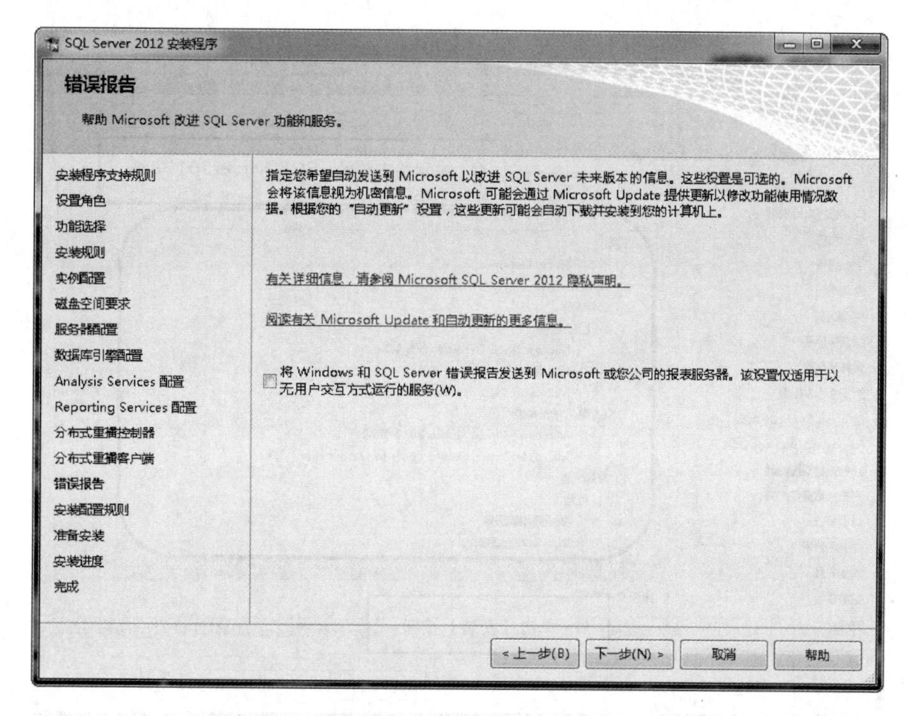

图2-19 “错误报告”窗口

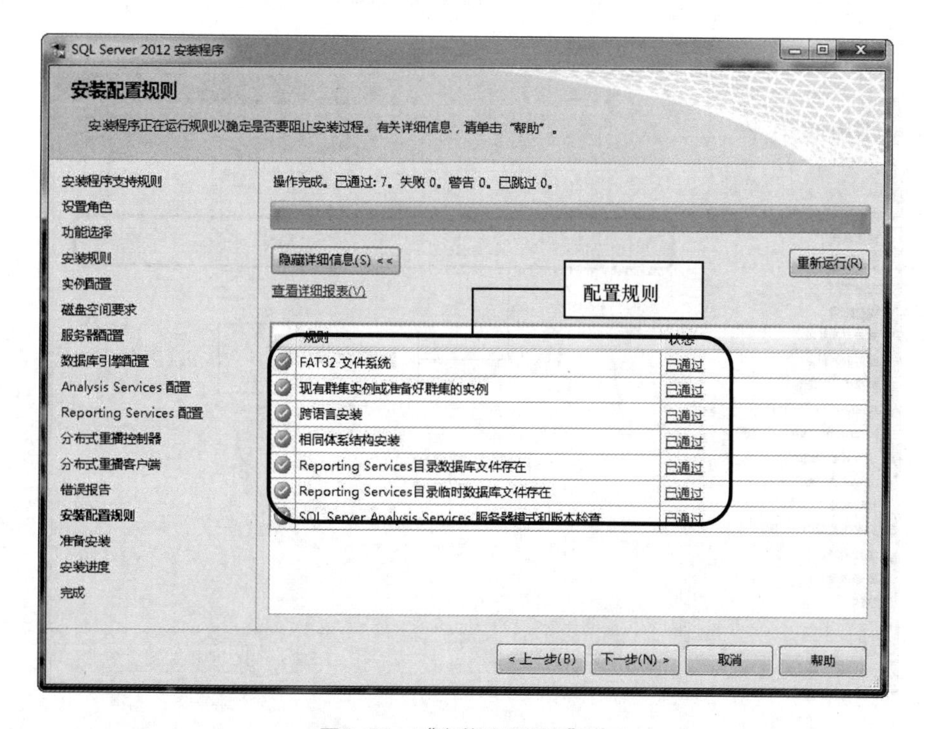

图2-20 “安装配置规则”窗口

（21）单击【下一步】按钮，进入“准备安装”窗口，如图2-21所示，该窗口中显示准备安装的SQL Server 2012功能。

（22）单击【安装】按钮，进入“安装进度”窗口，如图2-22所示，该窗口中显示SQL Server 2012的安装进度。

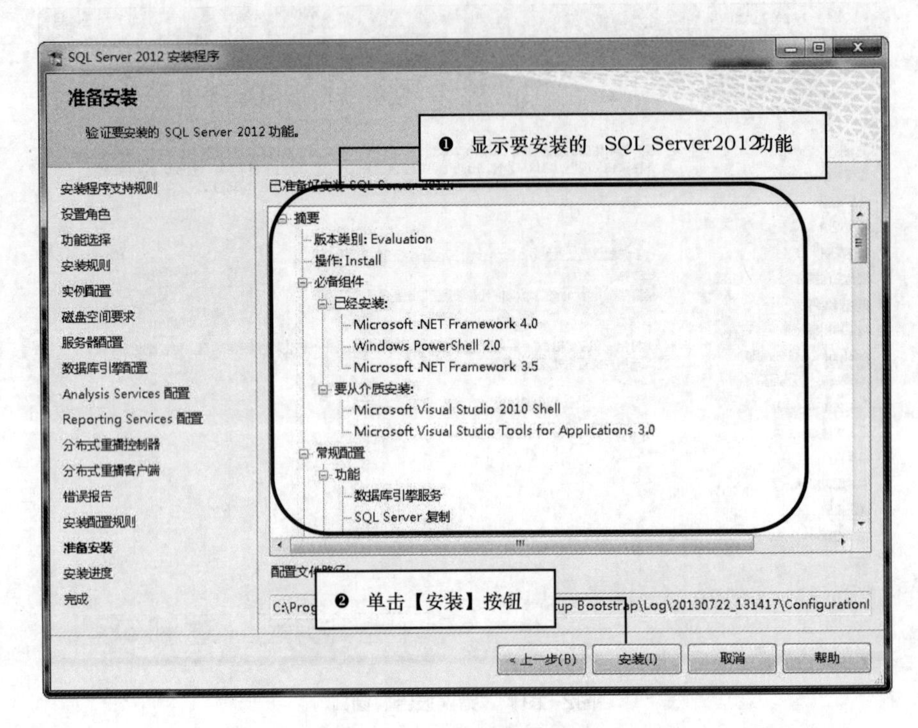

图2-21　“准备安装”窗口

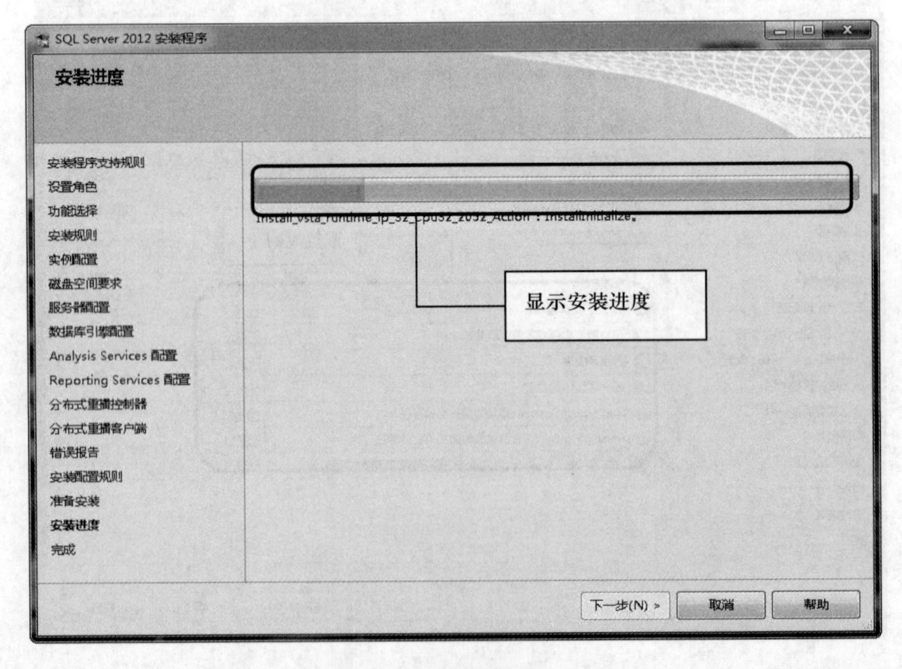

图2-22　“安装进度”窗口

（23）单击【下一步】按钮，进入“完成”窗口，如图2-23所示，单击【关闭】按钮，即可完成SQL Server 2012的安装。

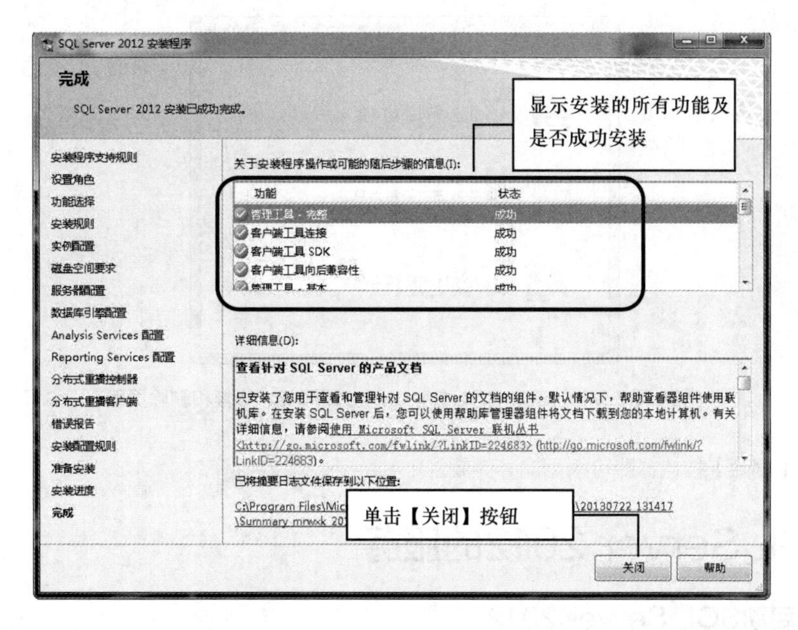

图2-23　“完成”窗口

2.2.4　SQL Server 2012的卸载

SQL Server 2012的卸载

如果SQL Server 2012被损坏而导致无法使用时，读者可以将其卸载。卸载SQL Server 2012的步骤如下。

（1）在Windows 7操作系统中，打开【控制面板】→【程序】→【程序和功能】，在打开的窗口中选中【Microsoft SQL Server 2012】，如图2-24所示。

图2-24　“程序和功能”窗口

（2）选中【Microsoft SQL Server 2012】后，单击【卸载/更改】按钮，进入Microsoft SQL Server 2012的添加、修复和删除页面，如图2-25所示。

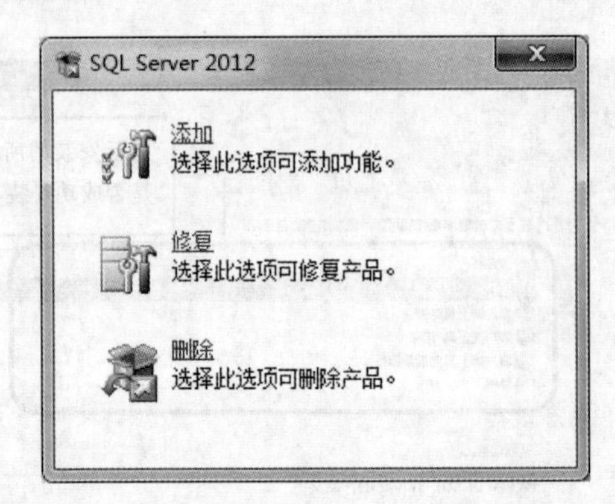

图2-25　Microsoft SQL Server 2012添加、修复和删除页面

（3）单击【删除】按钮，即可根据向导卸载SQL Server 2012数据库。

2.3　SQL Server 2012的服务

SQL Server 2012的服务

2.3.1　后台启动SQL Server 2012

后台启动SQL Server 2012服务的操作步骤如下。

（1）选择【开始】→【控制面板】→【系统和安全】→【管理工具】→【服务】命令，打开“服务”窗口。

（2）在“服务”窗口中找到需要启动的SQL Server 2012服务，单击鼠标右键，弹出的快捷菜单如图2-26所示。

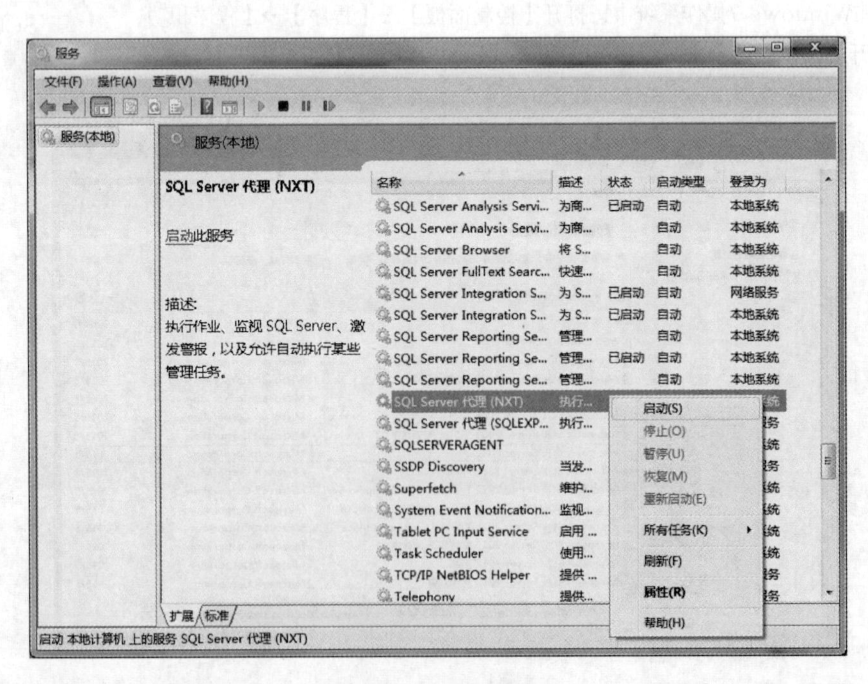

图2-26　“服务”窗口

（3）在弹出的快捷菜单中选择【启动】命令，等待Windows启动SQL Server 2012的服务。

2.3.2 通过SQL Server配置管理器启动SQL Server 2012

通过SQL Server配置管理器（即SQL Server Configuration Manager）启动SQL Server 2012服务的步骤如下。

（1）选择【开始】→【所有程序】【Microsoft SQL Server 2012】→【配置工具】→【SQL Server配置管理器】命令，打开“SQL Server Configuration Manager”管理工具。

（2）选择“SQL Server Configuration Manager”管理工具中左边树型结构下的【SQL Server服务】，这时右边将显示SQL Server 中的服务，如图2-27所示。

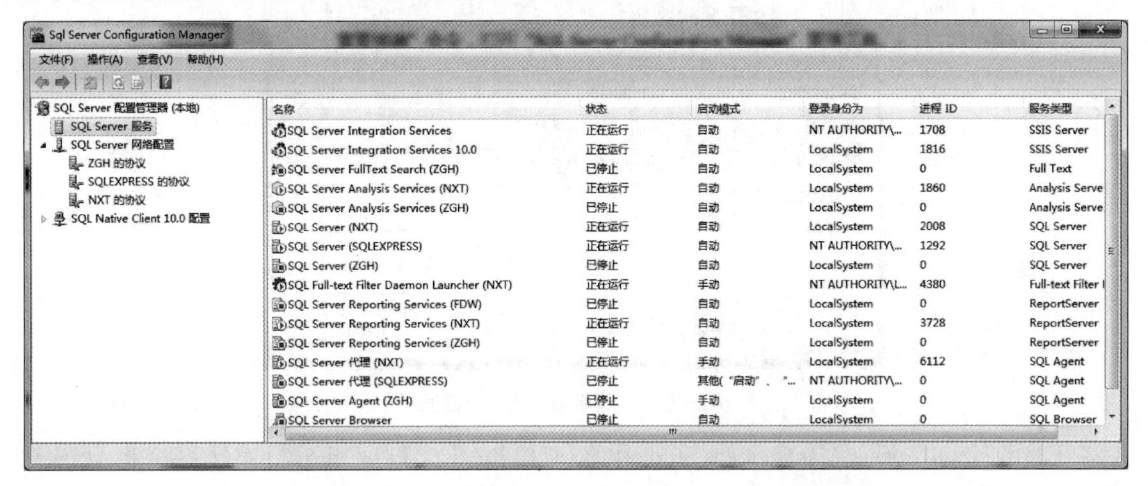

图2-27 “SQL Server Configuration Manager”管理工具

（3）在“SQL Server Configuration Manager”管理工具右边列出的SQL Server服务中选择需要启动的服务，单击鼠标右键，在弹出的快捷菜单中选择【启动】命令，启动所选中的服务。如图2-28所示。

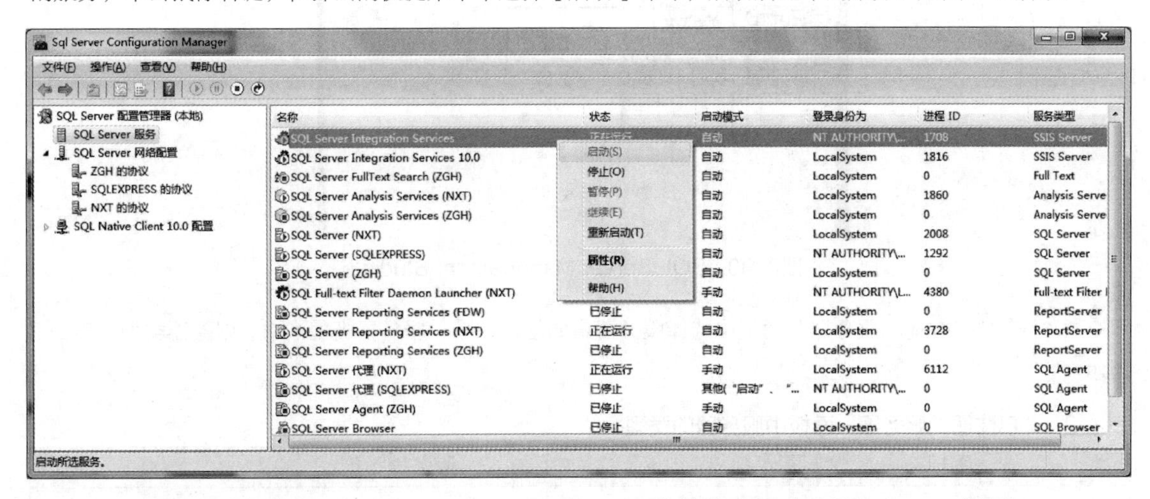

图2-28 在“SQL Server Configuration Manager”管理工具中启动SQL Server 的服务

2.4 SQL Server 2012服务器的注册

创建服务器组可以将众多的已注册的服务器进行分组化管理。而通过注册服务器，可以储存服务器连接的信息，以供在连接该服务器时使用。

2.4.1 服务器组的创建与删除

服务器组的创建与删除

1. 创建服务器组

在SQL Server 2012中创建服务器组的步骤如下。

（1）选择【开始】→【所有程序】→【Microsoft SQL Server 2012】→【SQL Server Management Studio】菜单，打开“SQL Server Management Studio”工具。

（2）单击“连接服务器”对话框中的【取消】按钮，如图2-29所示。

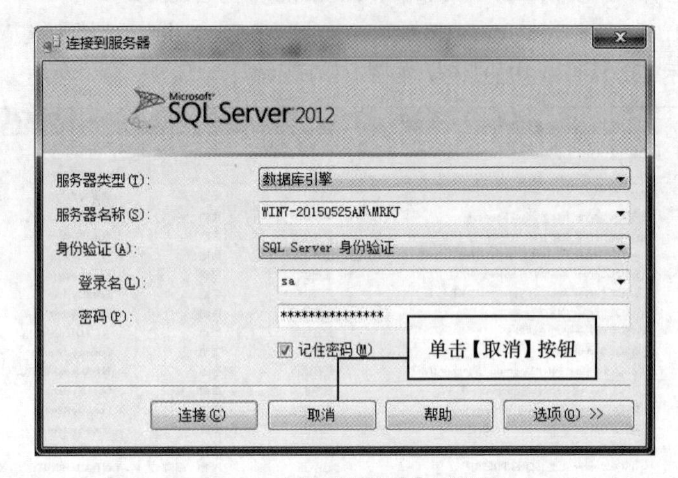

图2-29 “连接服务器”对话框

（3）执行SQL Server Management Studio中的【视图】→【已注册的服务器】菜单命令，将“已注册的服务器”面板添加到SQL Server Management Studio中。添加“已注册的服务器”面板后的SQL Server Management Studio如图2-30所示。

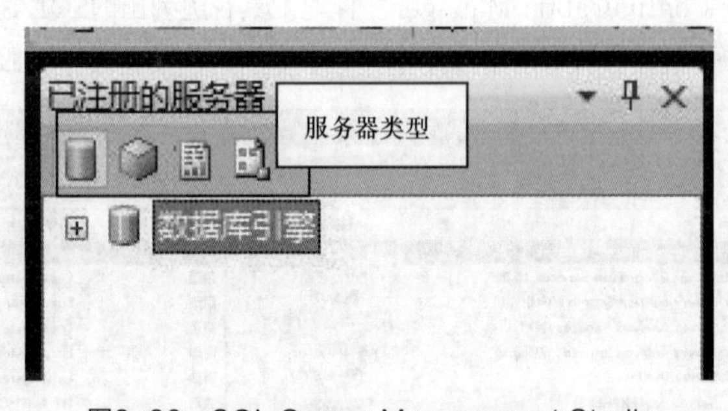

图2-30 SQL Server Management Studio

（4）在“已注册的服务器”面板中选择服务器组要创建在哪种服务器类型当中。服务器类型如表2-2所示。

表2-2 “已注册的服务器”面板中服务器的类型

图标	服务器类型
	数据库引擎
	Analysis Services
	Reporting Services
	Integration Services

（5）选择完服务器后，在“已注册的服务器”面板的显示服务器区域中选择【SQL Server 组】，单击鼠标右键，在弹出的快捷菜单中选择【新建服务器组】命令。如图2-31所示。

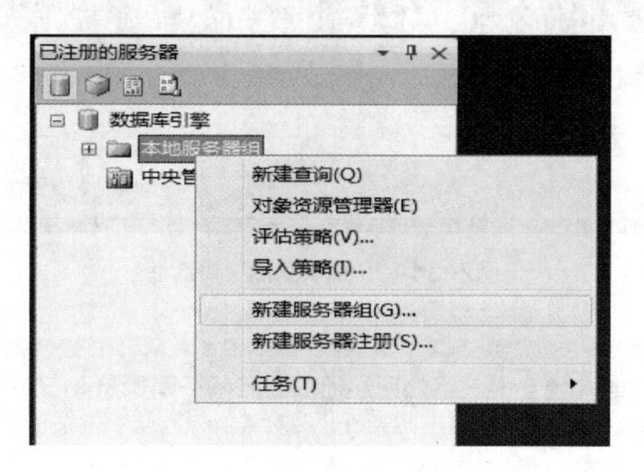

图2-31　选择【新建服务器组】

（6）在弹出的“新建服务器组属性”对话框中的“组名”文本框中输入要创建的服务器组的名称；在“组说明”文本框中写入关于创建的这个服务器组的简要说明。如图2-32所示。信息输入完毕后，单击【确定】按钮即可完成服务器组的创建。

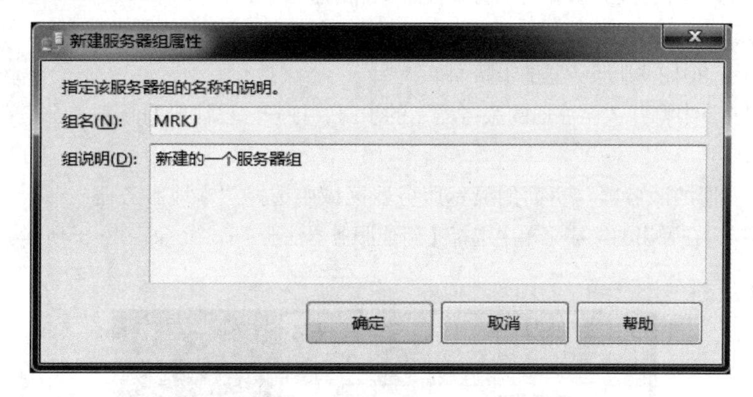

图2-32　“新建服务器组属性”对话框

2. 删除服务器组

在SQL Server 2012中删除服务器组的步骤如下。

（1）按照“1. 创建服务器组”一节中打开“已注册的服务器”的步骤，打开“已注册的服务器”页面。

（2）选择需要删除的服务器组，单击鼠标右键，在弹出的菜单中选择【删除】命令，如图2-33所示。

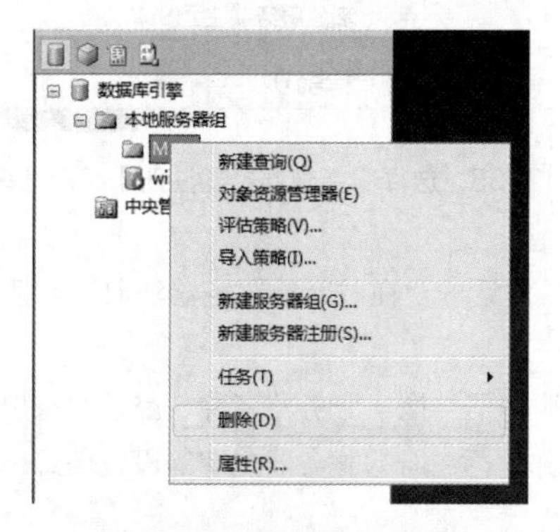

图2-33　删除服务器组

（3）在弹出的“确认删除”对话框中单击【是】按钮，即可完成服务器组的删除，如图2-34所示。

图2-34　“确认删除”对话框

在删除服务器组的同时，也会将该组内所注册的服务器一同删除。

2.4.2　服务器的注册与删除

服务器的注册与删除

服务器是计算机的一种，它是网络上一种为客户端计算机提供各种服务的高性能的计算机，它在网络操作系统的控制下，也能为网络用户提供集中计算、信息发表及数据管理等服务。本节将讲解如何注册服务器及删除服务器。

1. 注册服务器

使用SQL Server 2012注册服务器的步骤如下。

（1）按照2.4.1节中打开“已注册的服务器”的步骤，打开“已注册的服务器”页面。

（2）在“已注册的服务器”页面的显示服务器区域中选择“本地服务器组”，单击鼠标右键，在弹出的快捷菜单中选择【新建服务器注册】命令。如图2-35所示。

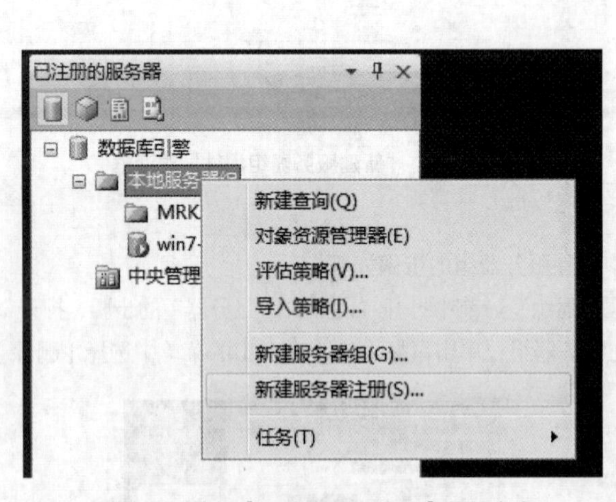

图2-35　选择【新建服务器注册】菜单命令

（3）弹出“新建服务器注册”对话框。在“新建服务器注册”对话框中有“常规”与“连接属性”两个选项卡。

- “常规”选项卡中包括：服务器类型、服务器名称、登录时身份验证的方式、登录所用的用户名及密码、已注册的服务器名称、已注册的服务器说明等设置信息。“新建服务器注册”对话框的“常规”选项卡如图2-36所示。

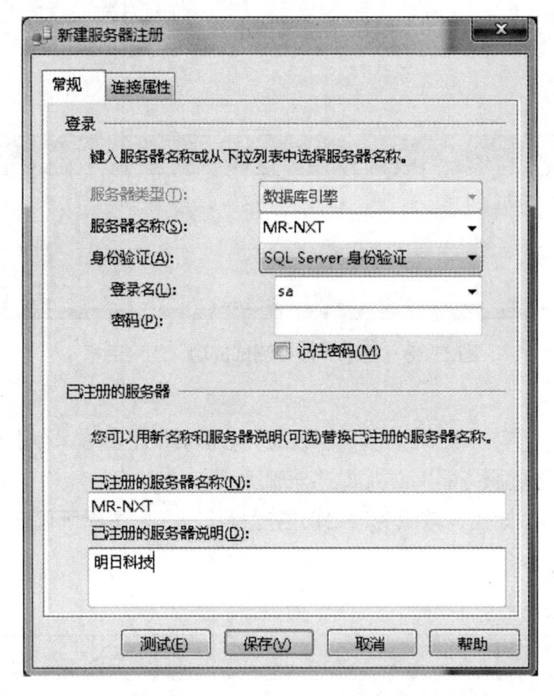

图2-36　“新建服务器注册”对话框的“常规”选项卡

- “连接属性”选项卡中包括：所要连接服务器中的数据库、连接服务器时使用的网络协议、发送的网络数据包的大小、连接时等待建立连接的秒数、连接后等待任务执行的秒数等设置信息。“连接属性”选项卡如图2-37所示。

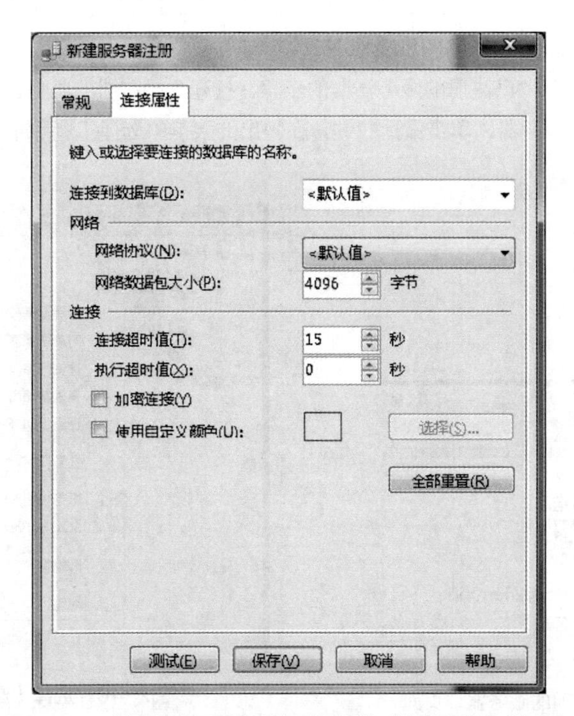

图2-37　“新建服务器注册”对话框的“连接属性”选项卡

设置完成这些信息后，单击【测试】按钮，测试与所注册服务器的连接，如果连接成功，则弹出如图2-38所示的对话框。

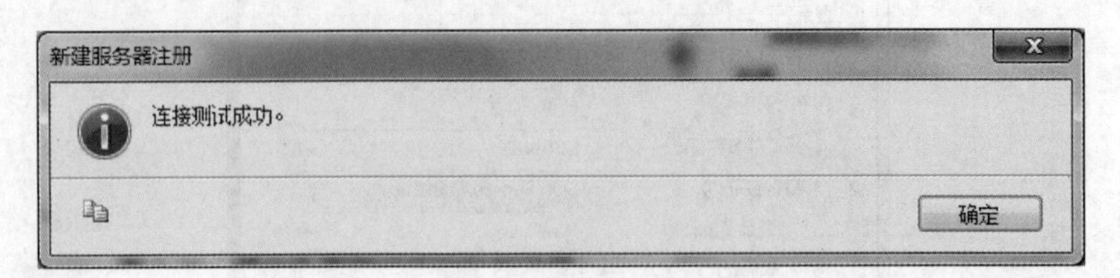

图2-38 提示“连接测试成功”的对话框

单击【确定】按钮后，在弹出的“新建服务器注册”对话框中单击【保存】按钮，即可完成服务器的注册。注册了服务器的“已注册的服务器”面板如图2-39所示。

每个服务器名称前面的图标代表该服务器目前的运行状态。各图标所代表的服务器运行状态如表2-3所示。

表2-3 图标所代表服务器运行状态的说明

图 标	含 义
	服务器正常运行
	服务器暂停运行
	服务器停止运行
	服务器无法联系

2. 删除服务器

使用SQL Server 2012删除服务器的步骤如下。

（1）按照2.4.1节中打开“已注册的服务器”的步骤，打开“已注册的服务器”页面。

（2）选择需要删除的服务器，单击鼠标右键，在弹出的菜单中选择【删除】命令。如图2-40所示。

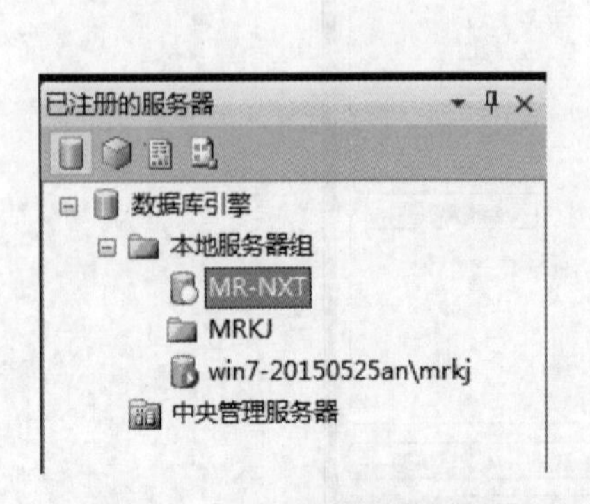

图2-39 “已注册的服务器“页面

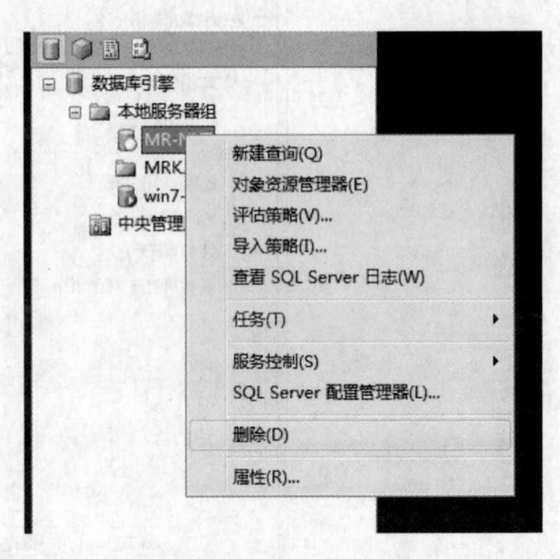

图2-40 选择【删除】命令

（3）在弹出的“确认删除”对话框中单击【是】按钮，即可完成注册服务器的删除，如图2-41所示。

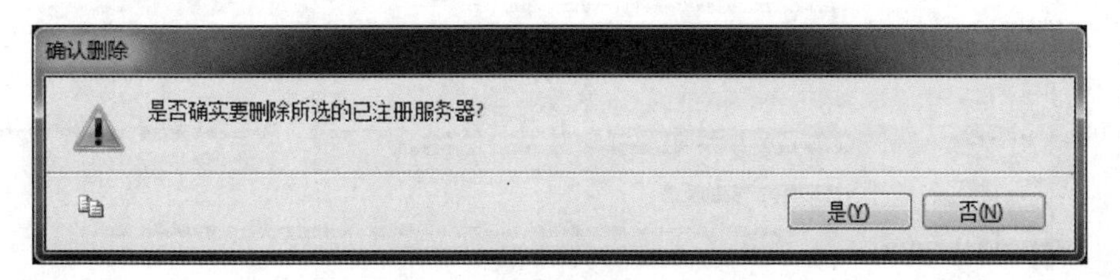

图2-41　“确认删除”对话框

2.5　SQL Server 2012帮助的使用

SQL Server 2012帮助的使用

与微软的其他产品一样，SQL Server 2012在安装时也提供了安装帮助系统。选取所要提供帮助的内容，按<F1>键即可打开相应的帮助内容。

1. 本地查看器

本地查看器是指在安装期间安装在计算机上的帮助文件，或通过CD或DVD访问的帮助文件。此内容是SQL Server 2012帮助文档在发布时的静态快照，如图2-42所示。

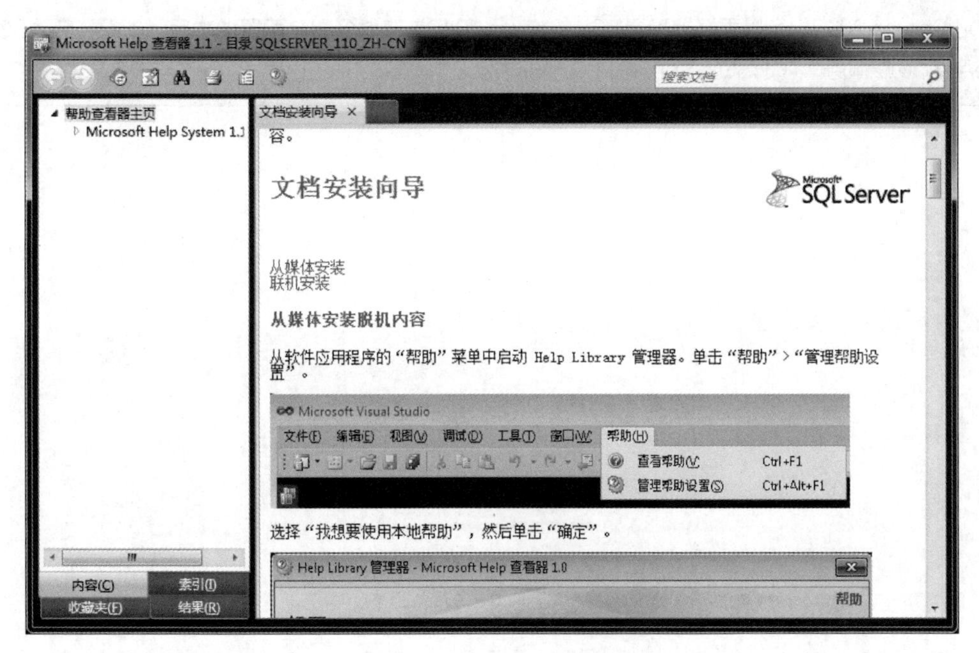

图2-42　查看本地帮助文件

2. 联机帮助

联机帮助的界面与MSDN的界面相似，其界面如图2-43所示。

图2-43　SQL Server联机帮助

小 结

本章主要介绍SQL Server 2012的概念、安装与配置。在本地计算机上选择合适的版本安装SQL Server 2012，可以更好地配置SQL Server 2012连接服务器。配置成功后，还需要启动SQL Server 2012服务，注册SQL Server 2012服务器。

PART03

第3章 创建和管理数据库

本章要点

- SQL Server 2012的组成
- SQL Server 2012命名规范
- SQL Server 2012数据的创建、修改与删除

■ 本章主要介绍使用SQL语句和使用界面方式（SQL Server Management Studio）创建数据库、修改数据库和删除数据库的过程。通过本章的学习，读者可以熟悉SQL Server 2012数据库的组成元素，并能够掌握创建和管理数据库的方法。

3.1 认识数据库

本节将对数据库的基本概念、数据库对象及其相关知识进行详细的介绍。

数据库的基本概念

3.1.1 数据库的基本概念

数据库（DataBase）是按照数据结构来组织、存储和管理数据的仓库，是长期存储在一起的相关数据的集合。其优点主要体现在以下几方面。

（1）减少了数据的冗余度，节省数据的存储空间。

（2）具有较高的数据独立性和易扩充性。

（3）实现数据资源的充分共享。

下面介绍一下与数据库相关的几个概念。

1. 数据库管理系统

数据库管理系统（DataBase Management System，DBMS）是数据库系统的一个重要组成部分，是位于用户与操作系统之间的一个数据管理软件，负责数据库中的数据组织、数据操纵、数据维护和数据服务等。主要具有如下功能。

（1） 数据存取的物理构建：为数据库模式的物理存取与构建提供有效的存取方法与手段。

（2） 数据操纵功能：为用户使用数据库的数据提供方便，包括查询、插入、修改、删除以及简单的算术运算和统计功能。

（3） 数据定义功能：用户可以通过数据库管理系统提供的数据定义语言（Data Definition Language，DDL）方便地对数据库中的对象进行定义。

（4） 数据库的运行管理：数据库管理系统统一管理数据库的运行和维护，以保障数据的安全性、完整性、并发性和故障的系统恢复性。

（5） 数据库的建立和维护功能：数据库管理系统能够完成初始数据的输入和转换、数据库的转储和恢复、数据库的性能监视和分析等任务。

2. 关系数据库

关系数据库是支持关系模型的数据库。关系模型由关系数据结构、关系操作集合和完整性约束3部分组成。

（1）关系数据结构：在关系模型中数据结构单一，现实世界的实体以及实体间的联系均用关系来表示，实际上关系模型中的数据结构就是一张二维表。

（2）关系操作集合：关系操作分为关系代数、关系演算、具有关系代数和关系演算双重特点的语言（SQL语言）。

（3）完整性约束：完整性约束包括实体完整性、参照完整性、用户自定义的完整性。

3.1.2 数据库常用对象

在SQL Server 2012的数据库中，表、视图、存储过程和索引等具体存储数据或对数据进行操作的实体都被称为数据库对象。下面介绍几种常用的数据库对象。

数据库常用对象

1. 表

表是包含数据库中所有数据的数据库对象，由行和列组成，用于组织和存储数据。

2. 字段

表中每列称为一个字段，字段具有自己的属性，如字段类型、字段大小等，其中字段类型是字段最重要的属性，它决定了字段能够存储哪种数据。

SQL规范支持5种基本字段类型：字符型、文本型、数值型、逻辑型和日期时间型。

3. 索引

索引是一个单独的、物理的数据库结构。它是依赖于表建立的。在数据库中索引使数据库程序无须对整个表进行扫描，就可以在其中找到所需的数据。

4. 视图

视图是从一张或多张表中导出的表（也称虚拟表），是用户查看数据表中数据的一种方式。表中包括几个被定义的数据列与数据行，其结构和数据建立在对表的查询基础之上。

5. 存储过程

存储过程（Stored Procedure）是一组用于完成特定功能的SQL语句集合（包含查询、插入、删除和更新等操作），经编译后以名称的形式存储在SQL Server服务器端的数据库中，由用户通过指定存储过程的名字来执行。当这个存储过程被调用执行时，这些操作也会同时执行。

3.1.3 数据库的组成

SQL Server 2012数据库主要由文件和文件组组成。数据库中的所有数据和对象（如表、存储过程和触发器）都被存储在文件中。

数据库的组成

1. 文件

文件主要分为以下3种类型。

（1）主要数据文件：存放数据和数据库的初始化信息。每个数据库有且只有一个主要数据文件，默认扩展名是.mdf。

（2）次要数据文件：存放除主要数据文件以外的所有数据文件。有些数据库可能没有次要数据文件，也可能有多个次要数据文件，默认扩展名是.ndf。

（3）事务日志文件：存放用于恢复数据库的所有日志信息。每个数据库至少有一个事务日志文件，也可以有多个事务日志文件，默认扩展名是.ldf。

2. 文件组

文件组是SQL Server 2012数据文件的一种逻辑管理单位，它将数据库文件分成不同的文件组，方便于对文件的分配和管理。

文件组主要分为以下两种类型。

（1） 主文件组：包含主要数据文件和任何没有明确指派给其他文件组的文件。系统表的所有页都分配在主文件组中。

（2） 用户定义文件组：主要是在CREATE DATABASE或ALTER DATABASE语句中，使用FILEGROUP关键字指定的文件组。

每个数据库中都有一个文件组作为默认文件组运行，默认文件组包含在创建时没有指定文件组的所有表和索引的页。在没有指定的情况下，主文件组作为默认文件组。

对文件进行分组时，一定要遵循文件和文件组的设计规则，如下所示。

（1） 文件只能是一个文件组的成员。

（2）文件或文件组不能由一个以上的数据库使用。

（3） 数据和事务日志信息不能属于同一文件或文件组。

（4） 日志文件不能作为文件组的一部分。日志空间与数据空间分开管理。

系统管理员在进行备份操作时，可以备份或恢复个别的文件或文件组，而不用备份或恢复整个数据库。

3.1.4 系统数据库

系统数据库

SQL Server 2012的安装程序在安装时默认将建立4个系统数据库（Master、Model、Msdb、Tempdb）。下面分别进行介绍。

1. Master数据库

SQL Server 2012中最重要的数据库。记录SQL Server实例的所有系统级信息，包括实例范围的元数据、端点、链接服务器和系统配置设置。

SQL Server实例表示是后台进程和数据库文件的集合，一个SQL Server服务器就是一个实例。

2. Tempdb数据库

Tempdb是一个临时数据库，用于保存临时对象或中间结果集。

3. Model数据库

用作SQL Server实例上创建的所有数据库的模板。对Model数据库进行的修改（如数据库大小、排序规则、恢复模式和其他数据库选项）将应用于以后创建的所有数据库。

4. Msdb数据库

用于SQL Server代理计划警报和作业。

3.2 SQL Server的命名规范

SQL Server2012为了完善数据库的管理机制，设计了严格的命名规则。用户在创建数据库及数据库对象时必须严格遵守SQL Server2012的命名规则。本节将对标识符、对象和实例的命名进行详细的介绍。

3.2.1 标识符

标识符

在SQL Server2012中，服务器、数据库和数据库对象（如表、视图、列、索引、触发器、过程、约束和规则等）都有标识符，数据库对象的名称被看成是该对象的标识符。大多数对象要求带有标识符，但有些对象（如约束）中标识符是可选项。

对象标识符是在定义对象时创建的，标识符随后用于引用该对象，下面分别对标识符的格式及分类进行介绍。

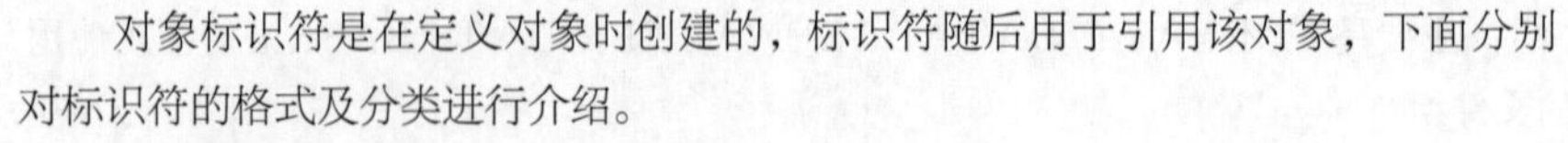

1. 标识符格式

在定义标识符时必须遵守以下规定。

（1）标识符的首字符必须是下列字符之一。

①统一码（Unicode）2.0标准中所定义的字母，包括拉丁字母a~z和A~Z，以及来自其他语言的字符。

②下划线“_”、符号“@”或者数字符号“#”。

在SQL Server2012中，某些处于标识符开始位置的符号具有特殊意义。以“@”符号开始的标识符表示局部变量或参数；以一个数字符号“#”开始的标识符表示临时表或过程，如表“#gzb”就是一张临时表；以双数字符号“##”开始的标识符表示全局临时对象，如表“##gzb”就是全局临时表。

某些SQL函数的名称以双at符号(@@)开始，为避免混淆这些函数，建议不要使用以@@开始的名称。

（2）标识符的后续字符可以是以下3种。

①统一码（Unicode）2.0标准中所定义的字母。

②来自拉丁字母或其他国家/地区脚本的十进制数字。

③“@”符号、美元符号“$”、数字符号“#”或下划线“_”。

（3）标识符不允许是SQL的保留字。

（4）不允许嵌入空格或其他特殊字符。

例如：为明日科技公司创建一个工资管理系统，可以将其数据库命名为“MR_NXT”。名字除了要遵守命名规则以外，最好还能准确表达数据库的内容，本例中的数据库名称是以每个字的大写首字母命名的，其中还使用了下划线“_”。

2. 标识符分类

SQL Server将标识符分为以下两种类型。

（1）常规标识符：符合标识符的格式规则。

（2）分隔标识符：包含在双引号(“”)或者方括号([ ])内的标识符。该标识符可以不符合标识符的格式规则，如[MR GZGLXT]，虽然MR和GZGLXT之间含有空格，但因为使用了方括号，所以视为分隔标识符。

常规标识符和分隔标识符包含的字符数必须在1～128之间，对于本地临时表，标识符最多可以有116个字符。

3.2.2 对象命名规则

对象命名规则

SQL Server 2012的数据库对象的名字由1～128个字符组成，不区分大小写。使用标识符也可以作为对象的名称。

在一个数据库中创建了一个数据库对象后，数据库对象的完整名称应该由服务器名、数据库名、拥有者名和对象名4部分组成，其格式如下：

```
[ [ [ server. ] [ database ] .] [ owner_name ] .] object_name
```

服务器、数据库和所有者的名称即所谓的对象名称限定符。当引用一个对象时，不需要指定服务器、数据库和所有者，可以利用句号标出它们的位置，从而省略限定符。

对象名的有效格式如下：

```
server.database.owner_name.object_name
server.database..object_name
server..owner_name.object_name
server...object_name
database.owner_name.object_name
database..object_name
owner_name.object_name
object_name
```

指定了4个部分的对象名称被称为完全合法名称。

注意

不允许存在4部分名称完全相同的数据库对象。在同一个数据库里可以存在两个名为EXAMPLE的表格，但前提是这两个表的拥有者必须不同。

3.2.3 实例命名规则

实例命名规则

使用SQL Server 2012，可以选择在一台计算机上安装SQL Server的多个实例。SQL Server 2012提供了两种类型的实例——默认实例和命名实例。

1. 默认实例

此实例由运行它的计算机的网络名称标识。使用以前版本SQL Server客户端软件的应用程序可以连接到默认实例。SQL Server 6.5版或SQL Server 7.0版服务器可作为默认实例操作。但是，一台计算机上每次只能有一个版本作为默认实例运行。

2. 命名实例

计算机可以同时运行任意个SQL Server命名实例。实例通过计算机的网络名称加上实例名称以<计算机名称>\<实例名称>的格式进行标识，即computer_name\instance_name，但该实例名不能超过16个字符。

3.3 数据库操作

3.3.1 创建数据库

创建数据库

在使用SQL Server创建用户数据库之前，用户必须设计好数据库的名称和它的所有者、空间大小，以及存储信息的文件和文件组。

1. 以界面方式创建数据库

下面在SQL Server Management Studio中创建数据库“db_database”，具体操作步骤如下。

（1）启动SQL Server Management Studio，并连接到SQL Server 2012中的数据库。

（2）鼠标右键单击“数据库”选项，在弹出的快捷菜单中选择【新建数据库】命令，如图3-1所示。

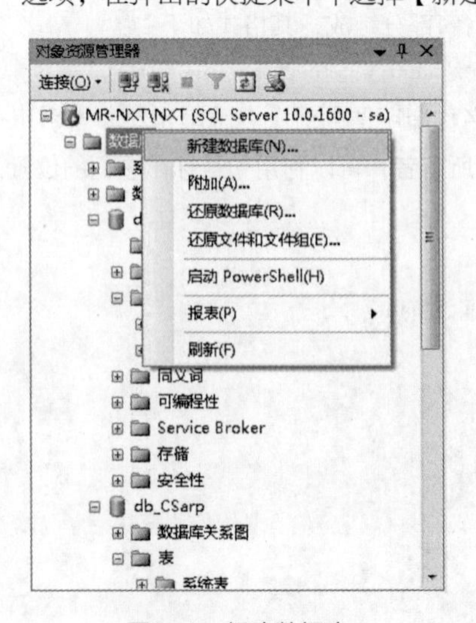

图3-1 新建数据库

（3）进入“新建数据库”对话框，如图3-2所示。在列表框中填写数据库名“db_database”，单击【确定】按钮，即添加数据库成功。

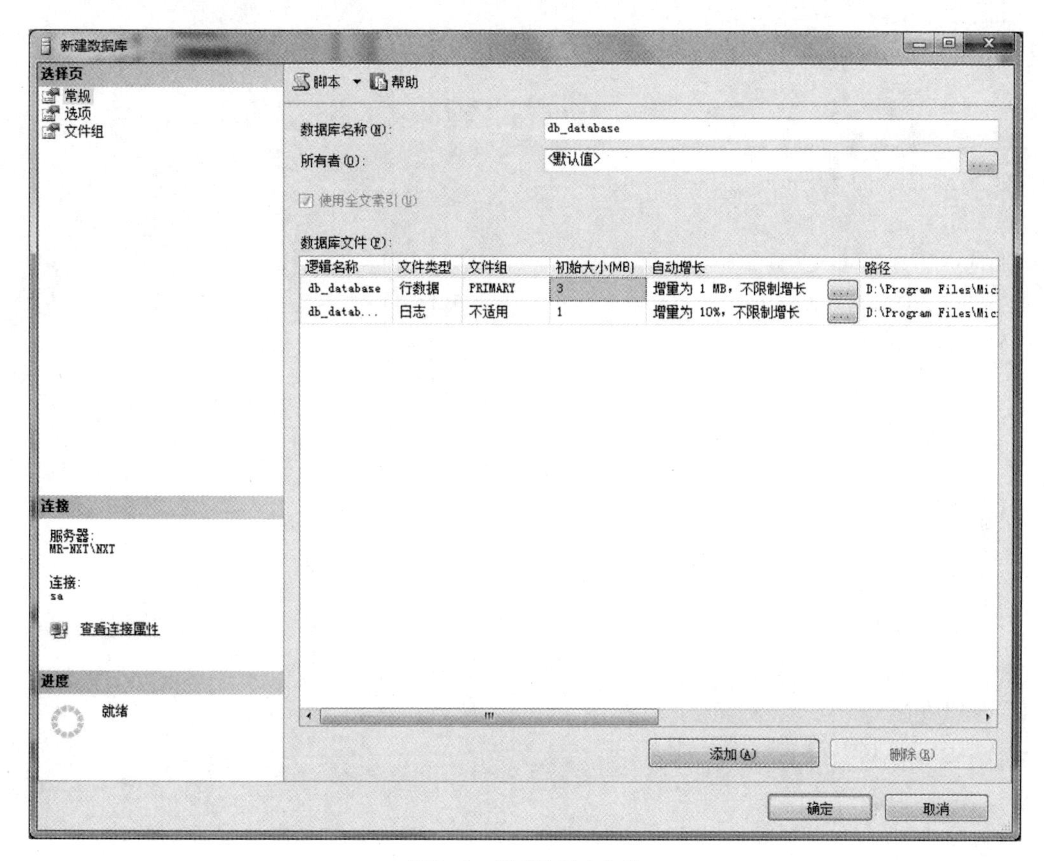

图3-2　创建数据库名称

2. 使用CREATE DATABASE语句创建数据库

语法如下：

```
CREATE DATABASE database_name
[ ON
 [ PRIMARY ] [ <filespec> [ ,...n ]
 [ , <filegroup> [ ,...n ] ]
 [ LOG ON { <filespec> [ ,...n ] } ]
]
 [ COLLATE collation_name ]
 [ WITH <external_access_option> ]
]
[;]
To attach a database
CREATE DATABASE database_name
ON <filespec> [ ,...n ]
FOR { ATTACH [ WITH <service_broker_option> ]
```

```
| ATTACH_REBUILD_LOG }
[;]
<filespec> ::=
{
(
NAME = logical_file_name ,
FILENAME = { 'os_file_name' | 'filestream_path' }
[ , SIZE = size [ KB | MB | GB | TB ] ]
[ , MAXSIZE = { max_size [ KB | MB | GB | TB ] | UNLIMITED } ]
[ , FILEGROWTH = growth_increment [ KB | MB | GB | TB | % ] ]
) [ ,...n ]
}
<filegroup> ::=
{
FILEGROUP filegroup_name [ CONTAINS FILESTREAM ] [ DEFAULT ]
<filespec> [ ,...n ]
}
<external_access_option> ::=
{
[ DB_CHAINING { ON | OFF } ]
[ , TRUSTWORTHY { ON | OFF } ]
}
<service_broker_option> ::=
{
ENABLE_BROKER
|NEW_BROKER
|ERROR_BROKER_CONVERSATIONS
}
Create a database snapshot
CREATE DATABASE database_snapshot_name
ON
(
NAME = logical_file_name,
FILENAME = 'os_file_name'
) [ ,...n ]
AS SNAPSHOT OF source_database_name
[;]
```

参数说明如下。

- database_name：新数据库的名称。数据库名称在 SQL Server 的实例中必须唯一，并且必须符合标识符规则。
- ON：指定显式定义用来存储数据库数据部分的磁盘文件（数据文件）。当后面是以逗号分隔的、用以定义主文件组的数据文件的 <filespec> 项列表时，需要使用 ON。主文件组的文件列表可后跟以逗号分隔的、用以定义用户文件组及其文件的 <filegroup> 项列表（可选）。

- PRIMARY：指定关联的 <filespec> 列表定义主文件。在主文件组的 <filespec> 项中指定的第一个文件将成为主文件。一个数据库只能有一个主文件。有关详细信息，请参阅文件和文件组体系结构。
- LOG ON：指定显式定义用来存储数据库日志的磁盘文件（日志文件）。LOG ON 后跟以逗号分隔的用以定义日志文件的 <filespec> 项列表。如果没有指定 LOG ON，将自动创建一个日志文件，其大小为该数据库的所有数据文件大小总和的 25% 或 512 KB（取两者之中的较大者）。不能对数据库快照指定 LOG ON。
- COLLATE：指明数据库使用的校验方式。collation_name可以是Windows的校验方式名称，也可以是SQL校验方式名称。如果省略此子句，则数据库使用当前的SQL Server校验方式。
- NAME：指定文件在SQL Server中的逻辑名称。当使用FOR ATTACH选项时，就不需要使用NAME选项了。
- FILENAME：指定文件在操作系统中存储的路径和文件名称。
- SIZE：指定数据库的初始容量大小。如果没有指定主文件的大小，则SQL Server默认其与模板数据库中的主文件大小一致，其他数据库文件和事务日志文件则默认为1MB。指定大小的数字SIZE可以使用KB、MB、GB和TB作为后缀，默认的后缀是MB。SIZE中不能使用小数，其最小值为512KB，默认值是1MB。主文件的SIZE不能小于模板数据库中的主文件。
- MAXSIZE：指定文件的最大容量。如果没有指定MAXSIZE，则文件可以不断增长直到充满磁盘。
- UNLIMITED：指明文件无容量限制。
- FILEGROWTH：指定文件每次增容时增加的容量大小。增加量可以用以KB、MB作后缀的字节数或以%作后缀的被增容文件的百分比来表示。默认后缀为MB。如果没有指定FILEGROWTH，则默认值为10%，每次扩容的最小值为64KB。

例如：使用命令创建超市管理系统数据库db_supermarket。

运行的结果如图3-3所示。

使用create database 命令创建一个名称是“db_supermarket”的数据库

```
create database db_supermarket
```

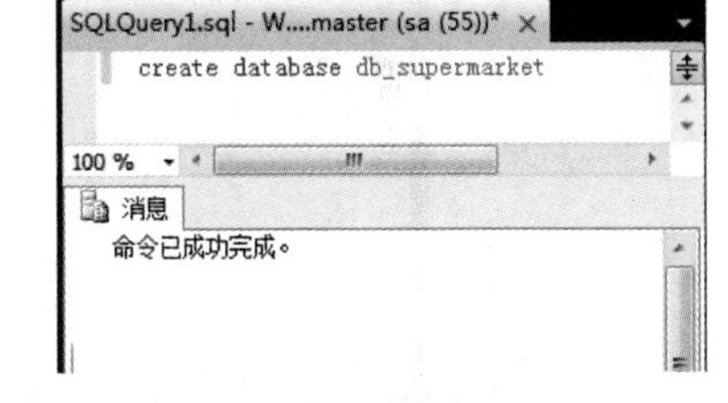

图3-3　创建一个名称为“db_supermarket”的数据库

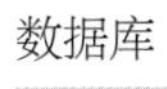

在创建数据库时，所要创建的数据库名称必须是系统中不存在的，如果存在相同名称的数据库，在创建数据库时系统将会报错。另外，数据库的名称也可以是中文名称。

3.3.2　修改数据库

修改数据库

数据库创建完成后，常常需要根据用户环境进行调整，如对数据库的某些参数进行更改，这就需要使用修改数据库的命令。

1. 以界面方式修改数据库

下面介绍如何更改数据库“MR_KFGL”的所有者。具体操作步骤如下。

（1）启动SQL Server Management Studio，并连接到SQL Server 2012中的数据库，在“对象资源管理器”中展开“数据库”节点。

（2）鼠标右键单击需要更改的数据库“db_2012”选项，在弹出的快捷菜单中选择【属性】命令，如图3-4所示。

图3-4 选择【属性】命令

（3）进入“数据库属性”对话框，如图3-5所示。通过该对话框可以修改数据库的相关选项。

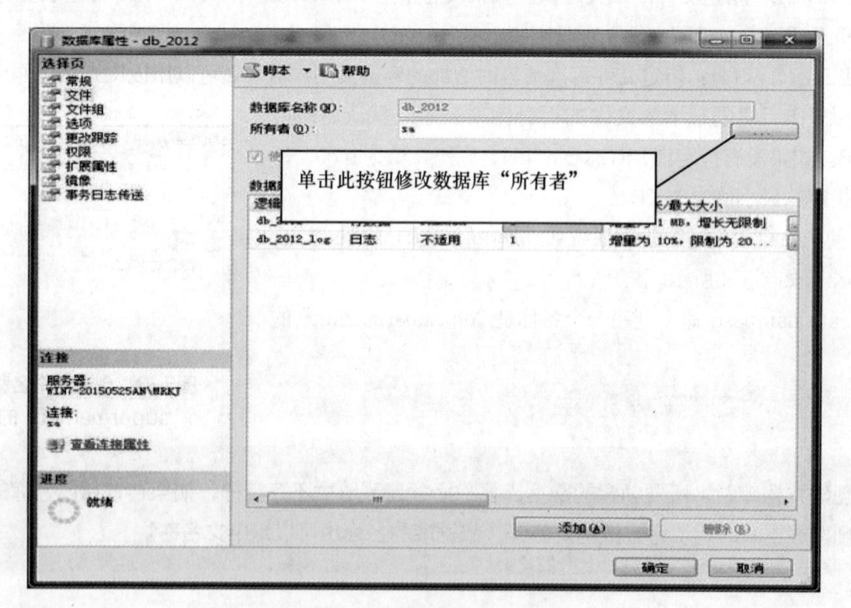

图3-5 “数据库属性”对话框

（4）单击“数据库属性”对话框中的“文件”选项卡，然后单击“所有者”后的浏览按钮...，弹出“选择数据库所有者”对话框，如图3-6所示。

（5）单击【浏览】按钮，弹出“查找对象”对话框，如图3-7所示。通过该对话框选择匹配对象。

（6）在“匹配的对象”列表框中选择数据库的所有者“sa”选项，单击【确定】按钮，完成数据库所有者的更改操作。

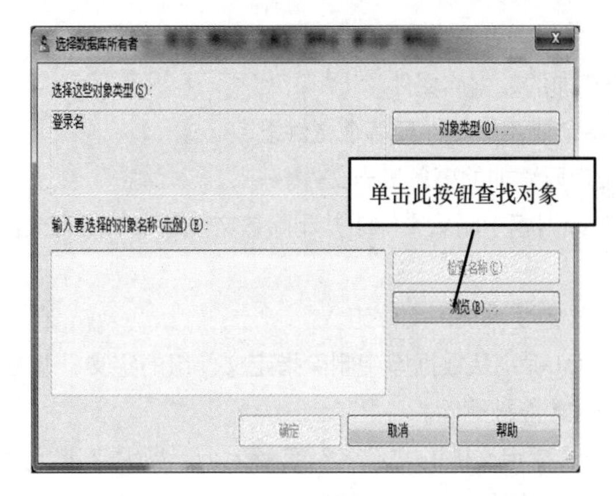

图3-6　“选择数据库所有者”对话框

图3-7　查找对象对话框

2. 使用ALTER DATABASE 语句修改数据库

SQL中修改数据库的命令为ALTER DATABASE。

语法格式如下：

```
ALTER DATABASE database
{ADD FILE<filespec>[,...n][TO FILEGROUP filegroup_name]
|ADD LOG FILE<filespec>[,...n]
|REMOVE FILE logical_file_name
|ADD FILEGROUP filegroup_name
|REMOVE FILEGROUP filegroup_name
|MODIFY FILE<filespec>
|MODIFY NAME=new_dbname
|MODIFY FILEGROUP filegroup_name{filegroup_property|NAME=new_filegroup_name}
|SET<optionspec>[,...n][WITH<termination>]
|COLLATE<collation_name>
}
```

参数说明如下。

- ADD FILE：指定要添加的数据库文件。
- TO FILEGROUP：指定要添加文件到哪个文件组。
- ADD LOG FILE：指定要添加的事务日志文件。
- REMOVE FILE：从数据库中删除文件组并删除该文件组中的所有文件。只有在文件组为空时才能删除。
- ADD FILEGROUP：指定要添加的文件组。
- REMOVE FILEGROUP：从数据库中删除指定文件组的定义，并且删除其包含的所有数据库文件。文件组只有为空时才能被删除。
- MODIFY FILE：修改指定文件的文件名、容量大小、最大容量、文件增容方式等属性，但一次只能修改一个文件的一个属性。使用此选项时应注意，在文件格式filespec中必须用NAME明确指定文件名称，如果文件大小是已经确定的，那么新定义的SIZE必须比当前的文件容量大；FILENAME只能指定在tempdbdatabase中存在的文件，并且新的文件名只有在SQL Server重新启动后才发生作用。
- MODIFY FILEGROUP<filegroup_name><filegroup_property>：修改文件组属性，其中属性“filegroup_property”的取值可以为READONLY，表示指定文件组为只读，要注意的是主文件组不能指定为只读，只有对数据库有独占访问权限的用户才可以将一个文件组标志为只读；取值为READWRITE，表示使文件组为可读写，只有对数据库有独占访问权限的用户才可以将一个文件组标志为可读写；取值为DEFAULT，表示指定文件组为默认文件组，一个数据库中只能有一个默认文件组。
- SET：设置数据库属性。

【例3-1】将一个大小为10MB的数据文件mrkj添加到MingRi数据库中，该数据文件的大小为10MB，最大的文件大小为100MB，增长速度为2MB，MingRi数据库的物理地址为D盘文件夹下。SQL语句如下。

```
ALTER DATABASE Mingri
ADD FILE
(
NAME=mrkj,
Filename='D:\mrkj.ndf',
size=10MB,
Maxsize=100MB,
Filegrowth=2MB
)
```

3.3.3 删除数据库

使用DROP DATABASE命令可以删除一个或多个数据库。当某一个数据库被删除后，这个数据库的所有对象和数据都将被删除，所有日志文件和数据文件也都将删除，所占用的空间将会释放给操作系统。

删除数据库

1. 以界面方式删除数据库

下面介绍如何删除数据库“MingRi”。具体操作步骤如下。

（1）启动SQL Server Management Studio，并连接到SQL Server 2012中的数据库。在“对象资源管理器”中展开“数据库”节点。

（2）鼠标右键单击要删除的数据库“MingRi”选项，在弹出的快捷菜单中选择【删除】命令。如图3-8所示。

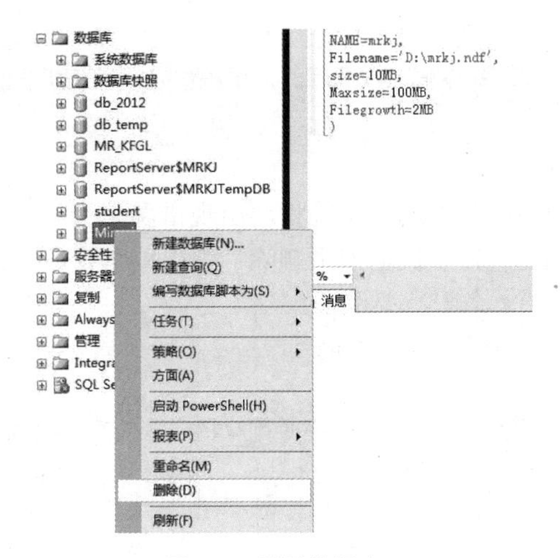

图3-8　删除数据库

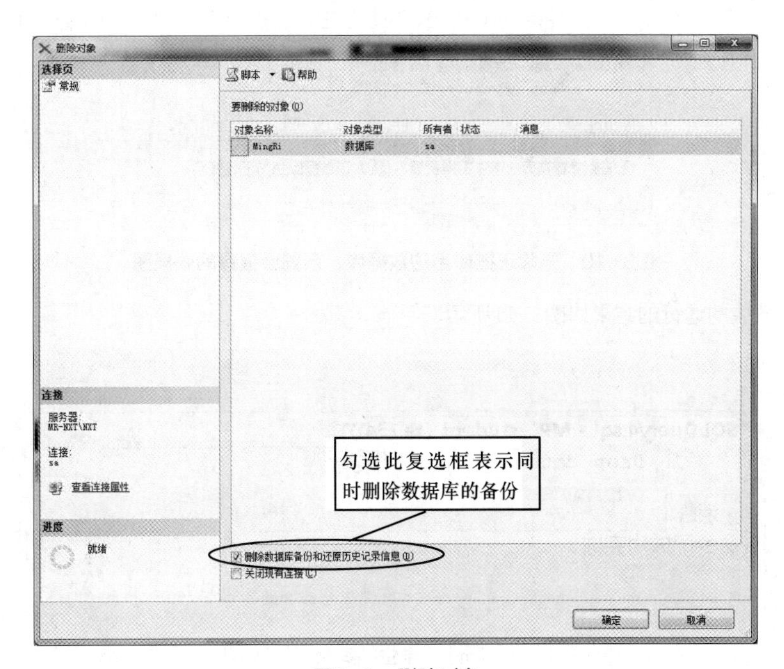

图3-9　删除对象

（3）在弹出的“删除对象”对话框中单击【确定】按钮，即可删除数据库，如图3-9所示。

注意：系统数据库（msdb、model、master、tempdb）无法删除。删除数据库后应立即备份master数据库，因为删除数据库将更新master数据库中的信息。

2. 使用DROP DATABASE语句删除数据库

语法格式如下：

```
DROP DATABASE database_name [ ,...n ]
```

其中database_name是要删除的数据库名称。

使用DROP DATABASE命令删除数据库时，系统中必须存在所要删除的数据库，否则系统将会出现错误。

另外，如果删除正在使用的数据库，系统将会出现错误。

例如：不能在“学生档案管理”数据库中删除“学生档案管理”数据库，SQL代码如下：

```
Use 学生档案管理 --使用学生档案管理数据库
Drop database 学生档案管理 --删除正在使用的数据库
```

上面的SQL代码中使用了Use指令，该指令用来指定要使用的数据库，例如“Use 学生档案管理”表示使用“学生档案管理”数据库。Use指令的基本语法如下：

```
Use {数据库}
```

删除学生档案管理数据库的操作没有成功，系统会报错，运行结果如图3-10所示。

在“学生档案管理”数据库中，使用DROP DATABASE命令删除名为“学生档案管理”的数据库。

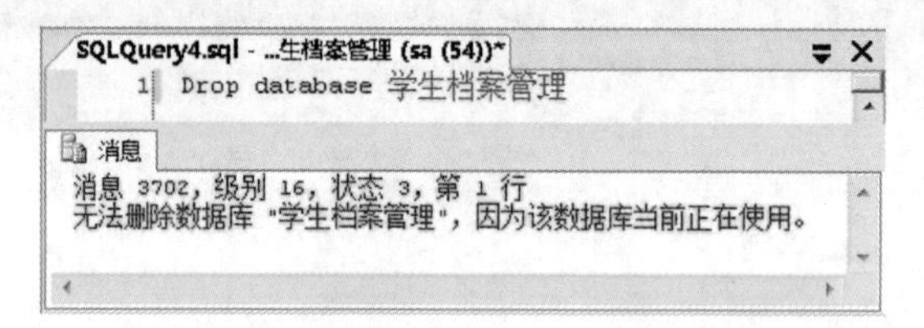

图3-10 删除正在使用的数据库，系统会报错的效果图

在查询分析器中的运行的结果如图3-11所示。

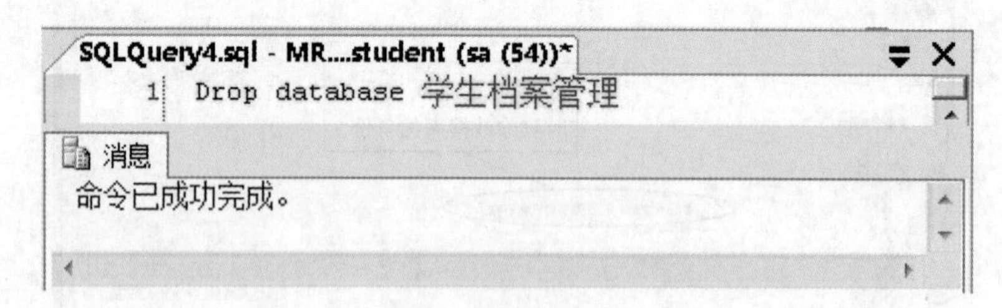

图3-11 删除“学生档案管理”数据库

小结

本章介绍了SQL Server 2012数据库的组成、创建和管理的方法，以及如何查看数据库信息。读者不仅可以使用SQL Server 2012界面方式完成创建和管理数据库的工作，还可以调用SQL语句完成对应操作。

习 题

3-1 数据库的常用对象有哪些？

3-2 下面哪些是系统数据库？

（1）Master数据库 （2）Tempdb数据库

（3）Model数据库 （4）msdb数据库

（5）Mssqlsystemresource数据库 （6）my_db数据库

3-3 通过Transact-SQL，使用什么命令创建数据库？使用什么命令修改数据库？使用什么命令删除数据库？使用什么命令查看数据库参数？

PART04

第4章 表与表数据操作

本章要点

- SQL语句
- 创建、修改和删除数据表
- 分区表
- 添加、修改和删除记录
- 表关联

■ 本章主要介绍使用SQL语句和使用SQL Server Management Studio创建数据表、修改数据表和删除数据表的过程。通过本章的学习，读者可以熟悉数据表的组成元素以及分区表的创建，并能够掌握创建和管理数据表的方法，本章将详细讲解创建、修改、删除数据表和数据表约束的知识。

4.1 数据表操作

4.1.1 数据表设计原则

数据库中的表与人们在日常生活中使用的表格类似。数据库中的表也是由行和列组成的。相同类的信息组成了列，每一列又称为一个字段，每列的列标题称为字段名。在每一行中，包含了许多列的信息，每一行数据称为一条记录。一个数据表是由一条或多条记录组成的，没有记录的表称为空表。

在设计数据库时，应该先确定需要什么样的表，各表中都有哪些数据，以及各个表的存取权限等。

创建表的最有效的方法是将表中所需的信息一次定义完成，也可以先创建一个表，然后再向其中填入数据。

设计表时应注意下列问题。

（1）表的各列及每一列的数据类型。比如，用户信息表中的年龄列需要使用int类型。

（2）哪些列允许空值。比如，用户信息表中的用户编号就不能设置为空值。

（3）是否要使用以及何时使用约束、默认设置或规则。比如，设置用户注册时间时，可以使用默认设置。

（4）所需索引的类型，哪里需要索引，哪些列是主键，哪些是外键。

在创建表时必须满足以下规定。

（1）每个表有一个名称，称为表名或关系名。表名必须以字母开头，最大长度为30个字符，比如，用户信息表可以命名为User。

（2）一张表中可以包含若干个列，但是，列名必须唯一，列名也称为属性名。比如，用户信息表中不能同时存在两个年龄列。

（3）同一列中的数据必须要有相同的数据类型。比如，用户信息表中的姓名列不能同时输入“小王”和bool。

（4）表中的一行称为一条记录。比如，用户信息表中的名称为“小王”，相应信息就是一条记录。

4.1.2 数据表基础

数据表基础

数据表是最常见的一种组织数据的方式，一张表一般具有多个列（即多个字段）。每个字段都具有特定的属性，包括字段名、数据类型、字段长度、约束、默认值等，这些属性在创建表时被确定。

1. 基本数据类型

SQL Server 2012提供了很多的基本数据类型，下面进行详细介绍。

基本数据类型按数据的表现方式及存储方式的不同可以分为整数数据类型、货币数据类型、浮点数据类型、日期/时间数据类型、字符数据类型、二进制数据类型、图像和文本数据类型以及SQL Server 2012引用的3种新数据类型。具体介绍如表4-1所示。

表4-1 基本数据类型

分　类	数据特性	数据类型
整数数据类型	常用的一种数据类型，可以存储整数或者小数	BIT
		INT
		SMALLINT
		TINYINT

续表

分　类	数据特性	数据类型
货币数据类型	用于存储货币值，使用时在数据前加上货币符号，不加货币符号的情况下默认为“¥”	MONEY
		SMALLMONEY
浮点数据类型	用于存储十进制小数	REAL
		FLOAT
		DECIMAL
		NUMERIC
日期/时间数据类型	用于存储日期类型和时间类型的组合数据	DATETIME
		SMALLDATETIME
		DATA
		DATETIME(2)
		DATETIMESTAMPOFFSET
字符数据类型	用于存储各种字母、数字符号和特殊符号	CHAR
		NCHAR(n)
		VARCHAR
		NVARCHAR(n)
二进制数据类型	用于存储二进制数据	BINARY
		VARBINARY
图像和文本数据类型	用于存储大量的字符及二进制数据（Binary Data）	TEXT
		NTEXT(n)
		IMAGE

2. SQL语言

SQL是一种综合性语言，用来控制并与数据库管理系统进行交互作用，它包含大约40条专用于数据库管理任务的语句。各类的SQL语句分别如表4-2～表4-6所示。

数据操作类SQL语句如表4-2所示。

表4-2　数据操作类SQL语句

语　句	功　能
SELECT	从数据库表中检索数据行和列
INSERT	把新的数据记录添加到数据库中
DELETE	从数据库中删除数据记录
UPDATE	修改现有的数据库中的数据

数据定义类SQL语句如表4-3所示。

表4-3　数据定义类SQL语句

语　句	功　能
CREATE TABLE	在一个数据库中创建一个数据库表
DROP TABLE	从数据库删除一个表
ALTER TABLE	修改一个现存表的结构

续表

语　句	功　能
CREATE VIEW	把一个新的视图添加到数据库中
DROP VIEW	从数据库中删除视图
CREATE INDEX	为数据库表中的一个字段构建索引
DROP INDEX	从数据库表中的一个字段中删除索引
CREATE PROCEDURE	在一个数据库中创建一个存储过程
DROP PROCEDURE	从数据库中删除存储过程
CREATE TRIGGER	创建一个触发器
DROP TRIGGER	从数据库中删除触发器
CREATE SCHEMA	向数据库添加一个新模式
DROP SCHEMA	从数据库中删除一个模式
CREATE DOMAIN	创建一个数据值域
ALTER DOMAIN	改变域定义
DROP DOMAIN	从数据库中删除一个域

数据控制类SQL语句如表4-4所示。

表4-4　数据控制类SQL语句

语　句	功　能
GRANT	授予用户访问权限
DENY	拒绝用户访问
REVOKE	删除用户访问权限

事务控制类SQL语句如表4-5所示。

表4-5　事务控制类SQL语句

语　句	功　能
COMMIT	结束当前事务
ROLLBACK	中止当前事务
SET TRANSACTION	定义当前事务数据访问特征

程序化SQL语句如表4-6所示。

表4-6　程序化SQL语句

语　句	功　能
DECLARE	定义查询游标
EXPLAN	描述查询描述数据访问计划
OPEN	检索查询结果，打开一个游标
FETCH	检索一条查询结果记录
CLOSE	关闭游标
PREPARE	为动态执行准备SQL语句
EXECUTE	动态地执行SQL语句
DESCRIBE	描述准备好的查询

4.1.3 以界面方式创建、修改和删除数据表

以界面方式创建、修改和删除数据表

本节将以数据表“mrkj”为例讲解数据表的创建、修改和删除过程。

1. 创建数据表

下面介绍如何在SQL Server Management Studio中创建数据表“mrkj”，具体操作步骤如下。

（1）启动SQL Server Management Studio，并连接到SQL Server 2012中的数据库。

（2）鼠标右键单击“表”选项，在弹出的快捷菜单中选择【新建表】命令，如图4-1所示。

（3）进入“添加表”对话框，如图4-2所示。在列表框中填写所需要的字段名，单击【保存】按钮，即添加表成功。

图4-1 新建表

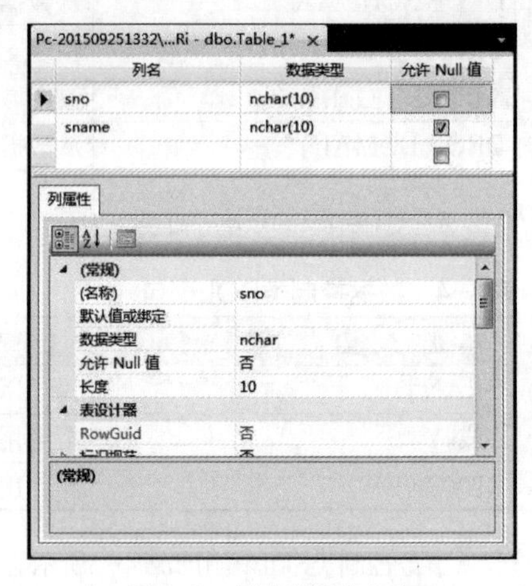

图4-2 创建数据表名称

2. 修改数据表

下面介绍如何更改表“mrkj”的所有者。具体操作步骤如下。

（1）启动SQL Server Management Studio，并连接到SQL Server 2012中的数据库，在“对象资源管理器”中展开“数据库下面的表”节点。

（2）鼠标右键单击需要更改的表“mrkj”选项，在弹出的快捷菜单中选择【设计】命令，如图4-3所示。

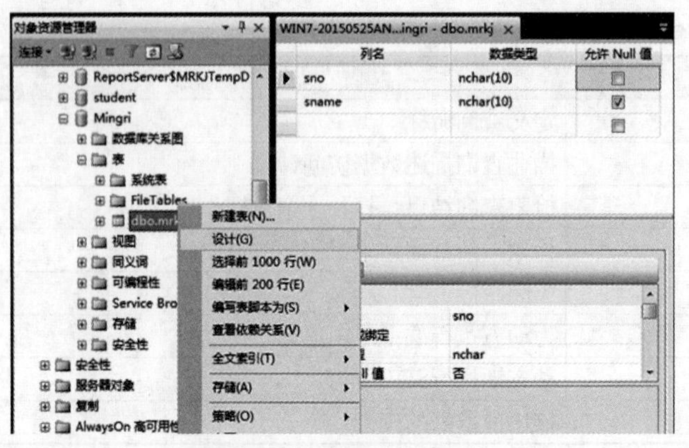

图4-3 选择【设计】命令

（3）进入“表设计”对话框，如图4-4所示。通过该对话框可以修改数据表的相关选项。修改完成后，单击【保存】按钮，修改成功。

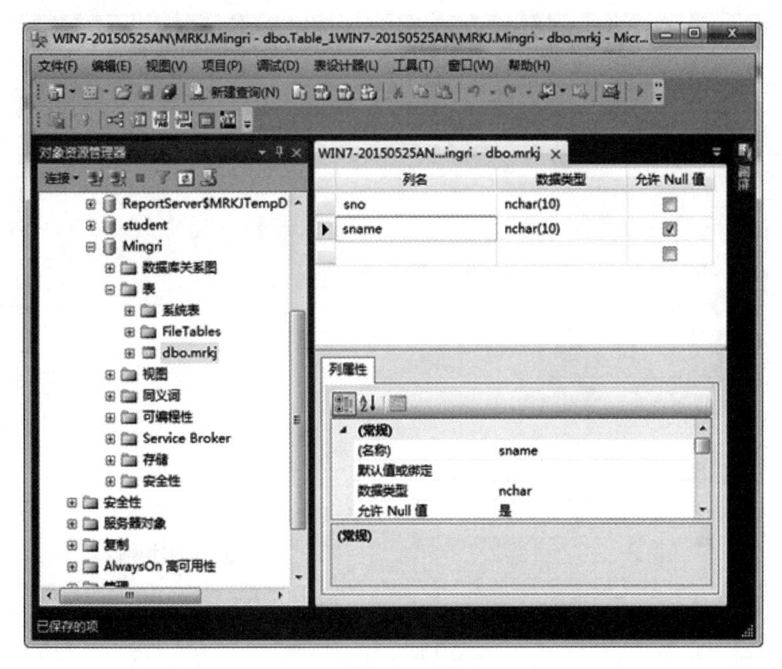

图4-4 修改表字段

3. 删除数据表

下面介绍如何删除表“mrkj”的所有者。具体操作步骤如下。

（1）启动SQL Server Management Studio，并连接到SQL Server 2012中的数据库，在“对象资源管理器”中展开“数据库下面的表”节点。

（2）鼠标右键单击需要删除的表“mrkj”选项，在弹出的快捷菜单中选择【删除】命令，如图4-5所示。

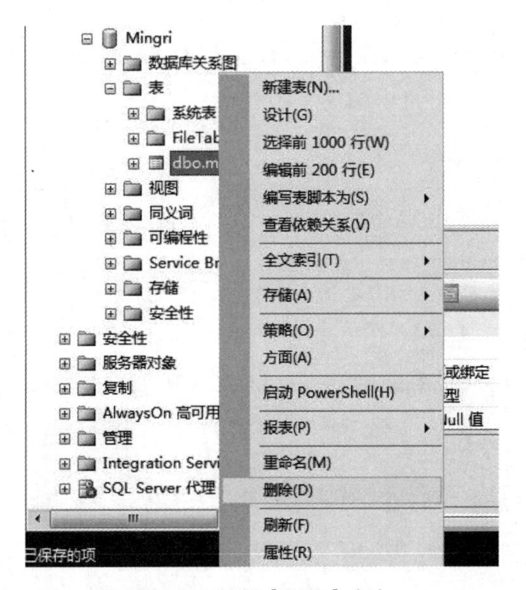

图4-5 选择【删除】命令

（3）进入“删除对象”对话框，如图4-6所示。通过该对话框可以删除数据表的相关选项。单击【确定】按钮，删除成功。

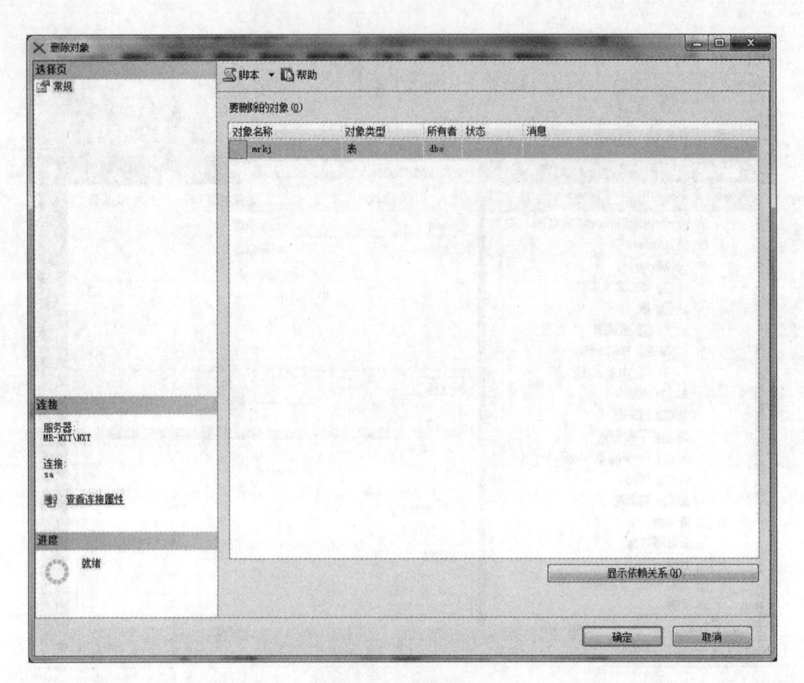

图4-6　删除表

4.1.4　使用CREATE TABLE语句创建表

使用CREATE TABLE语句创建表

使用CREATE TABLE语句可以创建表，其基本语法如下：

```
CREATE TABLE
[ database_name.[ owner ] .| owner.] table_name
( { < column_definition >
| column_name AS computed_column_expression
| < table_constraint > : : = [ CONSTRAINT constraint_name ] }
    | [ { PRIMARY KEY | UNIQUE } [ ,...n ]
)
    [ ON { filegroup | DEFAULT } ]
[ TEXTIMAGE_ON { filegroup | DEFAULT } ]
< column_definition > : : = { column_name data_type }
[ COLLATE < collation_name > ]
[ [ DEFAULT constant_expression ]
| [ IDENTITY [ ( seed , increment ) [ NOT FOR REPLICATION ] ] ]
]
[ ROWGUIDCOL]
[ < column_constraint > ] [ ...n ]
< column_constraint > : : = [ CONSTRAINT constraint_name ]
{ [ NULL | NOT NULL ]
```

```
| [ { PRIMARY KEY | UNIQUE }
[ CLUSTERED | NONCLUSTERED ]
[ WITH FILLFACTOR = fillfactor ]
[ON {filegroup | DEFAULT} ] ]
]
| [ [ FOREIGN KEY ]
REFERENCES ref_table [ ( ref_column ) ]
[ ON DELETE { CASCADE | NO ACTION } ]
[ ON UPDATE { CASCADE | NO ACTION } ]
[ NOT FOR REPLICATION ]
]
| CHECK [ NOT FOR REPLICATION ]
( logical_expression )
}
    < table_constraint > ::= [ CONSTRAINT constraint_name ]
{ [ { PRIMARY KEY | UNIQUE }
[ CLUSTERED | NONCLUSTERED ]
{ ( column [ ASC | DESC ] [ ,...n ] ) }
[ WITH FILLFACTOR = fillfactor ]
[ ON { filegroup | DEFAULT } ]
]
| FOREIGN KEY
[ ( column [ ,...n ] ) ]
REFERENCES ref_table [ ( ref_column [ ,...n ] ) ]
[ ON DELETE { CASCADE | NO ACTION } ]
[ ON UPDATE { CASCADE | NO ACTION } ]
[ NOT FOR REPLICATION ]
| CHECK [ NOT FOR REPLICATION ]
( search_conditions )
}
```

在SQL语法中，方括号[ ]中包含的是可选参数，大括号{ }中包含的是参数值。小括号( )中包含的是子SQL语句或者列。

CREATE TABLE语句的参数及说明如表4-7所示。

表4-7　CREATE TABLE语句的参数及说明

参　数	描　述
database_name	在其中创建表的数据库的名称。database_name必须指定现有数据库的名称。如果未指定，则database_name默认为当前数据库

续表

参　数	描　述
owner	新表所属架构的名称
table_name	新表的名称。表名必须遵循标识符规则。除了本地临时表名（以单个数字符号#为前缀的名称）不能超过116个字符外，table_name最多可包含128个字符
column_name	表中列的名称。列名必须遵循标识符规则，并且在表中是唯一的
computed_column_expression	定义计算列的值的表达式
ON{<partion_scheme>|filegroup|"default"}	指定存储表的分区架构或文件组
<table_constraint>	表约束
TEXTIMAGE_ON{filegroup|"default"}}	指定text、ntext、image、xml、varchar(max)、nvarchar(max)、varbinary(max)列存储在指定文件组的关键字
CONSTRAINT	可选关键字，表示PRIMARY KEY、NOT NULL、UNIQUE、FOREIGN KEY或CHECK约束定义的开始
constraint_name	约束的名称。约束名称必须在表所属的架构中唯一
NULL | NOT NULL	确定列中是否允许使用空值
PRIMARY KEY	是通过唯一索引对给定的一列或多列强制实体完整性的约束。每个表只能创建一个PRIMARY KEY约束
UNIQUE	一个约束，该约束通过唯一索引为一个或多个指定列提供实体完整性。一个表可以有多个 UNIQUE 约束
CLUSTERED | NONCLUSTERED	指示为PRIMARYKEY或UNIQUE约束创建聚集索引还是非聚集索引。PRIMARY KEY约束默认为CLUSTERED，UNIQUE约束默认为NONCLUSTERED
column	用括号括起来的一列或多列，在表约束中表示这些列用在约束定义中
[ASC | DESC]	指定加入到表约束中的一列或多列的排序顺序。默认值为ASC
WITH FILLFACTOR=fillfactor	指定数据库引擎存储索引数据时每个索引页的充满程度。用户指定的fillfactor值可以是介于1至100之间的任意值。如果未指定值，则默认值为0
FOREIGN KEY REFERENCES	为列中的数据提供引用完整性的约束。FOREIGN KEY约束要求列中的每个值在所引用的表中对应的被引用列中都存在
(ref_column [,... n])	是FOREIGN KEY约束所引用的表中的一列或多列
ON DELETE { NO ACTION | CASCADE | SET NULL | SET DEFAULT }	指定如果已创建表中的行具有引用关系，并且被引用行已从父表中删除，则对这些行采取的操作。默认值为NO ACTION
ON UPDATE { NO ACTION | CASCADE }	指定在发生更改的表中，如果行有引用关系且引用的行在父表中被更新，则对这些行采取什么操作。默认值为NO ACTION
CHECK	一个约束，该约束通过限制可输入一列或多列中的可能值来强制实现域完整性。计算列上的CHECK约束也必须标记为PERSISTED
NOT FOR REPLICATION	在CREATE TABLE语句中，可为IDENTITY属性、FOREIGN KEY约束和CHECK约束指定NOT FOR REPLICATION子句

【例4-1】创建员工基本信息表。

员工信息表（tb_basicMessage）：id字段为int类型并且不允许为空；name字段为长度10的varchar类型；age字段为int类型，dept字段为int类型，headship字段为int类型，SQL语句如下。

```
USE db_2012
CREATE TABLE [dbo].[tb_basicMessage](
        [id] [int] NOT NULL,
        [name] [varchar](10),
        [age] [int],
        [dept] [int],
        [headship] [int]
)
```

4.1.5 使用ALTER TABLE语句修改表

使用ALTER TABLE语句修改表

使用ALTER TABLE语句可以修改表的结构，语法如下：

```
ALTER TABLE [ database_name . [ schema_name ] . | schema_name . ] table_name
{
    ALTER COLUMN column_name
    {
        [ type_schema_name. ] type_name [ ( { precision [ , scale ]
            | max | xml_schema_collection } ) ]
[ COLLATE collation_name ]
        [ NULL | NOT NULL ]
| {ADD | DROP }
{ ROWGUIDCOL | PERSISTED| NOT FOR REPLICATION | SPARSE  }
    }
| [ WITH { CHECK | NOCHECK } ]
| ADD
    {
        <column_definition>
      | <computed_column_definition>
      | <table_constraint>
| <column_set_definition>
    } [ ,...n ]
    | DROP
    {
        [ CONSTRAINT ] constraint_name
        [ WITH ( <drop_clustered_constraint_option> [ ,...n ] ) ]
        | COLUMN column_name
    } [ ,...n ]
```

ALTER TABLE语句的参数及说明如表4-8所示。

表4-8　ALTER TABLE语句的参数及说明

参　　数	描　　述
database_name	创建表时所在的数据库的名称
schema_name	表所属架构的名称
table_name	要更改的表的名称
ALTER COLUMN	指定要更改命名列
column_name	要更改、添加或删除的列的名称
[type_schema_name.] type_name	更改后的列的新数据类型或添加的列的数据类型
Precision	指定的数据类型的精度
scale	指定的数据类型的小数位数
max	仅应用于varchar、nvarchar和varbinary数据类型
xml_schema_collection	仅应用于xml数据类型
COLLATE < collation_name >	指定更改后的列的新排序规则
NULL | NOT NULL	指定列是否可接受空值
[{ADD | DROP} ROWGUIDCOL]	指定在指定列中添加或删除ROWGUIDCOL属性
[{ADD | DROP} PERSISTED]	指定在指定列中添加或删除PERSISTED属性
DROP NOT FOR REPLICATION	指定当复制代理执行插入操作时，标识列中的值将增加
SPARSE	指示列为稀疏列。稀疏列已针对NULL值进行了存储优化。不能将稀疏列指定为NOT NULL
WITH CHECK | WITH NOCHECK	指定表中的数据是否用新添加的或重新启用的FOREIGN KEY或CHECK约束进行验证
ADD	指定添加一个或多个列定义、计算列定义或者表约束
DROP { [CONSTRAINT] constraint_name | COLUMN column_name }	指定从表中删除constraint_name或column_name。可以列出多个列或约束
WITH <drop_clustered_constraint_option>	指定设置一个或多个删除聚集约束选项

【例4-2】向db_2012数据库中的tb_Student表中添加Sex字段，SQL语句如下。

```
USE db_2012
ALTER TABLE tb_Student
ADD  Sex char(2)
```

【例4-3】删除DB_2012数据库中tb_Student中的Sex字段，SQL代码如下。

```
USE db_2012
ALTER TABLE tb_Student
DROP COLUMN Sex
```

4.1.6　使用DROP TABLE语句删除表

使用DROP TABLE语句删除表

使用DROP TABLE语句可以删除数据表，语法如下：

```
DROP TABLE [ database_name . [ schema_name ] . | schema_name . ]
        table_name [ ,...n ] [ ; ]
```

参数说明如下。

- database_name：要在其中删除表的数据库的名称。
- schema_name：表所属架构的名称。
- table_name：要删除的表的名称。

【例4-4】删除 db _2012数据库中的数据表tb_Student，SQL语句如下。

```
USE db_2012
DROP TABLE tb_Student
```

4.2　分区表

4.2.1　分区表概述

分区表概述

分区表是把数据库按照某种标准划分成区域存储在不同的文件组中，使用分区可以快速有效地管理和访问数据子集，从而使大型表或索引更易于管理。合理地使用分区会很大程度上提高数据库的性能。已分区表和已分区索引的数据划分为分布于一个数据库中多个文件组的单元。数据是按水平方式分区的，因此多组行映射到单个的分区。已分区表和已分区索引支持与设计和查询标准表和索引相关的所有属性和功能，包括约束、默认值、标识和时间戳值以及触发器。因为分区表的本质是把符合不同标准的数据子集存储在一个数据库的一个或多个文件组中，通过元数据来表述数据存储逻辑地址。

决定是否实现分区主要取决于表当前的大小或将来的大小、如何使用表以及对表执行用户查询和维护操作的完善程度。通常，如果某个大型表同时满足下面的两个条件，则可能适用于进行分区。

（1）该表包含（或将包含）以多种不同方式使用的大量数据。

（2）不能按预期对表执行查询或更新，或维护开销超过了预定义的维护期。

4.2.2　使用界面创建分区表

使用界面创建分区表

以界面的方式创建分区表的步骤如下。

（1）启动SQL Server Management Studio，并连接到SQL Server 2012中的数据库。

（2）在“对象资源管理器”中展开“数据库”节点，展开指定的数据库“db_2012”。

（3）在“db_2012”数据库上，单击鼠标右键，选择【属性】，如图4-7所示。这时在弹出的“数据库属性”对话框中的“选择页”中，选择【文件】，然后单击【添加】按钮，添加逻辑名称，如Group1、Goup2、Group3、Group4，添加完之后，单击【确定】按钮，如图4-8所示。

（4）选择“文件组”，然后单击【添加】按钮，分别添加（3）中的4个文件，然后在“只读”下面的复选框上打勾，最后单击【确定】按钮，如图4-9所示。

（5）在“Employee”表上单击鼠标右键，选择【存储】菜单项，然后单击【创建分区】子菜单项（如图4-10所示），进入创建“分区向导”对话框（如图4-11所示），单击【下一步】按钮，进

图4-7　选择【属性】命令

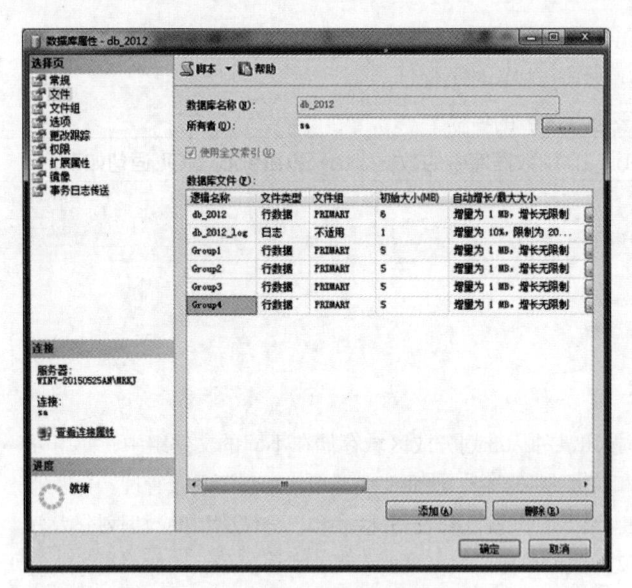

图4-8　添加文件

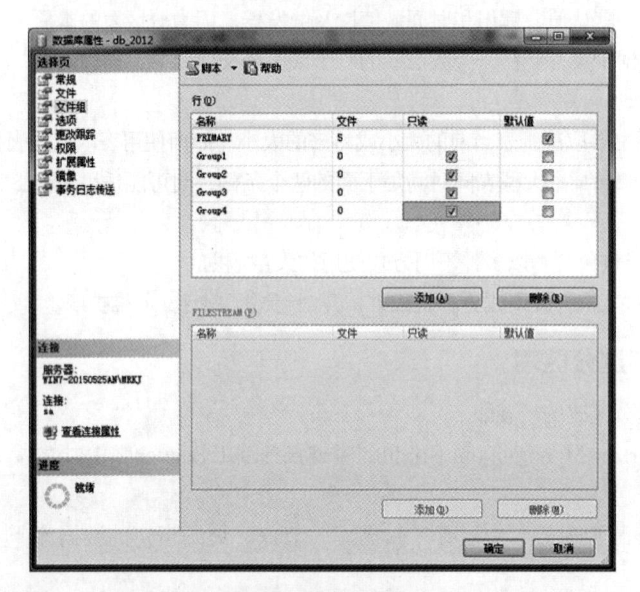

图4-9　添加文件组

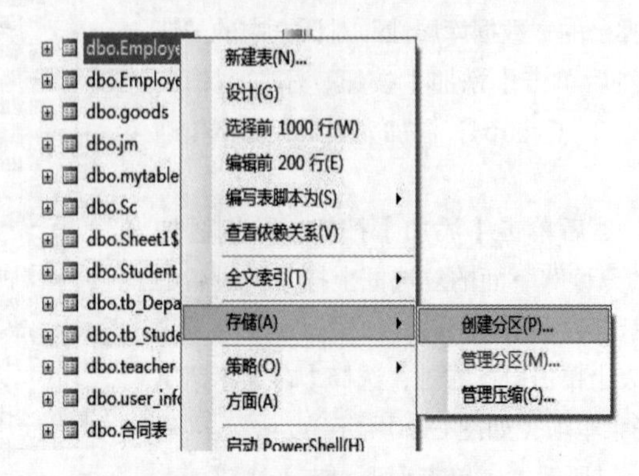

图4-10　选择【创建分区】

入“选择分区列”界面，界面中将显示可用的分区列，选择“Age”列，如图4-12所示。

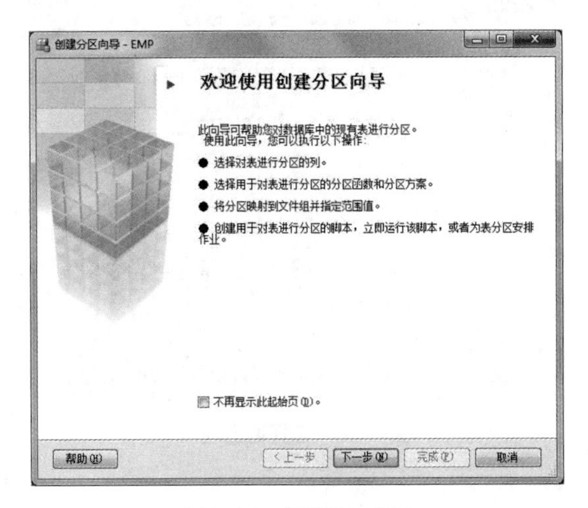

图4-11　创建分区向导

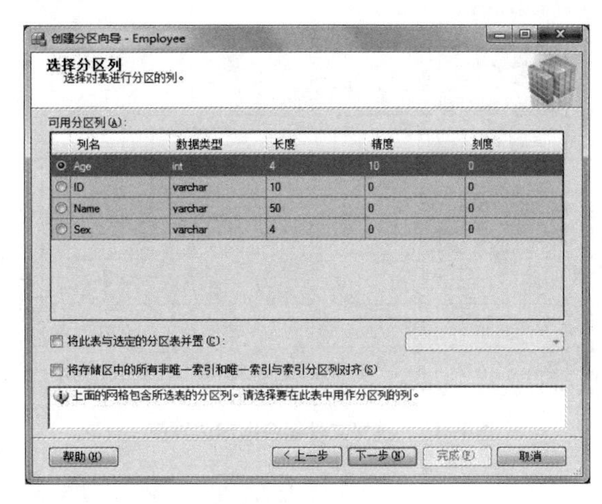

图4-12　选择分区列

（6）单击【下一步】按钮，进入“选择分区函数”界面。在“选择分区函数”中，选择【新建分区函数】，然后在“新建分区函数”后面的文本框中输入新建分区函数的名称，如AgeOrderFunction，如图4-13所示。然后单击【下一步】按钮。

（7）在“选择分区方案”中，选择【新建分区方案】。在“新建分区方案”后面的文本框中输入新建分区方案的名称，如AgeOrder，如图4-14所示，然后单击【下一步】按钮。

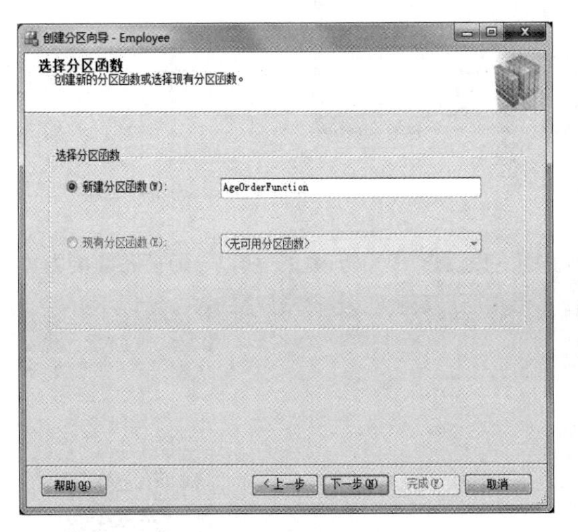

图4-13　选择分区函数

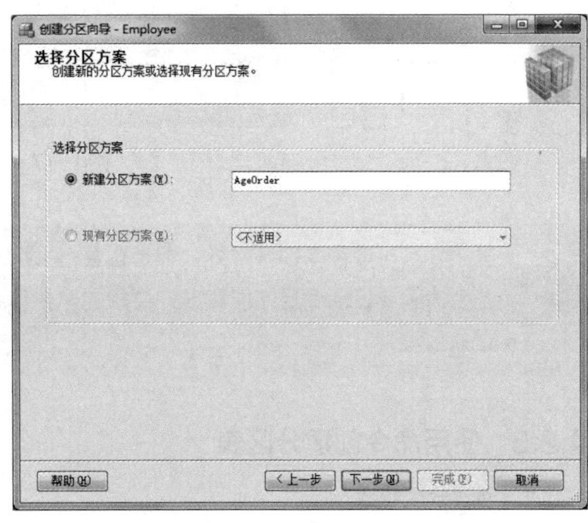

图4-14　选择分区方案

（8）在“映射分区”界面中，选择【左边界】，然后选择各个分区要映射到的文件组，如图4-15所示，然后单击【下一步】按钮。

（9）在“选择输出选项”中，选择【立即运行】，然后单击【完成】按钮完成对Employee表的分区操作，如图4-16所示。

（10）单击【完成】按钮之后，会出现如图4-17所示的界面，再次单击【完成】按钮。

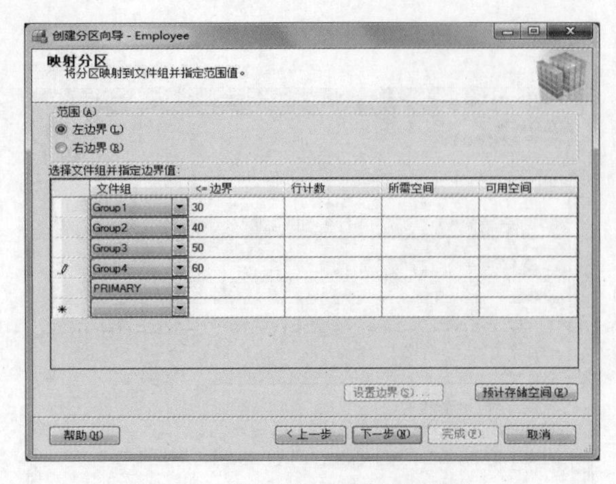

图4-15　选择文件组合指定边界值

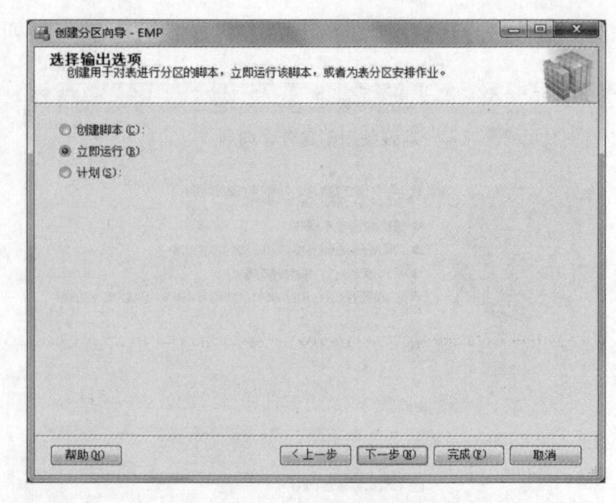

图4-16　选择输出选项

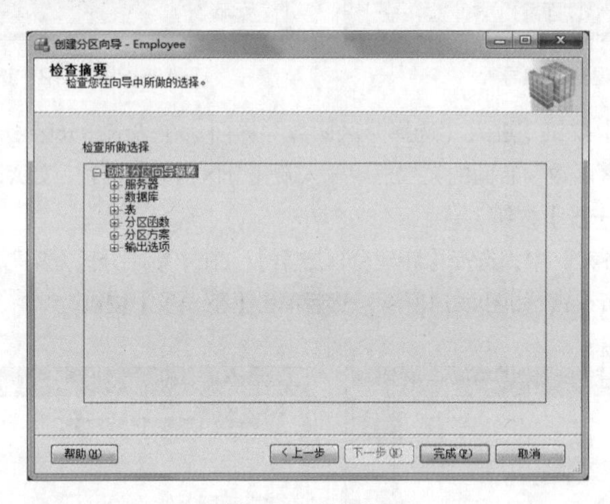

图4-17　创建分区

虽然分区可以带来很多好处，但是也会增加实现对象的管理操作和复杂性。所以，可能不需要为较小的表或目前满足性能和维护要求的表分区。本书中所涉及到的表都是较小的表，所以不必建立分区表。

4.2.3　使用命令创建分区表

使用命令创建分区表

1. 创建分区函数

创建分区函数的语法格式为：

```
CREATE PARTITION FUNCTION partition_function_name ( input_parameter_type )
 AS RANGE [ LEFT | RIGHT ]
 FOR VALUES ( [ boundary_value [, …n] ] )
[;]
```

参数说明如下。

- partition_function_name：是要创建的分区函数的名称。
- input_parameter_type：用于分区的列的数据类型。
- LEFT | RIGHT：指定当间隔值由数据库引擎按升序从左到右排列时，boundary_value属于每个边

界值间隔的哪一侧（左侧或者右侧）。如果未指定，则默认值为LEFT。

- boundary_value：为使用partition_function_name的已分区表或索引的每个分区指定边界值。如果为空，则分区函数使用partition_function_name将整个表或索引映射到单个分区。boundary_value是可以引用变量的常量表达式。boundary_value必须与input_parameter_type中提供的数据类型相匹配，或者可隐式转换为该数据类型。[,…n]指定boundary_value提供的值的数目，不能超过999。所创建的分区数等于n+1。

【例4-5】对int类型的列创建一个名为AgePF的分区函数，该函数把int类型的列中数据分成6个区，分别为小于或等于10的区、大于10且小于或等于30的区、大于30且小于或等于50的区、大于50且小于或等于70的区、大于70且小于或等于80的区、大于80的区。

```
CREATE PARTITION FUNCTION AgePF (int)
 AS RANGE LEFT FOR VALUES (10,30,50,80)
GO
```

2. 创建分区方案

分区函数创建完后，使用CREATE PARTITION SCHEME命令创建分区方案，由于在创建分区方案时需要根据分区函数的参数定义映射分区的文件组。所以需要有文件组来容纳分区数，文件组可以由一个或多个文件构成，而每个分区必须映射到一个文件组中。一个文件组可以由多个分区使用。通常情况下，文件组的数目最好与分区数目相同，并且这些文件组通常位于不同的磁盘上。一个分区方案只可以使用一个分区函数，而一个分区函数可以用于多个分区方案中。

创建分区方案的语法格式如下：

```
CREATE PARTITION SCHEME partition_scheme_name
 AS PARTITION partition_function_name
[ALL] TO ({file_group_name | [PRIMARY]} [,…n])
[;]
```

参数说明如下。

- partition_scheme_name：创建的分区方案的名称，在创建表时使用该方案可以创建分区表。
- partition_function_name：使用分区方案的分区函数的名称，该函数必须在数据库中存在，分区函数所创建的分区将映射到在分区方案中指定的文件组。单个分区不能同时包含FILESTREAM和非FILESTREAM文件组。
- ALL：指定所有分区都映射到file_group_name中提供的文件组，或映射到主文件组（如果指定了[PRIMARY]）。如果指定了ALL，则只能指定一个file_group_name。
- file_group_name：指定用来持有由partition_function_name指定的分区的文件组的名称。分区分配到文件组的顺序是从分区1开始，按文件组在[,…n]中列出的顺序进行分配。在[,…n]中，可以多次指定同一个file_group_name。

【例4-6】 假如数据库“db_2012”中存在FGroup1、FGroup2、FGroup3、FGroup4、FGoup5、FGroup6这6个文件组，根据例中定义的分区函数创建一个分区方案，将分区函数中的6个分区分别存放在这6个文件组中。代码如下：

```
CREATE PARTITION SCHEME AgePS
 AS PARTITION AgePF
TO (FGroup1、FGroup2、FGroup3、FGroup4、FGoup5、FGroup6)
GO
```

3．使用分区方案创建分区表

分区函数和分区方案创建完后就可以创建分区表了。创建分区表使用CREATE TABLE语句，只要在ON关键字的后面指定分区方案和分区列即可。

【例4-7】 使用例4-6中创建的分区方案在数据库“db_2012”中创建分区表，表中包含“ID”、“姓名”和“年龄”（年龄取值范围是1~100）。代码如下：

```
CREATE TABLE sample
(
 ID int not null,
 姓名 varchar(8) not null,
 年龄 int not null
)
ON AgePS(年龄)
GO
```

注意

已分区的表的分区列在数据类型、长度、精度上，与分区方案索引用的分区函数使用的数据类型、长度、精度要一致。

4.3 更新

4.3.1 使用SQL Server Management Studio添加记录

使用SQL Server Management Studio添加记录

打开数据表后，在最后一条记录下面有一条所有字段都为NULL的记录，在此条记录中添加新记录。向数据表（如student）中添加数据的具体操作步骤如下。

（1）启动SQL Server Management Studio，并连接到SQL Server中的数据库。

（2）在“对象资源管理器”中展开“数据库”节点，展开指定的数据库。

（3）选择数据表student，单击鼠标右键，在弹出的快捷菜单中选择【编辑前200行】命令，如图4-18所示。

（4）进入数据表编辑窗口，最后一条记录下面有一条所有字段都为NULL的记录，如图4-19所示，在此处添加新记录。记录添加后数据将自动保存在数据表中。

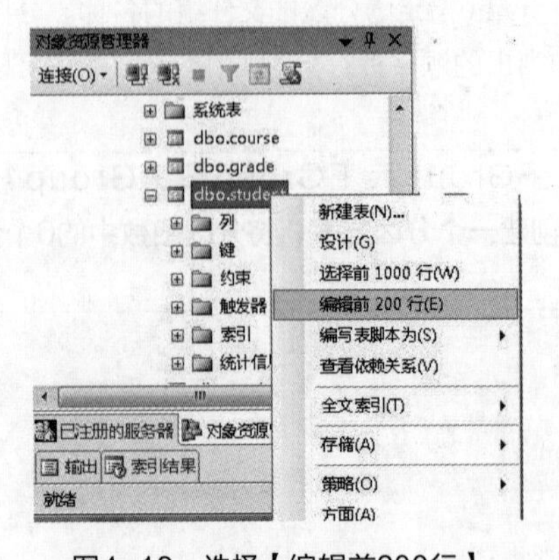

图4-18 选择【编辑前200行】

	学号	姓名	性别
▶	B001	李艳丽	女
	B002	聂乐乐	女
	B003	刘大伟	男
	B004	王嘟嘟	女
	B005	李羽凡	男
	B006	刘月	女
*	NULL	NULL	NULL

图4-19 编辑窗口

在新增记录内容时有以下几点需要注意。

① 设置为标识规范的字段不能输入字段内容。

② 被设置为主键的字段不允许与其他行的主键值相同。

③ 输入字段内容的数据类型和字段定义的数据类型一致，包括数据类型、长度和精度等。

④ 不允许NULL的字段必须输入与字段类型相同的数据。

⑤ 作为外键的字段，输入的内容一定要符合外键要求。

⑥ 如果字段存在其他约束，输入的内容必须满足约束要求。

⑦ 如果字段被设置默认值，当不在字段内输入任何数据时会自动填入默认值。

4.3.2 使用INSERT语句添加记录

使用Insert语句可以向数据表中插入记录，INSERT语句可以在“查询编辑器”中执行。本小节将对Insert语句的执行进行讲解。

使用INSERT语句添加记录

1. INSERT语句的语法

SQL中INSERT语句的基本语法如下：

```
INSERT INTO 表名[(列名1，列名2，列名3...)] VALUES(值1，值2，值3...)
```

或

```
INSERT INTO 表名[(列名1，列名2，列名3...)] SELECT语句
```

2. 用INSERT语句添加记录的实例

使用INSERT语句向员工基本信息表中插入记录，代码如下：

```
insert into tb_basicMessage values('小李',26,'男',4,4)
```

语句执行后数据表记录如图4-20所示。

	id	name	age	sex	dept	headship
1	7	小陈	27	男	1	1
2	8	小葛	29	男	1	1
3	16	张三	30	男	1	5
4	23	小开	30	男	4	4
5	24	金额	20	女	4	7
6	25	cdd	24	女	3	6
7	27	———	25	男	2	3
8	29	小李	26	男	4	4

图4-20 插入后的数据

4.3.3 使用SQL Server Management Studio修改记录

使用SQL Server Management Studio修改记录

对数据表中错误或过时的数据记录可以进行修改。使用SQL Server Management Studio打开数据表后，可以在需要修改的字段的单元格内修改字段内容。具体操作步骤如下。

（1）启动SQL Server Management Studio，并连接到SQL Server 2012数据库中。

（2）在“对象资源管理器”中展开“数据库”节点，展开指定的数据库。

（3）选择数据表student，单击鼠标右键，在弹出的快捷菜单中选择【编辑前200行】命令。

（4）进入数据表编辑窗口，如图4-21所示。直接单击需要修改字段的单元格，对数据进行修改。

	学号	姓名	性别
	B005	李羽凡	男
	B006	刘月	女
✎	B007	高兴	男
*	NULL	NULL	NULL

图4-21 修改数据

4.3.4 使用UPDATE语句修改记录

使用UPDATE语句修改记录

使用Update语句可以修改数据表中的记录，UPDATE语句可以在查询编辑器中执行。本小节将对Update语句的执行进行讲解。

1. UPDATE语句的语法

SQL中UPDATE语句的基本语法如下：

```
UPDATE 表名 SET 列名1 = 值1 [，列名2=值2，列名3=值3...] [WHERE子句]
```

2. 使用UPDATE语句更新数据的实例

【例4-8】使用UPDATE语句更新所有记录。

使用UPDATE语句将数据表tb_basicMessage中所有数据的sex字段值都改为“男”。代码如下：

```
update tb_basicMessage set sex='男'
```

修改的数据如图4-22所示。

	id	name	age	sex	dept	headship
1	7	小陈	27	男	1	1
2	8	小葛	29	男	1	1
3	16	张三	30	男	1	5
4	23	小开	30	男	4	4
5	24	金额	20	男	4	7
6	25	cdd	24	男	3	6
7	27	———	25	男	2	3
8	29	小李	26	男	4	4

图4-22 更新所有记录后

【例4-9】使用UPDATE语句更新符合条件的记录。

数据表Student中的所有人员的性别都设置为了“女”，现在将姓名为“刘大伟”的人员性别设置为“男”。代码如下：

```
update student set 性别='男' where 姓名='刘大伟'
```

语句执行后数据表的记录如图4-23所示。

	学号	姓名	性别	年龄	出生日期	联系方式
1	B001	李艳丽	女	25	1990-03-03	13451
2	B002	聂乐乐	女	23	1992-03-10	23451
3	B003	刘大伟	男	23	1992-01-01	52345
4	B004	王嘟嘟	女	22	1993-03-10	62345

图4-23 修改指定记录后

4.3.5 使用SQL Server Management Studio删除记录

使用SQL Server Management Studio删除记录

使用SQL Server Management Studio打开数据表后，选中要删除的记录，单击鼠标右键，在弹出的快捷菜单中选择【删除】命令，如图4-24所示。

将数据表Table_1中的记录进行删除，具体操作步骤如下。

（1）启动SQL Server Management Studio，并连接到SQL Server 2012数据库。

（2）在“对象资源管理器”中展开“数据库”节点，展开指定数据库。

（3）选择数据表student，单击鼠标右键，在弹出的快捷菜单中选择【编辑前200行】命令。

（4）进入数据编辑窗口，选中要删除的数据记录，单击鼠标右键，在弹出的快捷菜单中选择【删除】命令。

（5）在弹出的提示对话框中，单击【是】按钮，即可删除该记录，如图4-25所示。

图4-24　选择【删除】命令

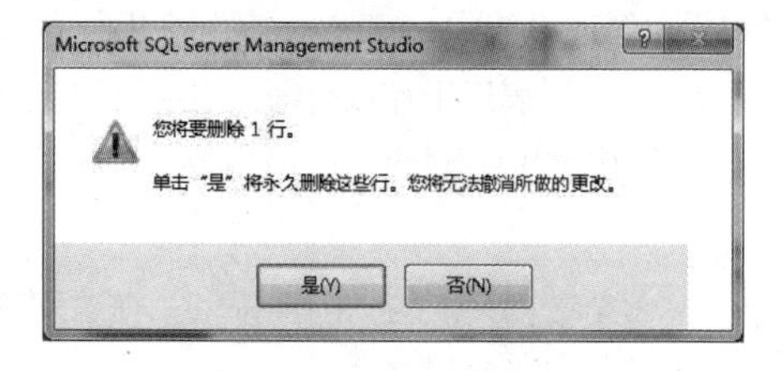

图4-25　提示删除对话框

4.3.6　使用DELETE语句删除记录

使用DELETE语句也可以删除表中的记录，本小节将对DELETE语句的执行进行讲解。

使用DELETE语句删除记录

1. DELETE语句的语法

SQL中DELETE语句的基本语法如下：

```
DELETE [FROM] 表名 [WHERE子句]
```

2. 使用DELETE语句删除数据的实例

【例4-10】使用DELETE语句删除指定记录。

删除表tb_basicMessage中的name为“小李”的记录，代码如下：

```
delete tb_basicMessage where name='小李'
```

删除前数据表中的记录如图4-26所示，删除后数据表中的记录如图4-27所示。

	id	name	age	sex	dept	headship
1	7	小陈	27	男	1	1
2	8	小葛	29	男	1	1
3	16	张三	30	男	1	5
4	23	小开	30	男	4	4
5	24	金额	20	男	4	7
6	25	cdd	24	男	3	6
7	27	———	25	男	2	3
8	29	小李	26	男	4	4

图4-26　删除数据前

	id	name	age	sex	dept	headship
1	7	小陈	27	男	1	1
2	8	小葛	29	男	1	1
3	16	张三	30	男	1	5
4	23	小开	30	男	4	4
5	24	金额	20	男	4	7
6	25	cdd	24	男	3	6
7	27	———	25	男	2	3

图4-27　删除数据后

如果DELETE语句中不包含WHERE子句，则将删除全部记录。如：

```
delete student
```

4.4　表与表之间的关联

关系是通过匹配键列中的数据而工作的，而键列通常是两个表中具有相同名称的列，在数据表间创建关系可以显示某个表中的列如何连接到另一个表中的列。表与表之间存在3种类型的关系，所创建的关系类型取决于相关联的列是如何定义的。表与表之间存在的3种关系如下所示。

- 一对一关系
- 一对多关系
- 多对多关系

4.4.1 一对一关系

一对一关系

一对一关系是指表A中的一条记录在表B中有且只有一条相匹配的记录。在一对一关系中，大部分相关信息都在一个表中。

如果两个相关列都是主键或具有唯一约束，创建的就是一对一关系。

在学生管理系统中，“course”表用于存放课程的基础信息，这里定义为主表；“teacher”表用于存放教师信息，这里定义为从表，且一个教师只能教一门课程。下面介绍如何通过这两张表创建一对一关系。

“一个教师只能教一门课程”，在这里不考虑一名教师教多门课程的情况。如：英语专业的英语老师，只能教英语。

操作步骤如下。

（1）启动SQL Server Management Studio，并连接到SQL Server 2012中的数据库。

（2）在“对象资源管理器”中展开“数据库”节点，展开指定的数据库“db_2012”。

（3）鼠标右键单击course表，在弹出的快捷菜单中选择【设计】命令。

（4）在表设计器界面中，右键单击“cno”字段，在弹出的快捷菜单中选择【关系】命令，打开“外键关系”窗体，在该窗体中单击【添加】按钮，如图4-28所示。

（5）在“外键关系”窗体中，选择“常规”下面的“表和列规范”文本框中的 按钮，添加表和列规范属性，弹出“表和列”窗体，在该窗体中设置关系名及主外键的表，如图4-29所示。

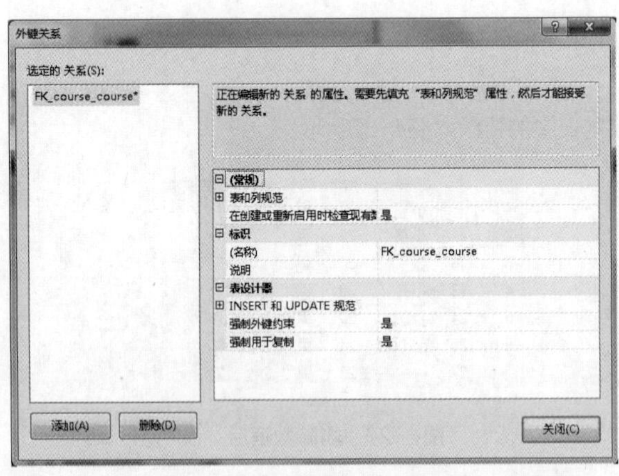

图4-28 “外键关系”窗体

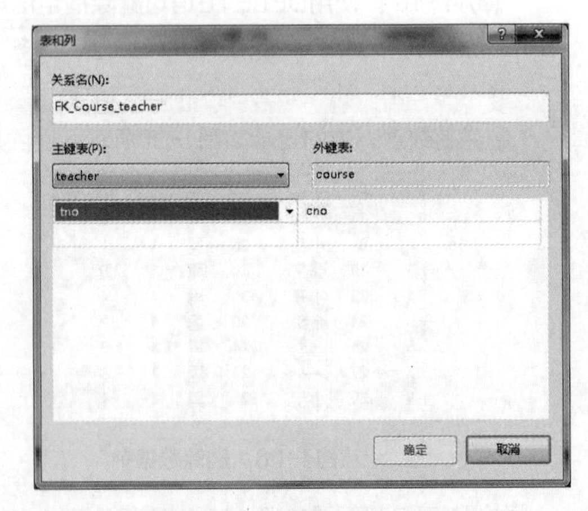

图4-29 “表和列”窗体

（6）在“表和列”窗体中，单击【确定】按钮，返回到“外键关系”窗体，在“外键关系”窗体中单击【关闭】按钮，完成一对一关系的创建。

创建一对一关系之前，tno、cno都应该设置为这两个表的主键，且关联字段类型必须相同。

4.4.2 一对多关系

一对多关系

一对多关系是最常见的关系类型，是指表A中的行可以在表B中有许多匹配行，但是表B中的行只能在表A中有一个匹配行。

如果在相关列中只有一列是主键或具有唯一约束，则创建的是一对多关系。例如，“student”表用于存储学生的基础信息，这里定义为主表；“course”表用于存储课程的基础信息，一个学生可以学多门课程，这里定义为从表。下面介绍如何通过这两张表创建一对多关系。

操作步骤如下。

（1）启动SQL Server Management Studio，并连接到SQL Server 2012中的数据库。

（2）在“对象资源管理器”中展开“数据库”节点，展开指定的数据库“db_2012”。

（3）鼠标右键单击course表，在弹出的快捷菜单中选择【设计】命令。

（4）在表设计器界面中，右键单击“cno”字段，在弹出的快捷菜单中选择【关系】命令，打开“外键关系”窗体，在该窗体中单击【添加】按钮，如图4-30所示。

（5）在“外键关系”窗体中，选择“常规”下面的“表和列规范”文本框中的⃞按钮，选择要创建一对多关系的数据表和列。弹出“表和列”窗体，在该窗体中设置关系名及主外键的表，如图4-31所示。

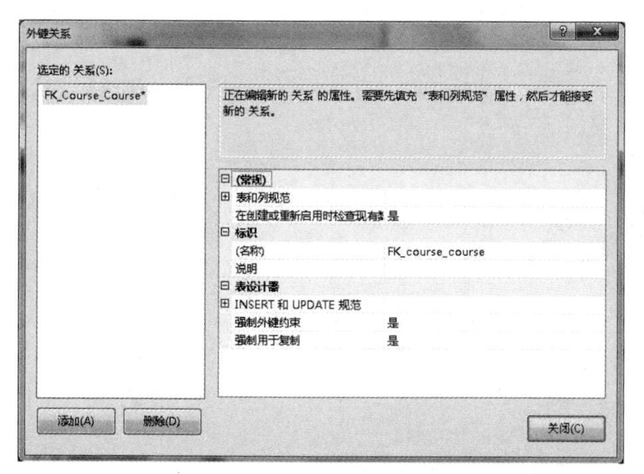

图4-30 “外键关系”窗体

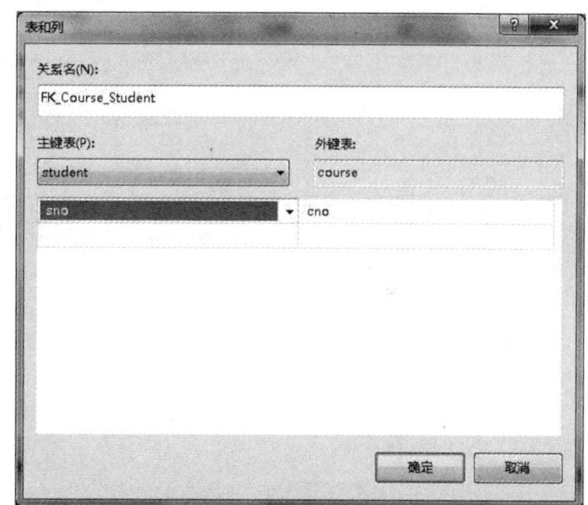

图4-31 “表和列”窗体

（6）在“表和列”窗体中，单击【确定】按钮，返回到“外键关系”窗体，在“外键关系”窗体中单击【关闭】按钮，完成一对多关系的创建。

4.4.3 多对多关系

多对多关系

多对多关系是指关系中每个表的行在相关表中具有多个匹配行。在数据库中，多对多关系的建立是依靠第3个表即连接表实现的，连接表包含相关的两个表的主键列，然后从两个相关表的主键列分别创建与连接表中匹配列的关系。

例如：通过“商品信息表”与“商品订单表”创建多对多关系。首先就需要建立一个连接表（如“商品订单信息表”），该表中应该包含上述两个表的主键列，然后“商品信息表”和“商品订单表”分别与连接表建立一对多关系，以此来实现“商品信息表”和“商品订单表”的多对多关系。

小结

本章介绍了数据表的基础知识，数据表的创建、修改和删除以及表中的约束。读者不仅可以使用SQL Server 2012界面方式完成创建和管理数据表的工作，还可以调用SQL语句完成对应操作。

习题

4-1　列举出5种数据表的基本数据类型。

4-2　列举出插入表、修改表、删除表的语法。

4-3　如何创建主键约束、删除主键约束？

PART05

第5章 视图操作

■ 本章主要介绍视图的操作，包括视图的概述，视图中的数据操作（包含从视图中浏览数据、向视图中添加数据、修改视图中的数据、删除视图中的数据）等相关知识。通过本章的学习，读者应掌握创建或者删除视图的方法，能够使用视图来优化数据。

本章要点

创建、修改和删除视图 ■

5.1 视图概述

视图中的内容是由查询定义来的，并且视图和查询都是通过SQL语句定义的，它们有着许多相同和不同之处。具体如下。

- 存储：视图存储是数据库设计的一部分，而查询则不是。视图可以禁止所有用户访问数据库中的基表，而要求用户只能通过视图操作数据。这种方法可以保护用户和应用程序不受某些数据库修改的影响，同样也可以保护数据表的安全性。
- 排序：可以对任何查询结果进行排序，但是只有当视图包括TOP子句时才能排序视图。
- 加密：可以加密视图，但不能加密查询。

5.1.1 使用界面方式操作视图

使用界面方式操作视图

1. 视图的创建

下面在SQL Server Management Studio中创建视图“View_Stu”，具体操作步骤如下。

（1）启动SQL Server Management Studio，并连接到SQL Server 2012中的数据库。

（2）在“对象资源浏览器”中展开“数据库”节点，展开指定的数据库“db_2012”。

（3）鼠标右键单击“视图”选项，在弹出的快捷菜单中选择【新建视图】命令，如图5-1所示。

（4）进入“添加表”对话框，如图5-2所示。在列表框中选择学生信息表“student”，单击【添加】按钮，然后单击【关闭】按钮关闭该窗体。

图5-1 选择【新建视图】

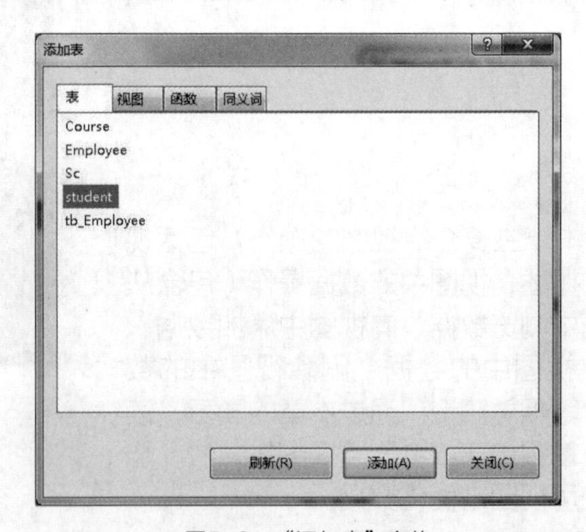

图5-2 “添加表”窗体

（5）进入“视图设计器”界面，如图5-3所示。在“表选择区”中选择【所有列】选项，单击执行按钮，视图结果区中自动显示视图结果。

（6）单击工具栏中的“保存”按钮，弹出“选择名称”对话框，如图5-4所示。在“输入视图名称”文本框中输入视图名称“View_student”，单击【确定】按钮即可保存该视图。

2. 视图的删除

用户可以删除视图。删除视图时，底层数据表不受影响，但会造成与该视图关联的权限丢失。

下面介绍如何在“SQL Server Management Studio”管理器中删除视图，具体操作步骤如下。

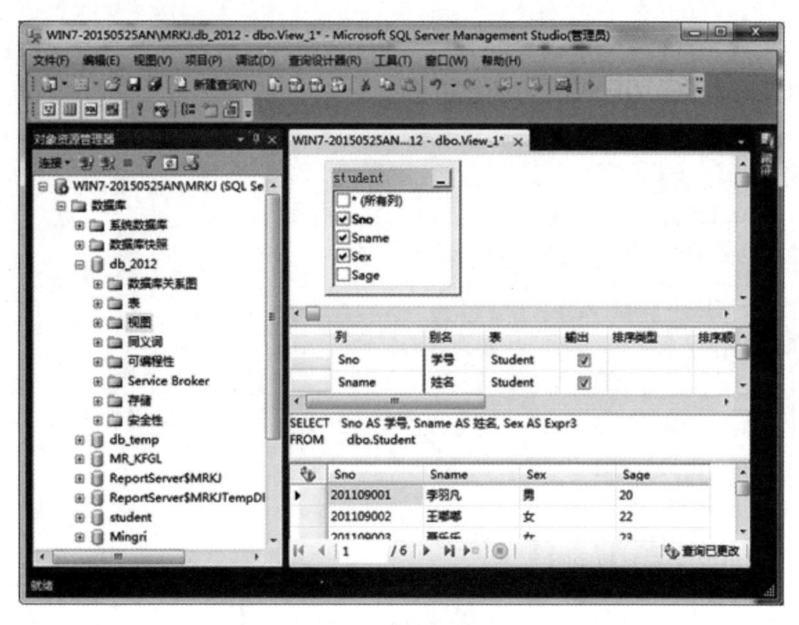

图5-3　视图设计器

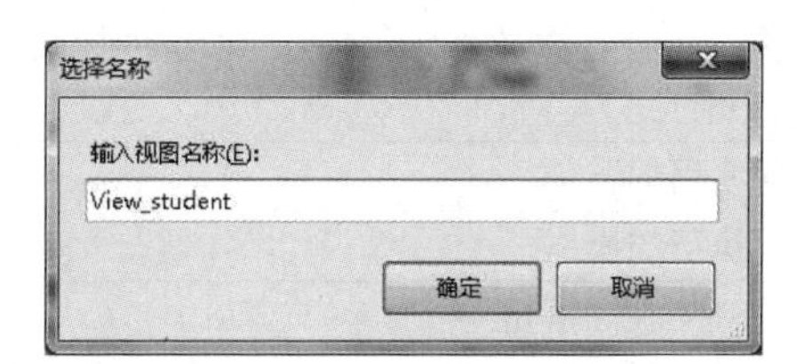

图5-4　“选择名称”对话框

（1）启动SQL Server Management Studio，并连接到SQL Server 2012中的数据库。

（2）在“对象资源浏览器”中展开数据库节点，展开指定的数据库“db_2012”。

（3）展开“视图”节点，鼠标右键单击要删除的视图“View_Student”，在弹出的快捷菜单中选择【删除】命令，如图5-5所示。

图5-5　删除视图

（4）在弹出的“删除对象”对话框中单击【确定】按钮即可删除该视图。

5.1.2 使用CREATE VIEW语句创建视图

使用CREATE
VIEW语句创建
视图

使用CREATE VIEW语句可以创建视图，语法如下：

```
CREATE VIEW [ schema_name . ] view_name [ (column [ ,...n ] ) ]
[ WITH <view_attribute> [ ,...n ] ]
AS select_statement [ ; ]
[ WITH CHECK OPTION ]
<view_attribute> : : =
{
  [ ENCRYPTION ] [ SCHEMABINDING ] [ VIEW_METADATA ]
}
```

参数如表5-1所示。

表5-1　CREATE VIEW语句参数说明

参　　数	说　　明
schema_name	视图所属架构的名称
view_name	视图的名称。视图名称必须符合有关标识符的规则。可以选择是否指定视图所有者名称
column	视图中的列使用的名称
AS	指定视图要执行的操作
select_statement	定义视图的SELECT语句
CHECK OPTION	强制针对视图执行的所有数据修改语句都必须符合在select_statement中设置的条件
ENCRYPTION	对视图进行加密
SCHEMABINDING	将视图绑定到基础表的架构
VIEW_METADATA	指定为引用视图的查询请求浏览模式的元数据时，SQL Server实例将向DB-Library、ODBC和OLE DB API返回有关视图的元数据信息，而不返回基表的元数据信息

【例5-1】创建仓库入库表视图。代码如下：

```
create view view_1
as
select * from tb_joinDepot
```

5.1.3 使用ALTER VIEW语句修改视图

使用ALTER
VIEW语句修改
视图

使用ALTER VIEW语句可以修改视图，语法如下：

```
ALTER VIEW  view_name [( column [,...n])]
[WITH ENCRYPTION]
AS
select_statement
[WITH CHECK OPTION]
```

参数说明如下。

- view_name：要更改的视图。

- column：一列或多列的名称，用逗号分开，将成为给定视图的一部分。
- n：表示column可重复n次的占位符。
- WITH ENCRYPTION：加密syscomments表中包含ALTER VIEW语句文本的条目。使用WITH ENCRYPTION可防止将视图作为SQL Server复制的一部分发布。
- AS：视图要执行的操作。
- select_statement：定义视图的SELECT语句。
- WITH CHECK OPTION：强制视图上执行的所有数据的修改语句都必须符合由定义视图的 select_statement 设置的准则。

如果原来的视图定义是用WITH ENCRYPTION或CHECK OPTION创建的，那么只有在ALTER VIEW中也包含这些选项时，这些选项才有效。

【例5-2】修改仓库入库表视图。其关键代码如下：

```
ALTER VIEW View_1(oid,wareName)
AS
SELECT oid,wareName
 FROM tb_joinDepot
WHERE id=9
--查看视图定义
EXEC sp_helptext 'View_1'
```

5.1.4 使用DROP VIEW语句删除视图

使用DROP
VIEW语句删除
视图

使用DROP VIEW语句可以删除视图，语法如下：

```
DROP VIEW view_name [,...n]
```

参数说明：

- view_name：要删除的视图名称。视图名称必须符合标识符规则。可以选择是否指定视图所有者名称。若要查看当前创建的视图列表，请使用sp_help。
- n：表示可以指定多个视图的占位符。

在单击【全部除去】按钮删除视图以前，可以在“除去对象”对话框中单击【显示相关性】按钮，查看该视图依附的对象，以确认该视图是否为想要删除的视图。

【例5-3】使用SQL删除视图实现过程如下。

（1）首先单击【新建查询】按钮。

（2）在代码编辑窗中输入以下代码，单击工具栏上的【执行】按钮。此时执行查询结果将在下面的窗口中显示出来。相关代码如下：

```
USE db_2012
GO
DROP VIEW View_1
GO
```

5.2 视图中的数据操作

5.2.1 从视图中浏览数据

下面介绍在SQL Server Management Studio中查看视图“View_Stu”的信息的方法，具体操作步骤如下。

（1）启动SQL Server Management Studio，并连接到SQL Server 2012中的数据库。

（2）在“对象资源浏览器”中展开“数据库”节点，展开指定的数据库“db_2012”。

（3）再依次展开“视图”节点，就会显示出当前数据库中的所有视图，鼠标右键单击要查看信息的视图。

（4）在弹出的快捷菜单中，如果想要查看视图的属性，单击【属性】选项，如图5-6所示，弹出“视图属性”窗体，如图5-7所示。

（5）如果想要查看视图中的内容，可在图5-6所示的快捷菜单中选择【编辑前200行】选项，在右侧即可以显示视图中的内容，如图5-8所示。

（6）如果想要重新设置视图，可在图5-6所示的快捷菜单中单击【设计】选项，弹出视图的设计窗体，如图5-9所示。在此窗体中可对视图进行重新设置。

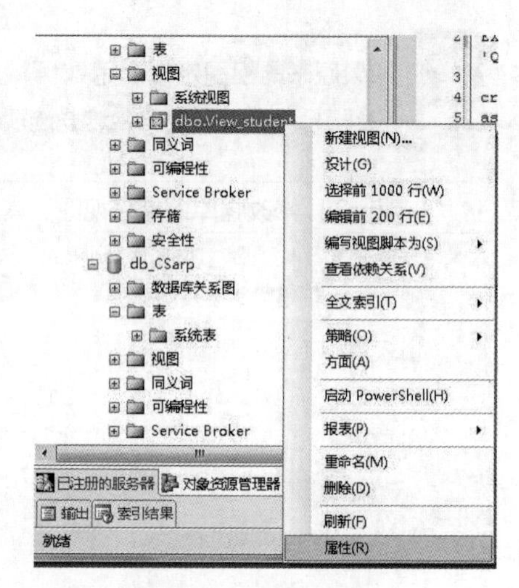

图5-6　查看视图属性

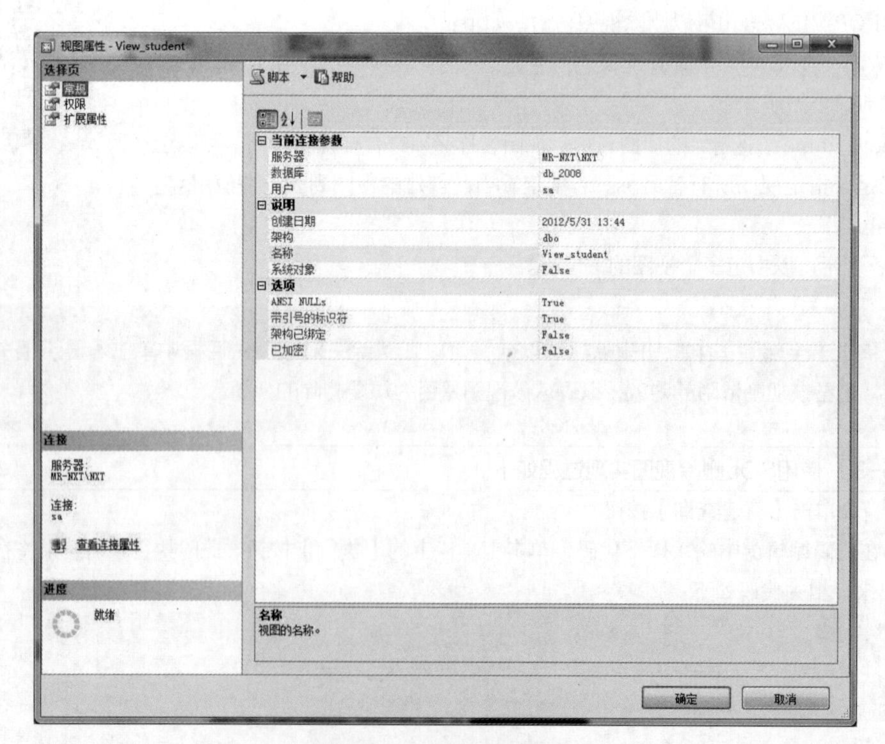

图5-7　“视图属性”窗体

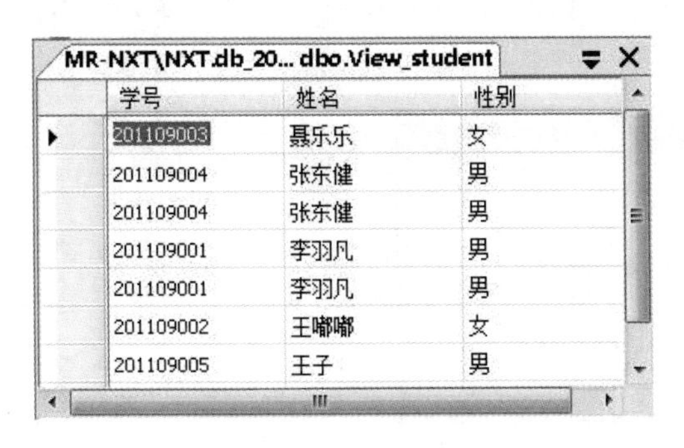

MR-NXT\NXT.db_20... dbo.View_student

学号	姓名	性别
201109003	聂乐乐	女
201109004	张东健	男
201109004	张东健	男
201109001	李羽凡	男
201109001	李羽凡	男
201109002	王嘟嘟	女
201109005	王子	男

图5-8　显示视图中的内容

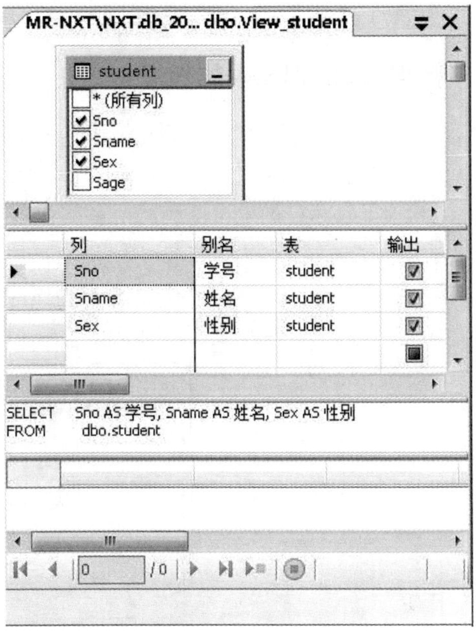

图5-9　视图设计界面

5.2.2　向视图中添加数据

向视图中添加数据时，只能对行列子集视图进行操作，如果一个视图是从单个数据表中导出来的，并且只是去掉了数据表中的某些行和某些列，但保留了主键，这种视图就是行列子集视图。

例如：向视图“View_student”中插入信息“20110901，明日科技，女”，步骤如下。

（1）鼠标右键单击要插入记录的视图，在弹出的快捷菜单中选择【设计】命令，显示视图的设计界面。

（2）在显示视图结果的最下面一行直接输入新记录即可，如图5-10所示。

（3）然后按下〈Enter〉键，即可把信息插入到视图中。

（4）单击 按钮，完成新记录的添加，如图5-11所示。

学号	姓名	性别
22050120	刘春芬	女
22050121	刘丽	女
22050125	刘小宁	男
20110901	明日科技	女

图5-10　插入记录

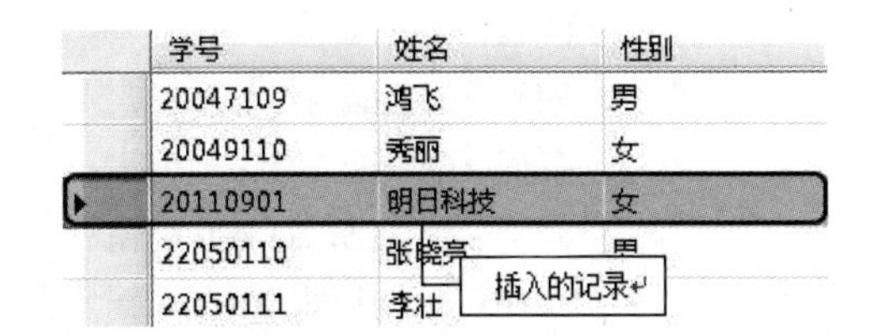

学号	姓名	性别
20047109	鸿飞	男
20049110	秀丽	女
20110901	明日科技	女
22050110	张	男
22050111	李壮	

图5-11　插入记录后的视图

5.2.3　修改视图中的数据

可以修改视图中的数据记录，但是与插入记录相同，修改视图也只能针对行列子集视图进行。

例如：修改视图“View_student”中的记录，将“明日科技”修改为“明日”，步骤如下。

（1）鼠标右键单击要修改记录的视图，在弹出的快捷菜单中选择【设计】命令，显示视图的设计界面。

（2）在显示的视图结果中，选择要修改的内容，直接修改即可。

（3）最后按下〈Enter〉键，即可把信息保存到视图中。

5.2.4 删除视图中的数据

视图中无用的数据记录也可以删除，但是与插入记录相同，删除的是数据表中的数据记录。

例如：删除视图“View_student”中的记录“明日科技”，步骤如下。

（1）鼠标右键单击要删除记录的视图，在弹出的快捷菜单中选择【设计】命令，显示视图的设计界面。

（2）在显示视图的结果中，选择要删除的行“明日科技”，在弹出的快捷菜单中选择【删除】命令，弹出删除视图对话框，如图5-12所示。

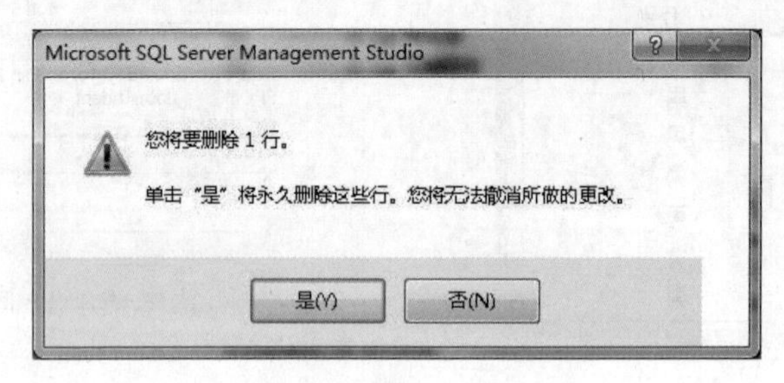

图5-12 删除视图对话框

（3）单击【是】按钮，便将该记录删除。

小结

本章介绍了创建视图、修改视图和删除视图的方法。读者可以针对表创建视图，并能够通过视图实现对表的操作，以及查看视图是否存在、修改视图中的内容等。

习题

5-1 对视图进行概述。

5-2 如何创建视图并查询数据？

5-3 如何修改视图以及删除视图？

5-4 怎样向视图中添加数据？

5-5 怎样删除视图中的数据？

PART06

第6章 Transact-SQL语法基础

本章要点

- T-SQL语法基础
- T-SQL中变量、常量、注释符、运算符与通配符的运用

■ 本章介绍的Transact-SQL（T-SQL）是标准SQL程序设计语言的增强版，是应用程序与SQL Server数据库引擎沟通的主要语言。不管应用程序的用户接口是什么，都会通过Transact-SQL语句与SQL Server数据库引擎进行沟通。

6.1 T-SQL概述

6.1.1 T-SQL语言的组成

T-SQL语言的组成

T-SQL语言是具有强大查询功能的数据库语言，除此以外，T-SQL还可以控制DBMS为其用户提供的所有功能，主要包括如下几项。

- 数据定义语言（Data Definition Language，DDL）：SQL让用户定义存储数据的结构和组织，以及数据项之间的关系。
- 数据检索语言：SQL允许用户或应用程序从数据库中检索存储的数据并使用它。
- 数据操纵语言（Data Manipulation Language，DML）：SQL允许用户或应用程序通过添加新数据、删除旧数据和修改以前存储的数据对数据库进行更新。
- 数据控制语言（Data Control Language，DCL）：可以使用SQL来限制用户检索、添加和修改数据的能力，保护存储的数据不被未授权的用户所访问。
- 数据共享：可以使用SQL来协调多个并发用户共享数据，确保他们不会相互干扰。
- 数据完整性：SQL在数据库中定义完整性约束条件，使它不会由不一致的更新或系统失败而遭到破坏。

6.1.2 T-SQL语句结构

T-SQL语句结构

每条T-SQL语句均由一个“谓词（Verb）”开始，该谓词描述这条语句要产生的动作，例如SELECT或UPDATE关键字。谓词后紧接着一个或多个“子句（Clause）”，子句中给出了被谓词作用的数据或提供谓词动作的详细信息。每一条子句都由一个关键字开始。下面以SELECT语句为例介绍T-SQL语句的结构，语法格式如下：

```
SELECT  子句
[INTO 子句]
FROM 子句
[WHERE 子句]
[GROUP  BY 子句]
[HAVING  子句]
[ORDER BY 子句]
```

【例6-1】 在student数据库中查询“course”表的信息。在查询分析器中运行的结果如图6-1所示。

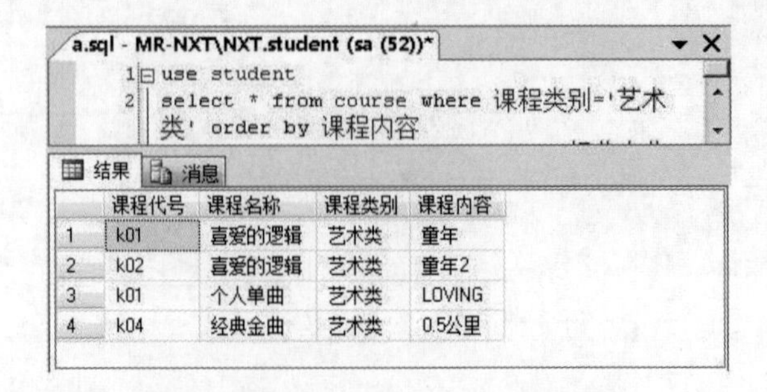

图6-1 查询“course”数据表的信息

SQL语句如下：

```
use student
select * from course where 课程类别='艺术类'  order by 课程内容
```

6.2 常量

常量也叫常数，是指在程序运行过程中不发生改变的量。它可以是任何数据类型。本节将对常量的类型进行详细讲解。

常量

1. 字符串常量

字符串常量定义在单引号内，包含字母、数字字符（a~z、A~Z和0~9）及特殊字符（如数字号#、感叹号！、at符@）。

例如，以下为字符串常量：

```
'Hello World'
'Microsoft Windows'
' Good Morning '
```

2. 二进制常量

在Transact-SQL中定义二进制常量，需要使用0x，并采用十六进制来表示，不再需要括号。

例如，以下为二进制常量：

```
0xB0A1
0xB0C4
0xB0C5
```

3. bit常量

在Transact-SQL中，bit常量使用数字0或1即可，并且不包括在引号中。如果使用一个大于1的数字，则该数字将转换为1。

4. 日期和时间常量

定义日期和时间常量需要使用特定格式的字符日期值，并使用单引号。

例如，以下为日期和时间常量：

```
'2016年1月9日'
'15:39:15'
'01/09/2016'
'06:59 AM'
```

6.3 变量

数据在内存中存储的可以变化的量叫变量。为了在内存中存储信息，用户必须指定存储信息的单元，并为该存储单元命名，以方便获取信息，这就是变量的功能。Transact-SQL可以使用两种变量，一种是局部变量，另外一种是全局变量。局部变量和全局变量的主要区别在于存储的数据作用范围不一样。本节将对变量的使用进行详细讲解。

局部变量

6.3.1 局部变量

局部变量是用户可自定义的变量，它的作用范围仅在程序内部。局部变量的名称是用户自定义的，命名的局部变量名要符合SQL Server标识符命名规则，局部变量名必须以@开头。

1. 声明局部变量

局部变量的声明需要使用DECLARE语句。语法格式如下：

```
DECLARE
{
@varaible_name  datatype  [ ,… n ]
}
```

参数说明如下。

- @varaible_name：局部变量的变量名必须以@开头，另外变量名的形式必须符合SQL Server标识符的命名方式。
- datatype：局部变量使用的数据类型可以是除text、ntext或者image类型外所有的系统数据类型和用户自定义数据类型。一般来说，如果没有特殊的用途，建议在应用时尽量使用系统提供的数据类型，这样做可以减少维护应用程序的工作量。

例如：声明局部变量 @ songname的SQL语句如下：

```
declare @songname  char(10)
```

2. 为局部变量赋值

为局部变量赋值的方式一般有两种，一种是使用SELECT语句，一种是使用SET语句。使用SELECT语句为局部变量赋值的语法如下：

```
SELECT  @varible_name  =  expression
[FROM    table_name [ ,… n ]
WHERE   clause ]
```

上面的SELECT语句的作用是为了给局部变量赋值，而不是为了从表中查询出数据。而且在使用SELECT语句进行赋值的过程中，并不一定非要使用FROM关键字和WHERE子句。

【例6-2】在“student”数据库的“course”表中，把“课程内容”是“艺术类”的信息赋值给局部变量@songname，并把它的值用print关键字显示出来。在查询分析器中运行的结果如图6-2所示。

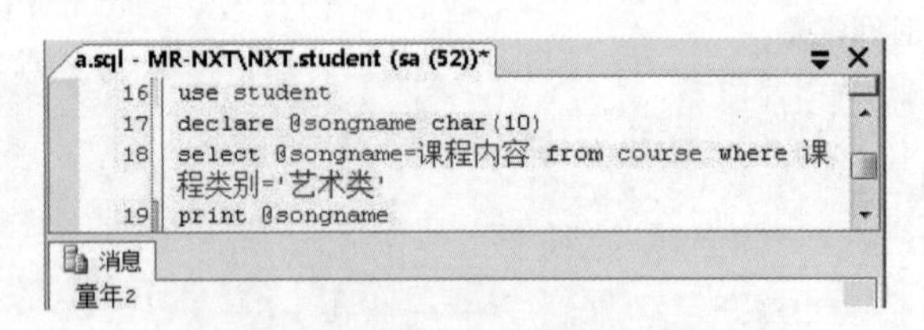

图6-2 把查询内容赋值给局部变量

SQL语句如下：

```
use  student
declare  @songname  char(10)
select  @songname = 课程内容  from  course where 课程类别 = '艺术类'
print  @songname
```

SELECT语句赋值和查询不能混淆，例如声明一个局部变量名是@ b并赋值的SQL语句如下：

```
declare  @b  int
select  @b=1
```

另一种为局部变量赋值的方式是使用SET语句。使用SET语句对变量进行赋值的常用语法如下：

```
{ SET @varible_name = ecpression } [ ,… n ]
```

下面是一个简单的赋值语句：

```
DECLARE @song char(20)
SET @song = 'I love flower'
```

还可以为多个变量一起赋值，相应的SQL语句如下：

```
declare @b int, @c char(10),@a int
select @b = 1, @c = 'love',@a=2
```

数据库语言和编程语言中有一些关键字，关键字是在某一环境下能够促使某一操作发生的字符组。为避免冲突和产生错误，在命名表、列、变量以及其他对象时应避免使用关键字。

6.3.2 全局变量

全局变量是SQL Server系统内部事先定义好的变量，不需要用户参与定义，对用户而言，其作用范围并不局限于某一程序，而是任何程序均可随时调用。全局变量通常用于存储一些SQL Server的配置设定值和效能统计数据。

全局变量

SQL Server一共提供了30多个全局变量，本节只对一些常用变量的功能和使用方法进行介绍。全局变量的名称都是以@@开头的。

1. @@CONNECTIONS

记录自最后一次服务器启动以来，所有针对这台服务器进行的连接数目，包括没有连接成功的尝试。

使用@@CONNECTIONS可以让系统管理员很容易地得知今天所有试图连接本服务器的连接数目。

2. @@CUP_BUSY

记录自上次启动以来尝试的连接数，无论连接成功还是失败，记录的是以ms为单位的CPU工作时间。

3. @@CURSOR_ROWS

返回在本次服务器连接中，打开游标取出数据行的数目。

4. @@DBTS

返回当前数据库中timestamp数据类型的当前值。

5. @@ERROR

返回执行上一条Transact-SQL语句所返回的错误代码。

在SQL Server服务器执行完一条语句后，如果该语句执行成功，返回的@@ERROR值为0，如果该语句执行过程中发生错误，将返回错误的信息，而@@ERROR将返回相应的错误编号，该编号将一直保持下去，直到下一条语句得到执行为止。

由于@@ERROR在每一条语句执行后被清除并且重置，因此应在语句验证后立即检查它，或将其保存到一个局部变量中以备事后查看。

【例6-3】在“pubs”数据库中修改“authors”数据表时，用@@ERROR检测限制查询冲突。在查询分析器中运行的结果如图6-3所示。

SQL语句如下：

```
USE pubs
GO
UPDATE authors SET au_id = '172 32 1176'
```

```
SQLQuery1.sql - MR...XT.pubs (sa (53))*
1 use pubs
2 GO
3 UPDATE authors SET au_id='172 32 1176'
4 WHERE au_id='172-32-1176'
5 IF @@ERROR=547
6 PRINT 'A check constraint violation occurred'

消息
消息 547，级别 16，状态 0，第 1 行
UPDATE 语句与 CHECK 约束"CK__authors__au_id__77BFCB91"冲突。该冲突发生于数据库"pu
语句已终止。
A check constraint violation occurred
```

图6-3 修改数据时检测错误

```
WHERE au_id = '172-32-1176'
IF @@ERROR = 547
 print 'A check constraint violation occurred'
```

6. @@FETCH_STATUS

返回上一次使用游标FETCH操作所返回的状态值，且返回值为整型。

返回值描述如表6-1所示。

表6-1 @@FETCH_STATUS返回值的描述

返 回 值	描 述
0	FETCH语句成功
-1	FETCH语句失败或此行不在结果集中
-2	被提取的行不存在

例如，到了最后一行数据后，还要接着取下一行数据，返回的值为-2，表示返回的值已经丢失。

7. @@IDENTITY

返回最近一次插入的identity列的数值，返回值是numeric。

【例6-4】在“pugs”数据库中的“jobs”数据表中，插入一行数据，并用@@identity显示新行的标识值。在查询分析器中运行的结果如图6-4所示。

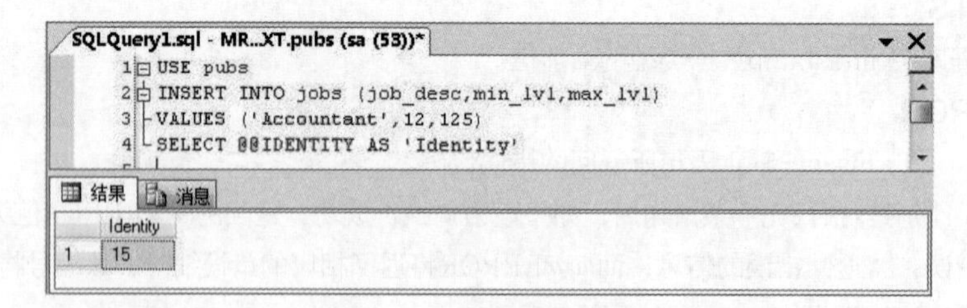

图6-4 显示新行的标识值

SQL语句如下：

```
USE pubs
INSERT INTO jobs (job_desc,min_lvl,max_lvl)
VALUES ('Accountant',12,125)
SELECT @@IDENTITY AS 'Identity'
```

8. @@IDLE

返回以ms为单位的SQL Server服务器自最近一次启动以来处于停顿状态的时间。

9. @@IO_BUSY

返回以ms为单位的SQL Server服务器自最近一次启动以来花在输入和输出上的时间。

10. @@LOCK_TIMEOUT

返回当前对数据锁定的超时设置。

11. @@PACK_RECEIVED

返回SQL Server服务器自最近一次启动以来一共从网络上接收数据分组的数目。

12. @@PACK_SENT

返回SQL Server服务器自最近一次启动以来一共向网络上发送数据分组的数目。

13. @@PROCID

返回当前存储过程的ID标识。

14. @@REMSERVER

返回在登录记录中记载远程SQL Server服务器的名字。

15. @@ROWCOUNT

返回上一条SQL语句所影响到数据行的数目。对所有不影响数据库数据的SQL语句，这个全局变量返回的结果是0。在进行数据库编程时，经常要检测@@ROWCOUNT的返回值，以便明确所执行的操作是否达到了目标。

16. @@SPID

返回当前服务器进程的ID标识。

17. @@TOTAL_ERRORS

返回自SQL Server服务器启动以来，所遇到读写错误的总数。

18. @@TOTAL_READ

返回自SQL Server服务器启动以来，读磁盘的次数。

19. @@TOTAL_WRITE

返回自SQL Server服务器启动以来，写磁盘的次数。

20. @@TRANCOUNT

返回当前连接中，处于活动状态事务的数目。

21. @@VERSION

返回当前SQL Server服务器的安装日期、版本，以及处理器的类型。

6.4 注释符、运算符与通配符

6.4.1 注释符（Annotation）

注释符（Annotation）

注释语句不是可执行语句，不参与程序的编译，通常是一些说明性的文字，对代码的功能或者代码的实现方式给出简要的解释和提示。

在Transact-SQL中，可使用以下两类注释符。

- ANSI标准的注释符（--），用于单行注释。例如下面SQL语句所加的注释。

```
use  pubs      --打开数据表
```

- 与C语言相同的程序注释符号，即“/*”、“*/”。“/*”用于注释文字的开头，“*/”用于注释文字的结尾。可在程序中标识多行文字为注释。例如有多行注释的SQL语句如下：

```
use   student
declare  @songname  char(10)
```

```
select @songname=课程内容 from course where 课程类别='艺术类'
print @songname
/*打开student数据库，定义一个变量
把查询到的结果赋值给所定义的变量*/
```

把所选的行一次都注释的快捷键是〈Shift+Ctrl+C〉；一次取消多行注释的快捷键是〈Shift+Ctrl+R〉。

6.4.2 运算符（Operator）

运算符是一种符号，用来进行常量、变量或者列之间的数学运算和比较操作，它是Transact-SQL语言很重要的部分。运算符有几种类型，分别为：算术运算符、赋值运算符、比较运算符、逻辑运算符、位运算符、连接运算符。

算术运算符

1. 算术运算符

算术运算符在两个表达式上执行数学运算，这两个表达式可以是数字数据类型分类下的任何数据类型。算术运算符包括：+（加）、-（减）、×（乘）、/（除）、%（取余）。

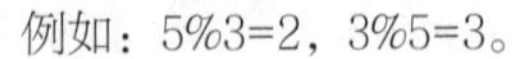

例如：5%3=2，3%5=3。

示例：

求2对5取余。在查询分析中运行的结果如图6-5所示。

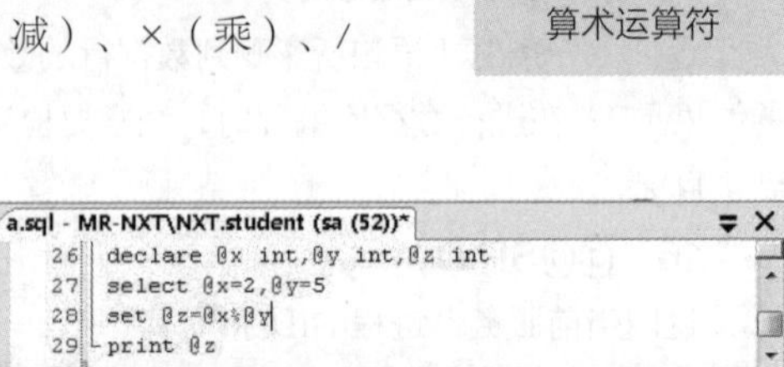

图6-5 求2%5的结果

SQL语句如下：

```
declare @x int, @y int, @z int
select @x = 2,@y = 5
set @z = @x % @y
print @z
```

取余运算两边的表达式必须是整型数据。

2. 赋值运算符

T-SQL有一个赋值运算符，即等号（=）。在下面的示例中，创建了@songname变量，然后利用赋值运算符将@songname设置成一个由表达式返回的值。

赋值运算符

```
DECLARE @songname char(20)
SET @songname = 'loving'
```

还可以使用SELECT语句进行赋值，并输出该值。

```
DECLARE @songname char(20)
SELECT @songname = 'loving'
print @songname
```

3. 比较运算符

比较运算符

比较运算符测试两个表达式是否相同。除了 text、ntext 或 image 数据类型的表达式外，比较运算符可以用于所有的表达式。比较运算符包括：>（大于）、<（小于）、=（等于）、>=（大于等于）、<=（小于等于）、!=（不等于）、!>

（不大于）、!<（不小于），其中!=、!>、!<不是ANSI标准的运算符。

比较运算符的结果是布尔数据类型，有3种值：TRUE、FALSE及UNKNOWN。那些返回布尔数据类型的表达式被称为布尔表达式。

和其他SQL Server 数据类型不同，不能将布尔数据类型指定为表列或变量的数据类型，也不能在结果集中返回布尔数据类型。

例如：3>5=FALSE

6!=9=TRUE

【例6-5】 用查询语句搜索“pubs”数据库中的“titles”表，返回书的价格打了8折后仍大于12美元的书的代号、种类以及原价。SQL语句如下：

```
use pubs
go
select title_id as 书号,type as 种类,price as 原价
from titles
where price - price * 0.2 > 12
```

4. 逻辑运算符

逻辑运算符对某个条件进行测试，以获得其真实情况。逻辑运算符和比较运算符一样，返回带有TRUE或FALSE值的布尔数据类型。SQL支持的逻辑运算符如表6-2所示。

逻辑运算符

表6-2　SQL支持的逻辑运算符

运 算 符	行　为
ALL	如果一个比较集中全部都是TRUE，则值为TRUE
AND	如果两个布尔表达式均为TRUE，则值为TRUE
ANY	如果一个比较集中任何一个为TRUE，则值为TRUE
BETWEEN	如果操作数是在某个范围内，则值为TRUE
EXISTS	如果子查询包含任何行，则值为TRUE
IN	如果操作数与一个表达式列表中的某个值相等的话，则值为TRUE
LIKE	如果操作数匹配某个模式的话，则值为TRUE
NOT	对任何其他布尔运算符的值取反
OR	如果任何一个布尔表达式是TRUE，则值为TRUE
SOME	如果一个比较集中的某些项为TRUE的话，则值为TRUE

例如：8>5 and 3>2=TRUE

【例6-6】 在“student”表中，查询女生中年龄大于21岁的学生信息。在查询分析器中运行的结果如图6-6所示。

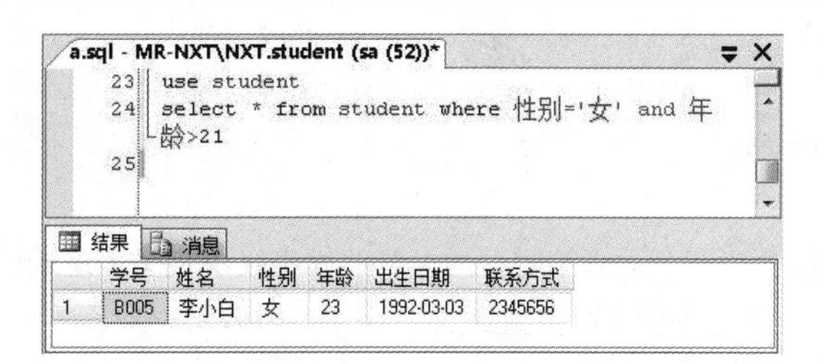

图6-6　查询年龄大于21的女生信息

SQL语句如下：

```
use student
select *
from student
where 性别='女' and 年龄>21
```

当NOT、AND和OR出现在同一表达中，优先级是：NOT、AND、OR。

例如：3>5 or 6>3 and not 6>4=FALSE

先计算not 6>4=FALSE，然后再计算 6>3 AND FALSE=FALSE，最后计算 3>5 or FALSE=FALSE。

位运算符

5. 位运算符

位运算符的操作数可以是整数数据类型或二进制串数据类型（image数据类型除外）。SQL支持的按位运算符如表6-3所示。

表6-3　位运算符

运 算 符	说　　明
&	按位AND
|	按位OR
^	按位互斥OR
~	按位NOT

6. 字符串连接运算符

字符串连接运算符

连接运算符“+”用于连接两个或两个以上的字符或二进制串、列名或者串和列的混合体，将一个串加入到另一个串的末尾。

语法如下：

```
<expression1>+<expression2>
```

【例6-7】 用“+”连接两个字符串。在查询分析器中运行的结果如图6-7所示。

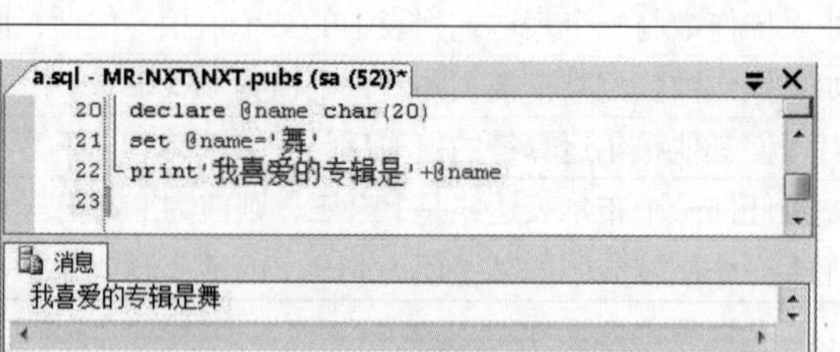

图6-7　用“+”连接两个字符串

SQL语句如下：

```
declare @name char(20)
set @name='舞'
print '我喜爱的专辑是'+@name
```

7. 运算符优先级

当一个复杂表达式中包含有多个运算符时，运算符的优先级决定了表达式计算和比较操作的先后顺序。运算符的优先级由高到低的顺序如下所示。

（1）+（正）　-（负）　~（位反）

运算符优先级

（2）*（乘） /（除） %（取余）

（3）+（加） +（字符串串联运算符） -（减）

（4）= > < >= <= <> != !> !<（比较运算符）

（5）^（按位异或）&（按位与）|（按位或）

（6）NOT

（7）AND

（8）ALL ANY BETWEEN IN LIKE OR SOME（逻辑运算符）

（9）=（赋值）

若表达式中含有相同优先级的运算符，则从左向右依次处理。还可以使用括号来提高运算的优先级，在括号中的表达式优先级最高。如果表达式有嵌套的括号，那么首先对嵌套最内层的表达式求值。

例如：

```
DECLARE @num int
SET @num = 2 * (4 + (5 - 3) )
```

先计算(5-3)，然后再加4，最后再和2相乘。

6.4.3 通配符（Wildcard）

通配符（Wildcard）

在SQL中通常用LIKE关键字与通配符结合起来实现模式查询。其中SQL支持的通配符如表6-4所示。

表6-4 SQL支持的通配符的描述和示例

通配符	描 述	示 例
%	包含零个或更多字符的任意字符	"loving%"可以表示："loving"、"loving you"、"loving?"
_（下划线）	任何单个字符	"loving_"可以表示："lovingc"。后面只能再接一个字符
[]	指定范围（[a-f]）或集合（[abcdef]）中的任何单个字符	[0～9]123表示以0～9之间任意一个字符开头，以"123"结尾的字符
[^]	不属于指定范围（[a-f]）或集合（[abcdef]）的任何单个字符	[^0～5]123表示不以0～5之间任意一个字符开头，却以"123"结尾的字符

小 结

本章介绍了Transact-SQL语法的基础，常量、变量、注释符、运算符与通配符的运用，运算符的优先级，和如何比较运算符等。

习 题

6-1 什么是T-SQL？

6-2 T-SQL语言的组成分为几种？

PART07

第7章 数据的查询

本章要点

- 选择查询
- 数据汇总
- 多表连接查询
- 子查询

■ 本章主要介绍针对数据表记录的各种查询以及对记录的操作，主要包括选择查询、数据汇总、基于多表的连接查询、子查询。通过本章的学习，读者可以应用各种查询对数据表中的记录进行访问。

7.1 创建查询和测试查询

创建查询和测试查询

1. 编写SQL语句

在SQL Server 2012中，用户可以在SQL Server Manager Studio中编写SQL语句操作数据库。例如，查询course表中的所有记录的操作步骤如下。

（1）单击【开始】→【程序】→【Microsoft SQL Server 2012】→【SQL Server Management Studio】命令，打开SQL Server Manager Studio窗口。

（2）使用“Windows身份验证”建立连接。

（3）单击“标准”工具栏上的【新建查询】按钮。

（4）输入如下SQL语句：

```
Use student
Select *
From course
```

2. 测试SQL语句

在新建的查询窗口中输入SQL语句之后，为了查看语句是否有语法错误，需要对SQL语句进行测试。单击工具栏中的✓按钮或直接按<Ctrl+F5>组合键可以对当前的SQL语句进行测试，如果SQL语句准确无误，在代码区下方会显示“命令已成功完成”，否则显示错误信息提示。

3. 执行SQL语句

最后要执行SQL语句才能实现各种操作。单击工具栏上的【执行(X)】按钮或直接按<F5>键即可执行SQL语句。上面输入的SQL语句的执行结果如图7-1所示。

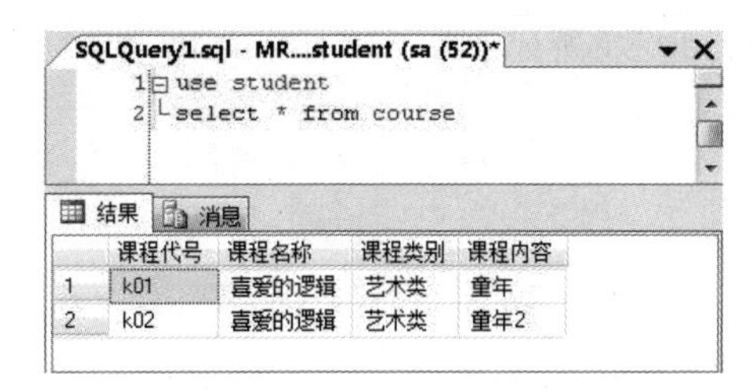

图7-1 显示course表的所有记录

7.2 选择查询

7.2.1 简单的SELECT查询

简单的SELECT查询

SELECT语句的作用是从数据库中检索数据并查询，并将查询结果以表格的形式返回。

SELECT语句的基本语法如下：

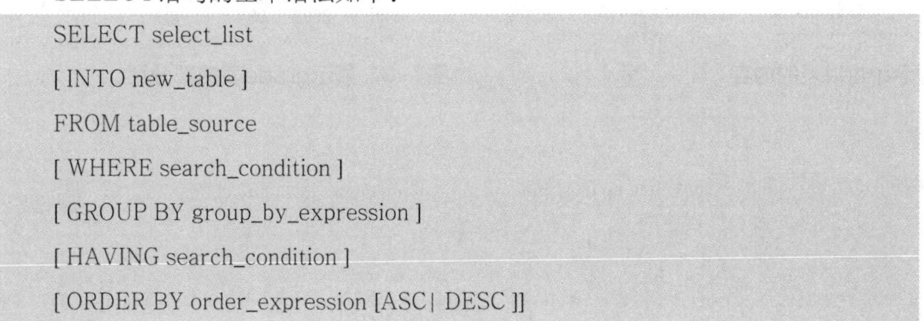

```
SELECT select_list
[ INTO new_table ]
FROM table_source
[ WHERE search_condition ]
[ GROUP BY group_by_expression ]
[ HAVING search_condition ]
[ ORDER BY order_expression [ASC | DESC ]]
```

参数说明如表7-1所示。

表7-1　SELECT语句的参数说明

设置值	描　述
select_list	指定由查询返回的列，它是一个逗号分隔的表达式列表
INTO new_table_name	创建新表并将查询行从查询插入新表中。new_table_name指定新表的名称
FROM table_list	指定从其中检索行的表，这些来源可能包括：基表、视图和链接表；FROM子句还可包含连接说明；FROM子句还用在DELETE和UPDATE语句中以定义要修改的表
WHERE search_conditions	WHERE子句指定用于限制返回的行的搜索条件。WHERE子句还用在DELETE和UPDATE语句中以定义目标表中要修改的行
GROUP BY group_by_list	GROUP BY子句根据group_by_list列中的值将结果集分成组。例如，student表在“性别”中有两个值。GROUP BY ShipVia子句将结果集分成两组，每组对应于ShipVia的一个值
HAVING search_conditions	HAVING子句是指定组或聚合的搜索条件
ORDER BY order_list [ASC | DESC]	ORDER BY子句定义结果集中的行排列的顺序。order_list指定组成排序列表的结果集的列。ASC和DESC关键字用于指定行是按升序还是按降序排序

1. 选择所有字段

Select语句后的第一个子句，即以Select关键字开头的子句，用于选择显示的列。如果要显示数据表中所有列的值时，Select子句后用星号（*）表示。

【例7-1】查询包含所有字段的记录。

在student数据库中，查询grade表的所有记录，查询结果如图7-2所示。

SQL语句如下：

```
use student
select *
from grade
```

2. 选择部分字段

在查询表时，很多时候只显示所需要的字段。这时在select子句后分别列出各个字段名称就可以了。

【例7-2】查询包含部分字段的记录。

在grade表中，显示学号、课程成绩字段的信息。查询结果如图7-3所示。

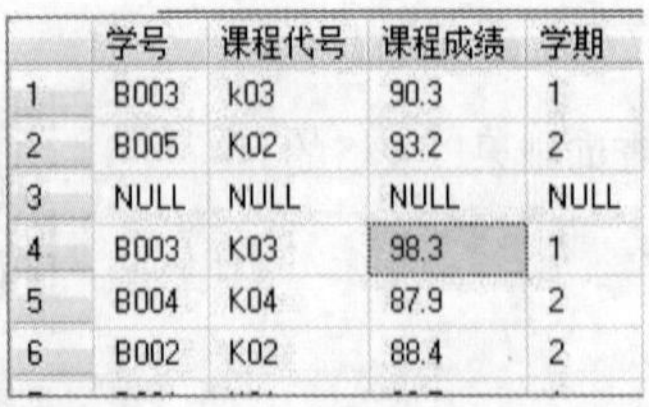

	学号	课程代号	课程成绩	学期
1	B003	k03	90.3	1
2	B005	K02	93.2	2
3	NULL	NULL	NULL	NULL
4	B003	K03	98.3	1
5	B004	K04	87.9	2
6	B002	K02	88.4	2

图7-2　查询显示grade表的内容

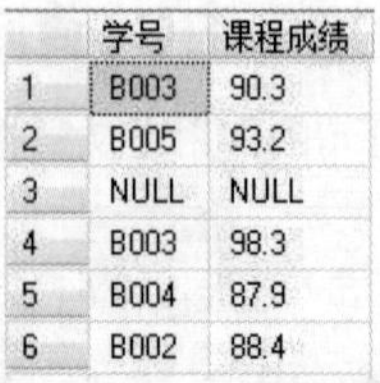

	学号	课程成绩
1	B003	90.3
2	B005	93.2
3	NULL	NULL
4	B003	98.3
5	B004	87.9
6	B002	88.4

图7-3　显示grade表的部分列

SQL语句如下：

```
use student
select 学号,课程成绩
from grade
```

各个列用逗号隔开，但要注意此逗号是英文状态下的逗号。且不要混淆SELECT子句和SELECT语句。

7.2.2 重新对列排序

重新对列排序

对于比较小的表格，可以不用ORDER BY子句，查询结果会按照在表格中的顺序进行排列；但对于比较大的表格，则必须使用ORDER BY子句，方便查看查询结果。

ORDER BY子句由关键字ORDER BY后跟一个用逗号分开的排序列表组成，语法如下：

```
[ ORDER BY { order_by_expression [ ASC | DESC ] } [ ,...n ] ]
```

参数说明如表7-2所示。

表7-2 ORDER BY语句的参数说明

设置值	说明
order_by_expression	指定要排序的列。可以将排序列指定为列名或列的别名（可由表名或视图名限定）和表达式，或者指定为代表选择列表内的名称、别名或表达式的位置的负整数。可指定多个排序列。ORDER BY子句中的排序列定义排序结果集的结构
ORDER BY	子句可包括未出现在此选择列表中的项目。然而，如果指定SELECT DISTINCT，或者如果SELECT语句包含UNION运算符，则排序列必定出现在选择列表中。此外，当SELECT语句包含UNION运算符时，列名或列的别名必须是在第一选择列表内指定的列名或列的别名
ASC	指定按递增顺序，从低到高对指定列中的值进行排序。默认就是此顺序
DESC	指定按递减顺序，从高到低对指定列中的值进行排序

1. 单级排序

排序的关键字是ORDER BY，默认状态下是升序，关键字是ASC。可以按照某一个字段排序，排序的字段是数值型，也可以是字符型、日期和时间型。

【例7-3】按照某一个字段进行排序。

在tb_basicMessage表中，按照“age”升序排序。结果如图7-4所示。

SQL语句如下：

```
use db_supermarket
select *
from tb_basicMessage
order by age
```

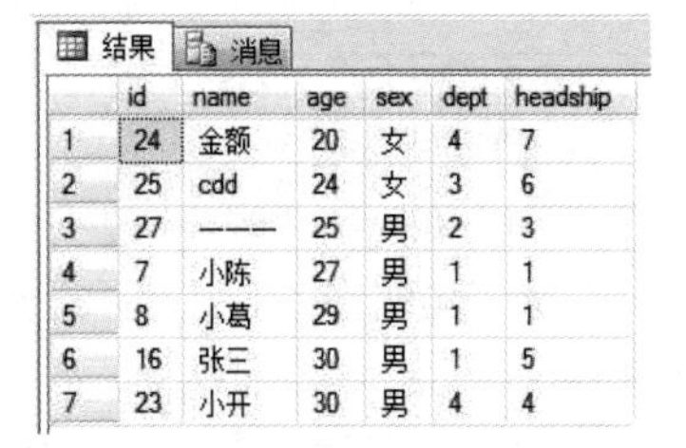

	id	name	age	sex	dept	headship
1	24	金额	20	女	4	7
2	25	cdd	24	女	3	6
3	27	———	25	男	2	3
4	7	小陈	27	男	1	1
5	8	小葛	29	男	1	1
6	16	张三	30	男	1	5
7	23	小开	30	男	4	4

图7-4 按照“年龄”升序排序

查询结果以降序排序，必须在列名后指定关键字的DESC。

例如，在tb_basicMessage表中按照“age”降序排序。SQL语句如下：

```
Use student
Select * from tb_basicMessage order by age desc
```

2. 多级排序

按照一列进行排序后，如果该列有重复的记录值，则重复记录值这部分就没有进行有效的排序，这就需要再附加一个字段，作为第2次排序的标准，对没有排序的记录进行再排序。

【例7-4】按照多个字段进行排序。

在grade表中，按照学生的“学期”降序排列，然后再按照“课程成绩”升序排序。结果如图7-5所示。

SQL语句如下：

```
use student
select *
from grade
order by 学期 desc, 课程成绩
```

	学号	课程代号	课程成绩	学期
1	B004	K04	87.9	2
2	B002	K02	88.4	2
3	B005	K02	93.2	2
4	B003	k03	90.3	1
5	B001	K01	96.7	1
6	B003	K03	98.3	1

图7-5　grade表按照多级字段排序

当排序字段是字符类型时，将按照字符数据中字母或汉字的拼音在字典中的顺序排序，先比较第1个字母在字典中的顺序，位置在前的表示该字符串小于后面的字符串，若第1个字符相同，则继续比较第2个字母，直至得出比较结果。

例如，在course表中先按照“课程类别”升序排列，再按照“课程内容”降序排列。SQL语句如下：

```
use student
select * from course ordery by 课程类别 asc, 课程内容 desc
```

7.2.3　使用运算符或函数进行列计算

使用运算符或函数进行列计算

某些查询要求在字段上带表达式进行查询，关于表达式中运算符和函数部分请参考Transact-SQL语法部分。

带表达式的查询语法如下：

```
SELECT 表达式1,表达式2,字段1,字段2,...from 数据表名
```

【例7-5】使用运算符进行列计算。

新的一年开始，学生的年龄都长了一岁，查询代码如下：

```
select 学号,姓名,年龄=年龄+1 from tb_stu
```

查询结果如图7-6所示。

	学号	姓名	年龄
1	2	张二	24
2	3	张三	24
3	4	张四	24
4	5	张五	22
5	1	张一	21

图7-6　表达式查询

7.2.4　利用WHERE参数过滤数据

WHERE子句是用来选取需要检索的记录。因为一个表通常会有数千条记录，在查询结果中，用户仅需其中的一部分记录，这时需要使用WHERE子句指定一系列的查询条件。

WHERE子句简单的语法如下：

```
SELECT<字段列表>
FROM<表名>
WHERE<条件表达式>
```

为了实现许多不同种类的查询，WHERE子句提供了丰富的搜索条件，下面总结了5个基本的搜索条件。

（1）比较运算符（如=、<>、<和>）。

（2）范围说明（BETWEEN和NOT BETWEEN）。

（3）可选值列表（IN和NOT IN）。

（4）模式匹配（LIKE和NOT LIKE）。

（5）上述条件的逻辑组合（AND、OR、NOT）。

1. 比较查询条件

比较查询条件

比较查询条件由比较运算符连接表达式组成，系统将根据该查询条件的真假来决定某一条记录是否满足该查询条件，只有满足该查询条件的记录才会出现在最终的结果集中。SQL Server比较运算符如表7-3所示。

表7-3　比较运算符

运算符	说　明
=	等于
>	大于
<	小于
>=	大于等于
<=	小于等于
!>	不大于
!<	不小于
<>或!=	不等于

【例7-6】使用运算符进行比较查询。

在grade表中，查询“课程成绩”大于90分的信息，查询结果如图7-7所示。

SQL语句如下：

```
use student
select *
from grade
where 课程成绩 > 90
```

	学号	课程代号	课程成绩	学期
1	B003	k03	90.3	1
2	B005	K02	93.2	2
3	B003	K03	98.3	1
4	B001	K01	96.7	1

图7-7　查询grade表中课程成绩大于90分的信息

在grade表中查询“课程成绩”小于等于90分的信息，SQL语句如下：

```
use student
select * from grade where 课程成绩 <= 90
```

在student表中查询“年龄”在20～22岁之间（包括20和22）的所有学生。SQL语句如下：

```
use student
select * from student where 年龄 >= 20 and 年龄 <= 22
```

在student表中查询“年龄”不在20～22岁之间的所有学生。SQL语句如下：

```
use student
select * from student where 年龄 < 20 or 年龄 > 22
```

在student表中查询“年龄”不小于20岁的所有学生。SQL语句如下：

```
use student
select * from student where 年龄 !< 20
```

换一种写法。查询“年龄”不小于20岁的所有学生。SQL语句如下：

```
use student
select * from student where 年龄 >= 20
```

在student表中查询年龄不等于20岁的所有学生。SQL语句如下：

```
use student
```

```
select * from student where 年龄 != 20
```

注意：搜索满足条件的记录行，要比消除所有不满足条件的记录行快得多，所以，将否定的WHERE条件改写为肯定的条件将会提高性能，这是一个必须记住的准则。

2. 范围查询条件

范围查询条件

使用范围条件进行查询，返回的某一个数据值要位于两个给定值之间，通常使用BETWEEN…AND和NOT…BETWEEN…AND来指定范围条件。

使用BETWEEN…AND查询条件时，指定的第1个值必须小于第2个值。因为BETWEEN…AND实质是查询条件“大于等于第1个值，并且小于等于第2个值”的简写形式。即BETWEEN…AND要包括两端的值，等价于比较运算符（>=…<=）。

【例7-7】使用BETWEEN…AND语句进行范围查询。

在grade表中，显示年龄在20～21岁之间的学生信息。查询结果如图7-8所示。

SQL语句如下：

```
use student
select *
from student
where 年龄 between 20 and 21
```

	Sno	Sname	Sex	年龄
1	201109001	李羽凡	男	20

图7-8 显示grade表中年龄在20～21岁之间的学生信息

上述SQL也可以用>=…<=符号来改写。其SQL语句如下：

```
Use student
Select * from student where 年龄 >= 20 and 年龄 <= 21
```

而NOT…BETWEEN…AND语句返回的某个数据值要在两个指定值范围以外，并且不包括两个指定的值。

【例7-8】使用NOT…BETWEEN…AND语句进行范围查询。

在student表中，显示年龄不在20～21岁之间的学生信息。查询结果如图7-9所示。

	Sno	Sname	Sex	年龄
1	201109008	李艳丽	女	25
2	201109003	聂乐乐	女	23
3	201109018	触发器	男	23
4	201109002	王嘟嘟	女	22

图7-9 显示grade表中年龄不在20～21岁之间的学生信息

SQL语句如下：

```
use student
select *
from student
where 年龄 not between 20 and 21
```

3. 列表查询条件

列表查询条件

当测试一个数据值是否匹配一组目标值中的一个时，通常使用IN关键字来指定列表搜索条件。IN关键字的格式是IN(目标值1,目标值2,目标值3,…)，目标值的项目之间必须使用逗号分隔，并且括在括号中。

【例7-9】使用IN关键字进行列表查询。

在course表中，查询“课程编号”是k01，k03，k04的课程信息。查询结果如图7-10所示。

	课程代号	课程名称	课程类别	课程内容
1	k01	喜爱的逻辑	艺术类	童年
2	k03	个人单曲	歌曲类	舞
3	k04	经典歌曲	歌曲类	冬天快乐

图7-10　查询“课程编号”是k01，k03，k04的课程信息

SQL语句如下：

```
use student
select *
from course
where 课程代号 in ('k01', 'k03', 'k04')
```

IN运算符可以与NOT配合使用来排除特定的行，测试一个数据值是否不匹配任何目标值。

【例7-10】使用NOT IN关键字进行列表查询。

在course表中，查询课程代号不是k01、k03和k04的课程信息。查询结果如图7-11所示。

	课程代号	课程名称	课程类别	课程内容
1	k02	喜爱的逻辑	艺术类	童年2

图7-11　查询“课程编号”不是k01，k03，k04的课程信息

SQL语句如下：

```
Use student
select *
from course
where 课程代号 not in ('k01', 'k03', 'k04')
```

4．模糊查询

有时用户对查询数据表中的数据了解得不全面，如不能确定所要查询人的姓名，只知道他姓李，查询某个人的联系方式只知道是以“3451”结尾等，这时需要使用LIKE进行模糊查询。LIKE关键字需要使用通配符在字符串内查找指定的模式，所以读者需要了解通配符及其含义。通配符的含义如表7-4所示。

模糊查询

表7-4　LIKE关键字中的通配符及其含义

通配符	说明
%	由零个或更多字符组成的任意字符串
_	任意单个字符
[ ]	用于指定范围，例如[A～F]，表示A到F范围内的任何单个字符
[^]	表示指定范围之外的，例如[^A～F]范围以外的任何单个字符

（1）“%”通配符。

“%”通配符能匹配0个或更多个字符的任意长度的字符串。

【例7-11】使用%通配符进行模糊查询。

在student表中，查询姓“李”的学生信息。查询结果如图7-12所示。

SQL语句如下：

```
use student
select *
from student
where 姓名 like '李%'
```

	学号	姓名	性别	年龄
1	201109008	李艳丽	女	25
2	201109001	李羽凡	男	20

图7-12　在student表中查询姓李的同学信息

在SQL Server语句中，可以在查询条件的任意位置放置一个“%”符号来代表任意长度的字符串。在设置查询条件时，也可以放置两个“%”，但最好不要连续出现两个“%”符号。

例如，在student表中，查询姓“李”并且联系方式是以“2”打头的学生信息。SQL语句如下：

```
use student
select * from student  where 姓名 like '李%'  and  联系方式 like '2%'
```

（2）“_”通配符。

“_”号表示任意单个字符，该符号只能匹配一个字符，利用“_”号可以作为通配符组成匹配模式进行查询。

【例7-12】使用“_”通配符进行模糊查询。

在student表中，查询姓“刘”并且名字只有两个字的学生信息。查询结果如图7-13所示。

	学号	姓名	性别	年龄	出生日期	联系方式
1	201109004	刘月	女	20	1995-01-03	82345

图7-13　在student表中查询姓“刘”并且名字是两个字的学生信息

SQL语句如下：

```
use student
select *
from student
where 姓名  like '刘_'
```

“_”符号可以放在查询条件的任意位置，但只能代表一个字符。

例如，在student表中，查询姓“李”并且末尾字是“丽”的学生信息。SQL语句如下：

```
use student
select *  from student  where 姓名 like '李_丽'
```

（3）“[ ]”通配符。

在模式查询中可以使用“[ ]”符号来查询一定范围内的数据。“[ ]”符号用于表示一定范围内的任意单个字符，它包括两端数据。

【例7-13】使用“[ ]”通配符进行模糊查询。

在student表中，查询联系方式以“3451”结尾并且开头数字位于1～5之间的学生信息。查询结果如图7-14所示。

	学号	姓名	性别	年龄	出生日期	联系方式
1	201109008	李艳丽	女	25	1990-03-03	13451
2	201109003	聂乐乐	女	23	1992-03-10	23451
3	201109001	李羽凡	男	20	1995-03-03	23451

图7-14　在student表中查询联系方式以“3451”结尾且开头数字位于1～5间的学生

SQL语句如下：

```
use student
select *
from student
where 联系方式 like '[1-5]3451'
```

例如，在grade表中，查询学号是“B001”～“B003”之间的学生成绩信息。SQL语句如下：

```
use student
select * from grade where 学号 like 'b00[1-3]'
```

（4）“[^]”通配符。

在模式查询中可以使用“[^]”符号来查询不在指定范围内的数据。“[^]”符号用于表示不在某范围内的任意单个字符，它包括两端数据。

【例7-14】使用“[^]”通配符进行模糊查询。

在student表中，查询联系方式以“3451”结尾，但不以2开头的学生信息。查询结果如图7-15所示。

	学号	姓名	性别	年龄	出生日期	联系方式
1	201109008	李艳丽	女	25	1990-03-03	13451

图7-15　在student表中查询联系方式以“3451”结尾但不以2开头的学生信息

SQL语句如下：

```
use student
select *
from student
where 联系方式 like '[^2]3451'
```

NOT LIKE的含义与LIKE关键字正好相反，查询结果将返回不符合匹配模式的结果。

例如，查询不姓“李”的学生信息。SQL语句如下：

```
select * from student where 姓名 not like '李%'
```

例如，查询除了名字是两个字并且不姓“李”的其他学生信息。SQL语句如下：

```
select * from student where 姓名 not like '李_'
```

例如，查询除了电话号码以“3451”结尾并且不开头数字位于1～5之间的其他学生信息。SQL语句如下：

```
select * from student where 联系方式 not like '[1-5]3451'
```

例如，查询电话号码不符合如下条件的学生信息：这些条件是电话号码以“3451”结尾，但不以2开头的。SQL语句如下：

```
select * from student where 联系方式 not like '[^2]3451'
```

5. 复合查询条件

复合查询条件

很多情况下，在where子句中仅仅使用一个条件不能准确地从表中检索到需要的数据，这里就需要逻辑运算符AND、OR和NOT。使用逻辑运算符时，遵循的指导原则如下。

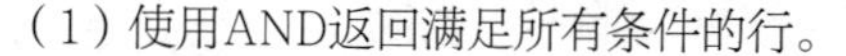

（1）使用AND返回满足所有条件的行。

（2）使用OR返回满足任一条件的行。

（3）使用NOT返回不满足表达式的行。

例如，用OR进行查询。查询学号是“B001”或者是“B003”的学生信息。SQL语句如下：

```
use student
select * from student where 学号='B001' or 学号='B003'
```

例如，用AND进行查询。根据姓名和密码查询用户。SQL语句如下：

```
use db_supermarket
select * from tb_users where userName='mr' and password='mrsoft'
```

就像数据运算符乘和除一样，它们之间是具有优先级顺序的：NOT优先级最高，AND次之，OR的优先级最低。下面用AND和OR结合进行查询。

【例7-15】使用AND和OR结合进行查询。

在student表中，要查询年龄大于21岁的女生或者年龄大于等于19岁的男生信息。查询结果如图7-16所示。

	学号	姓名	性别	年龄	出生日期	联系方式
1	201109008	李艳丽	女	25	1990-03-03	13451
2	201109003	聂乐乐	女	23	1992-03-10	23451
3	201109018	触发器	男	23	1992-01-01	52345
4	201109002	王嘟嘟	女	22	1993-03-10	62345
5	201109001	李羽凡	男	20	1995-03-03	23451

图7-16　复合搜索

SQL语句如下：

```
use student
select *
from student
where 年龄 > 21 and 性别='女' or 年龄 >= 19 and 性别='男'
```

使用逻辑关键字AND、OR、NOT和括号把搜索条件分组，可以构建非常复杂的搜索条件。

例如，在student表中，查询年龄大于20岁的女生或者年龄大于22岁的男生，并且电话号码都是“23451”的学生信息。在查询分析器中输入的SQL语句如下：

```
use student
select * from student where (年龄 > 20 and 性别='女' or 年龄 > 22 and 性别='男') and 联系方式 = '23451'
```

7.2.5 消除重复记录

DISTINCT关键字主要用来从SELECT语句的结果集中去掉重复的记录。如果用户没有指定DISTINCT关键字，那么系统将返回所有符合条件的记录组成结果集，其中包括重复的记录。

消除重复记录

【例7-16】使用DISTINCT关键字消除重复记录。

在course表中，显示所有的“课程类别”种类。查询结果如图7-17所示。

SQL语句如下：

```
use student
select distinct 课程类别
from course
```

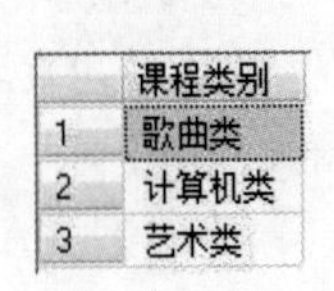

	课程类别
1	歌曲类
2	计算机类
3	艺术类

图7-17　显示course表中的课程类别

对多个列使用DISTINCT关键字时，查询结果只显示每个有效组合的一个例子。即结果表中没有完全相同的两行。

例如，在grade表中，显示“学号”和“课程代号”的不同值。SQL语句如下：

```
use student
select  distinct 学号,课程代号
from grade
```

7.3 数据汇总

7.3.1 使用聚合函数

使用聚合函数

SQL提供了一组聚合函数，它们能够对整个数据集合进行计算，将一组原始数据转换为有用的的信息，以便用户使用。例如求成绩表中的学生总成绩、学生表中学生平均年龄等。

SQL的聚合函数如表7-5所示。

表7-5 聚合函数

聚合函数	支持的数据类型	功能描述
SUM()	数字	对指定列中的所有非空值求和
AVG()	数字	对指定列中的所有非空值求平均值
MIN()	数字、字符、日期	返回指定列中的最小数字、最小的字符串和最早的日期时间
MAX()	数字、字符、日期	返回指定列中的最大数字、最大的字符串和最近的日期时间
COUNT([DISTINCT] *)	任意基于行的数据类型	统计结果集中全部记录行的数量。最多可达2 147 483 647行
COUNT_BIG([DISTINCT] *)	任意基于行的数据类型	类似于count()函数，但因其返回值使用了bigint数据类型，所以最多可以统计2^63-1行

下面是各种聚集函数的应用示例。

例如，在grade表中，求所有的课程成绩的总和。SQL语句如下：

```
use student
select  sum(课程成绩)  from  grade
```

例如，在student表中，求所有学生的平均年龄。SQL语句如下：

```
use student
select avg(年龄) from student
```

例如，在student表中，查询最早出生的学生。SQL语句如下：

```
use student
select  min(出生日期)  from  student
```

例如，在grade表中，查询课程成绩最高的学生信息。SQL语句如下：

```
use student
select max(课程成绩)  from grade
```

例如，在student表中，求所有女生的人数。SQL语句如下：

```
use student
select count(性别)  from student
```

使用COUNT(*)可以求整个表所有的记录数。

例如，求student表中所有的记录数。SQL语句如下：

```
use student
select count(*) from student
```

7.3.2 使用GROUP BY子句

使用GROUP BY子句

GROUP BY子句可以将表的行划分为不同的组。分别总结每个组，这样就可以控制想要看见的详细信息的级别。例如，按照学生的性别分组、按照不同的学期分组等。

使用GROUP BY子句的注意事项如下。

（1）在SELECT子句的字段列表中，除了聚集函数外，其他所出现的字段一定要在GROUP BY子句中有定义才行。如“GROUP BY A,B”，那么“SELECT SUM(A),C”就有问题，因为C不在GROUP BY中，但是“SUM(A)”还是可以的。

（2）SELECT子句的字段列表中不一定要有聚集函数，但至少要用到GROUP BY子句列表中的一个项目。如“GROUP BY A,B,C”，则“SELECT A”是可以的。

（3）在SQL Server中，text、ntext和image数据类型的字段不能作为GROUP BY子句的分组依据。

（4）GROUP BY子句不能使用字段别名。

1. 按单列分组

GROUP BY子句可以基于指定某一列的值将数据集合划分为多个分组，同一组内所有记录在分组属性上具有相同值。

【例7-17】使用GROUP BY子句按单列分组。

把student表按照“性别”这个单列进行分组。结果如图7-18所示。

SQL语句如下：

```
use student
select 性别
from student
group by 性别
```

	性别
1	男
2	女

图7-18　把student表按照性别分组

重复前面介绍的注意事项：在SELECT子句的字段列表中，除了聚集函数外，其他所出现的字段一定要在GROUP BY子句中有定义才行。

例如，由于下列查询中“姓名”列既不包含在GROUP BY子句中，也不包含在分组函数中，所以是错误的。错误的SQL语句如下：

```
use student select 姓名,性别 from student group by 性别
```

2. 按多列分组

GROUP BY子句可以基于指定多列的值将数据集合划分为多个分组。

【例7-18】使用GROUP BY子句按多列分组。

在student表中，按照“性别”和“年龄”列进行分组。结果如图7-19所示。

SQL语句如下：

```
use student
select 性别,年龄
from student
group by 性别,年龄
```

	性别	年龄
1	男	20
2	男	23
3	女	20
4	女	22
5	女	23
6	女	25

图7-19　把student表按多列分组

在student表中，首先按照性别分组，然后再按照年龄分组。

7.3.3 使用HAVING子句

分组之前的条件要用WHERE关键字，而分组之后的条件要使用关键字HAVING子句。

【例7-19】使用HAVING子句分组查询。

在student表中，先按“性别”分组求出平均年龄，然后筛选出平均年龄大于20岁的学生信息。结果如图7-20所示。

SQL语句如下：

```
use student
select  avg(年龄), 性别
from student
group  by 性别
having avg(年龄)>20
```

	(无列名)	性别
1	21	男
2	22	女

图7-20 student表用having筛选结果

7.4 基于多表的连接查询

7.4.1 连接谓词

连接谓词

JOIN是一种将两个表连接在一起的连接谓词。连接条件可在FROM或WHERE子句中指定，建议在FROM子句中指定连接条件。

7.4.2 以JOIN关键字指定的连接

使用JOIN关键字可以进行交叉连接、内连接和外连接。

1. 交叉连接

交叉连接是两个表的笛卡尔积的另一个名称。笛卡尔积就是两个表的交叉乘积，即两个表的记录进行交叉组合，如图7-21所示。

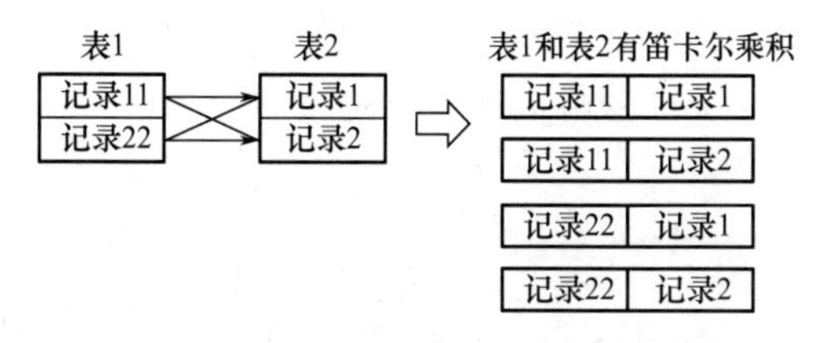

图7-21 两个表的笛卡尔积示意图

交叉连接的语法如下：

```
SELECT fieldlist
FROM table1
cross JOIN table2
```

其中忽略on条件的方法来创建交叉连接。

2. 内连接

内连接也叫连接，是最早应用的一种连接，还被称为普通连接或自然连接。内连接是从结果中删除其他被连接表中没有匹配行的所有行，所以内连接可能会丢失信息。

内连接的语法如下：

```
SELECT fieldlist
FROM table1 [INNER] JOIN table2
ON table1.column = table2.column
```

一个表中的行和与另外一个表中的行匹配连接。表中的数据决定了如何对这些行进行组合。上例中是从每一个表中选取一行。

3. 外连接

外连接扩充了内连接的功能，会把内连接中删除的原表中的一些行保留下来，由于保留下来的行不同，因此又把外连接分为左外连接、右外连接和全外连接3种连接。

外连接

（1）左外连接。

左外连接保留了第1个表的所有行，但只包含第2个表与第1个表匹配的行。第2个表相应的空行被放入NULL值。

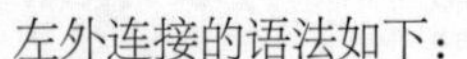

左外连接的语法如下：

```
use student
SELECT fieldlist
FROM table1 left JOIN table2
ON table1.column = table2.column
```

【例7-20】使用LEFT JOIN…ON关键字进行左外连接。

把student表和grade表左外连接。第1个表student有不满足连接条件的行。连接结果如图7-22所示。

	学号	姓名	性别	年龄	出生日期	联系方式	学号	课程代号	课程成绩	学期
1	B001	李艳丽	女	25	1990-03-03	13451	B001	K01	96.7	1
2	B002	聂乐乐	女	23	1992-03-10	23451	B002	K02	88.4	2
3	B003	触发器	男	23	1992-01-01	52345	B003	k03	90.3	1
4	B003	触发器	男	23	1992-01-01	52345	B003	K03	98.3	1
5	B004	王嘟嘟	女	22	1993-03-10	62345	B004	K04	87.9	2
6	B005	李羽凡	男	20	1995-03-03	23451	B005	K02	93.2	2
7	B006	刘月	女	20	1995-01-03	82345	NULL	NULL	NULL	NULL

图7-22　student表和grade表左外连接

SQL语句如下：

```
use  student
select  *
from student
left join  grade
on  student.学号=grade.学号
```

（2）右外连接。

右外连接保留了第2个表的所有行，但只包含第1个表与第2个表匹配的行。第1个表相应的空行被放入NULL值。

右外连接的语法如下：

```
use student
SELECT fieldlist
FROM table1 right JOIN table2
ON table1.column = table2.column
```

【例7-21】使用RIGHT JOIN…ON关键字进行右外连接。

把grade表和course表右外连接。第2个表course有不满足连接条件的行。连接结果如图7-23所示。

	学号	课程代号	课程成绩	学期	课程代号	课程名称	课程类别	课程内容
1	B001	K01	96.7	1	k01	喜爱的逻辑	艺术类	童年
2	B005	K02	93.2	2	k02	喜爱的逻辑	艺术类	童年2
3	B002	K02	88.4	2	k02	喜爱的逻辑	艺术类	童年2
4	B003	k03	90.3	1	k03	个人单曲	歌曲类	舞
5	B003	K03	98.3	1	k03	个人单曲	歌曲类	舞
6	B004	K04	87.9	2	k04	经典歌曲	歌曲类	冬天快乐
7	NULL	NULL	NULL	NULL	k06	数据结构	计算机类	查询

图7-23　grade表和course表右外连接

SQL语句如下：

```
use student
select *
from grade
right join course
on course.课程代号 = grade.课程代号
```

（3）全外连接。

全外连接会把两个表所有的行都显示在结果表中，并尽可能多地匹配数据和连接条件。

全外连接的语法如下：

```
use student
SELECT fieldlist
FROM table1 full JOIN table2
ON table1.column = table2.column
```

【例7-22】使用JOIN关键字进行全外连接。

把grade表和course表实现全外连接。两个表都有不满足连接条件的行。连接结果如图7-24所示。

	学号	课程代号	课程成绩	学期	课程代号	课程名称	课程类别	课程内容
1	B003	k03	90.3	1	k03	个人单曲	歌曲类	舞
2	B005	K02	93.2	2	k02	喜爱的逻辑	艺术类	童年2
3	NULL	NULL	NULL	NULL	NULL	NULL	NULL	NULL
4	B003	K03	98.3	1	k03	个人单曲	歌曲类	舞
5	B004	K04	87.9	2	k04	经典歌曲	歌曲类	冬天快乐
6	B002	K02	88.4	2	k02	喜爱的逻辑	艺术类	童年2
7	B001	K01	96.7	1	k01	喜爱的逻辑	艺术类	童年
8	NULL	NULL	NULL	NULL	k06	数据结构	计算机类	查询

图7-24　course表和grade表全外连接

SQL语句如下：

```
use student
select * from
grade full
join course
on course.课程代号 = grade.课程代号
```

7.5 子查询

7.5.1 使用IN或NOT IN的子查询

1. 使用IN的子查询

带IN的嵌套查询语法格式如下：

```
WHERE 查询表达式 IN(子查询语句)
```

子查询语句就是使用SELECT语句的基本查询语句。

一些嵌套内层的子查询会产生一个值，也有一些子查询会返回一列值。即子查询不能返回带几行和几列数据的表。原因在于子查询的结果必须适合外层查询的语句。当子查询产生一系列值时，适合用带IN的嵌套查询。

把查询表达式单个数据和由子查询产生的一系列的数值相比较，如果数值匹配一系列值中的一个，则返回TRUE。

【例7-23】使用IN查询员工信息。查询结果如图7-25所示。

SQL语句如下：

```
use db_supermarket
select *
from tb_basicMessage
where id in (select hid from tb_contact )
```

子查询“select 学号 from grade”的结果如图7-26所示。

结果 | 消息

	id	name	age	sex	dept	headship
1	7	小陈	27	男	1	1
2	8	小葛	29	男	1	1
3	16	张三	30	男	1	5
4	23	小开	30	男	4	4
5	24	金额	20	女	4	7
6	27	——	25	男	2	3

图7-25 显示员工信息

	学号
1	B003
2	B005
3	NULL
4	B003
5	B004
6	B002
7	B001

图7-26 子查询的结果

子查询生成grade表中学号列的数值，WHERE子句检查主查询记录中的值是否与子查询结果中的数值匹配，匹配则返回TRUE值。由于主查询记录的“B006”的学号值与子查询结果的数值不匹配，所以查询结果不显示学号为“B006”的记录信息。

带IN的内层嵌套还可以是多个值的列表。

例如，查询年龄是“19、21、24”的学生信息。SQL语句如下：

```
use student
select *
from student
where 年龄 in(19,22,24)
```

2. 使用NOT IN的子查询

NOT IN和IN查询过程类似。NOT IN的嵌套查询语法格式如下：

```
WHERE 查询表达式 NOT IN(子查询)
```

子查询存在NULL值时，避免使用NOT IN。因为当子查询的结果包括了NULL值的列表时，把NULL值当成一个未知数据，不会存在查询值不在列表中的记录。

【例7-24】使用NOT IN进行子查询。

在course和grade表中，查询没有学生参加考试的课程信息。实现过程如图7-27所示。

SQL语句如下：

```
use student
select *
from course
where 课程代号 not in
(select 课程代号 from grade)
```

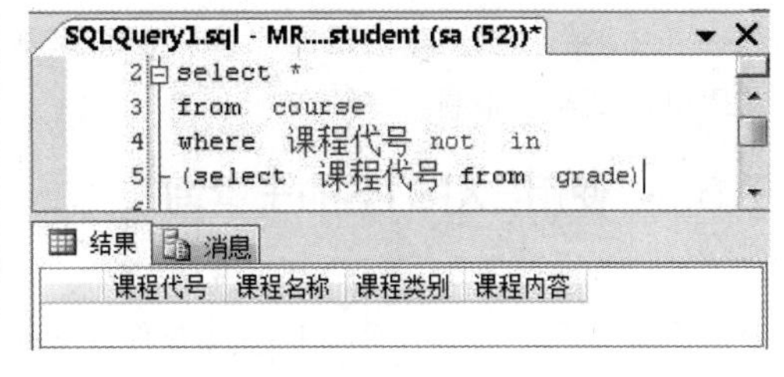

图7-27 查询没有学生参加考试的课程信息失败

由于子查询的结果包括了NULL值，NULL是未知数据，与任何数据都匹配，所以最终的查询结果只有空值。正确查询的SQL语句如下：

```
use student
select *
from course
where 课程代号 not in
(select 课程代号 from grade where 课程代号 is not null )
```

查询结果如图7-28所示。

	课程代号	课程名称	课程类别	课程内容
1	k06	数据结构	计算机类	查询

图7-28 查询没有学生参加考试的课程信息

查询过程是用主查询中“课程代号”的值与子查询结果中的值比较，不匹配返回真值。因为主查询中“k06”的课程代号值与子查询的结果的数据不匹配，返回真值。所以查询结果显示课程代号为“k06”的课程信息。

7.5.2 使用比较运算符的子查询

嵌套内层子查询通常作为搜索条件的一部分呈现在WHERE或HAVING子句中。例如，把一个表达式的值和由子查询生成的值相比较。这个测试类似于简单比较测试。

子查询比较测试用到的运算符是：=、<>、<、>、<=、>=。子查询比较测试把一个表达式的值和由子查询产生的值进行比较，这时子查询只能返回一个值，否则错误。最后返回比较结果为TRUE的记录。

【例7-25】使用比较运算符进行子查询。

在student表中，查询“课程成绩”大于98分的学生信息。查询结果如图7-29所示。

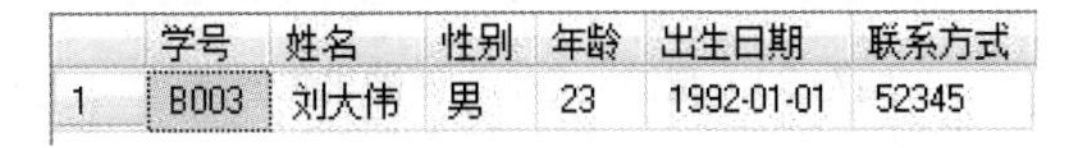

	学号	姓名	性别	年龄	出生日期	联系方式
1	B003	刘大伟	男	23	1992-01-01	52345

图7-29 显示成绩大于98分的学生信息

SQL语句如下：

```
use student
```

```
select *
from student
where 学号 = ( select 学号 from grade where 课程成绩>98 )
```

子查询“select学号 from grade where 课程成绩>98”的查询结果是“B003”，仅仅就这一个值。

子查询的过程如下。

（1）首先执行子查询，从grade表中查询出课程成绩>98的学生学号为“B003”。

（2）最后把子查询的结果和外层查询的“学号”字段内容一一比较，从学生表中查询出学号是“B003”的学生信息。

7.5.3 使用EXISTS的子查询

EXISTS谓词只注重子查询是否返回行。如果子查询返回一个或多个行，谓词评价为真，否则为假。EXISTS搜索条件并不真正地使用子查询的结果，它仅仅测试子查询是否产生任何结果。

使用EXISTS的子查询

【例7-26】使用EXISTS进行员工信息查询。

在tb_contact和tb_contact表中，查询员工信息。用EXISTS完成嵌套查询，查询结果如图7-30所示。

SQL语句如下：

```
use db_supermarket
select *
from tb_basicMessage
where exists
(select contact from tb_contact where tb_basicMessage.id=tb_
contact.hid )
```

结果　消息

	id	name	age	sex	dept	headship
1	7	小陈	27	男	1	1
2	8	小葛	29	男	1	1
3	16	张三	30	男	1	5
4	23	小开	30	男	4	4
5	24	金额	20	女	4	7
6	27	———	25	男	2	3

图7-30　查询员工信息

EXISTS谓词子查询的SELECT子句中可使用任何列名，也可使用任意多个列，这种谓词只注重是否返回行，而不注重行的内容。用户可以规定任何列名或者只使用一个星号。

例如，上述例子的SQL语句和下面的SQL语句是完全等价的。

```
use supermarket
select * from tb_basicMessage where exists (select * from tb_contact where tb_basicMessage.id=tb_contact.hid )
```

NOT EXISTS的作用与EXISTS正相反。如果子查询没有返回行，则满足NOT EXISTS中的 WHERE子句。

【例7-27】使用NOT EXISTS进行子查询。

在student表中查询没参加考试的学生信息。查询结果如图7-31所示。

	学号	姓名	性别	年龄	出生日期	联系方式
1	B006	刘月	女	20	1995-01-03	82345

图7-31　查询没参加考试的学生信息

SQL语句如下：

```
use student
select *
```

```
from student
where not exists
(select * from grade where student.学号 = grade.学号 )
```

7.5.4 使用UNION运算符组合多个结果

表的合并操作是指将两个表的行合并到单个表中，且不需要对这些行做任何更改。

使用UNION运算符组合多个结果

在构造合并查询时必须遵循以下几条规则。

（1）所有查询中的列数和列的顺序必须相同。

（2）数据类型必须兼容。

（3）作为对所有SELECT语句的合并操作结果进行排序的ORDER BY子句，必须放到最后一个SELECT后面，但它所使用的排序列名必须是第1个SELECT选择列表中的列名。

【例7-28】使用UNION运算符合并查询结果。

把“select 课程代号,课程内容 from course”和“select姓名,性别 from student”的查询结果合并。查询结果如图7-32所示。

SQL语句如下：

```
use student
select 学号, 姓名, 性别 from student where 年龄 < 22
union all
select 学号, 姓名, 性别 from student where 性别 = '男'
```

	学号	姓名	性别
1	B005	李羽凡	男
2	B006	刘月	女
3	B003	刘大伟	男
4	B005	李羽凡	男

图7-32 两个表的简单合并查询

使用UNION运算符可以把很多数量的表进行合并，但仍要遵循与合并两个表相同的规则。

小 结

本章介绍了如何在SQL Server 2012中编写、测试和执行SQL语句。读者应熟练掌握选择查询、分组查询、子查询，能根据实际的要求编写SQL查询语句。

习 题

7-1 在SELECT语句中，下面哪个子句用于选择列表？哪个子句用于按照字段分组？

（1）SELECT子句　　（2）FROM子句

（3）WHERE子句　　（4）ORDER BY子句

7-2 查询数据表中姓“李”的学生信息，下面哪个子句是正确的？

（1）where 姓名 like '李%'　　（2）where 姓名 like '李_'

（3）where 姓名 like '李'　　（4）where 姓名 like '李*'

7-3 “where年龄between 18 and 27”条件语句等价于下面哪个语句？

（1）where年龄>18 and 年龄<27　　（2）where年龄>=18 and 年龄<27

（3）where年龄>18 and 年龄<=27　　（4）where年龄>=18 and 年龄<=27

7-4　查询返回的结果集中使用什么关键字去除重复的记录？

7-5　下面哪些数据类型的字段不能作为GROUP BY子句的分组依据？

（1）text　　（2）ntext

（3）image　　（4）varchar

7-6　使用GROUP BY子句进行分组查询后，再根据指定条件筛选查询结构集，应使用下面哪个子句？

（1）HAVING　　（2）WHERE

（3）GROUP BY　　（4）ORDER BY

7-7　向数据表中插入记录、修改记录及删除记录的T-SQL语句分别是什么？

PART08

第8章

索引与数据完整性

本章要点

索引的建立、删除、分析与维护 ■

数据完整性及实现机制 ■

■ 本章主要介绍索引与数据完整性，包括索引的概念、索引的建立、索引的删除、索引的分析与维护、数据完整性及其实现机制。通过本章的学习，读者应掌握建立和删除索引的方法，能够使用索引优化数据库查询，了解数据完整性。

8.1 索引

索引的概念

8.1.1 索引的概念

数据库索引是对数据表中一个或多个列的值进行排序的结构，它是数据库中一个非常有用的对象，就像一本书的索引一样，数据库索引提供了在表中快速查询特定行的能力。在表中索引的支持下，SQL Server查询优化器可以找出并使用正确的索引来优化对数据的访问。如果没有索引，查询优化器只有一个选择，那就是对表中的数据进行全部扫描以找出要找的数据行。

索引的建立

8.1.2 索引的建立

1. 使用SQL Server Management Studio创建索引

操作步骤如下。

（1）启动SQL Server Management Studio，并连接到SQL Server 2012数据库。

（2）选择指定的数据库“db_2012”，然后展开要创建索引的表，在表的下级菜单中，鼠标右键单击“索引”，在弹出的快捷菜单中选择【新建索引】，然后选择【非聚集索引】命令，如图8-1所示。弹出“新建索引”窗体，如图8-2所示。

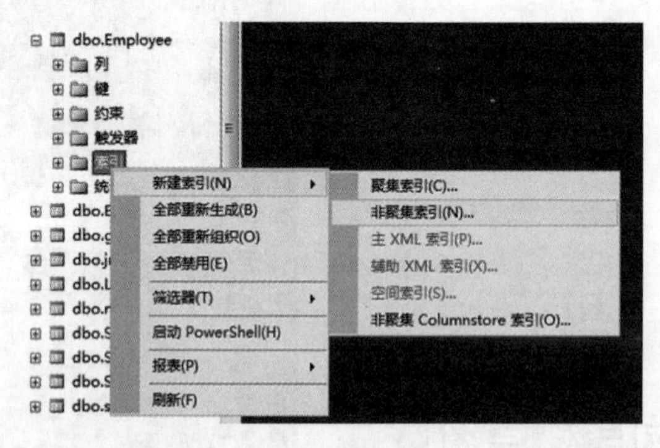

图8-1 选择【非聚集索引】

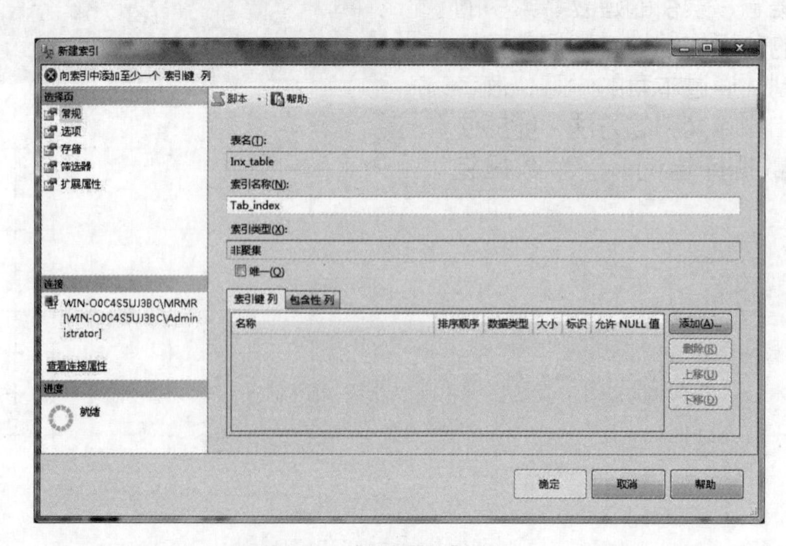

图8-2 “新建索引”窗体

（3）在“新建索引”窗体中单击【添加】按钮，弹出“从表中选择列”窗体，在该窗体中选择要添加到索引键的表列，如图8-3所示。

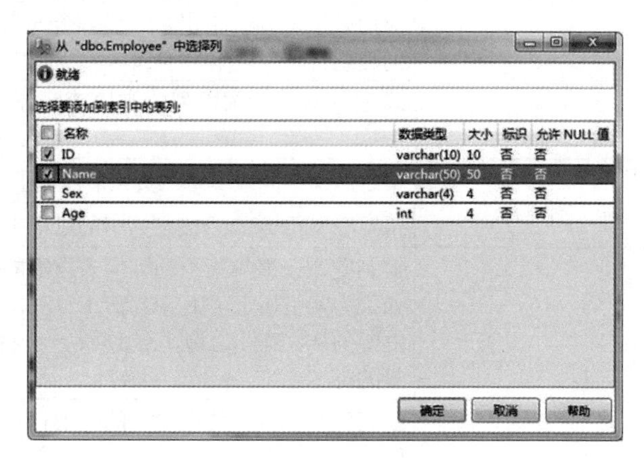

图8-3　选择列窗体

（4）单击【确定】按钮，返回到“新建索引”窗体，在“新建索引”窗体中，单击【确定】按钮，便完成了索引的创建。

2. 使用Transact-SQL语句创建索引

使用CREATE INDEX语句可以为给定表或视图创建一个改变物理顺序的聚集索引，也可以创建一个具有查询功能的非聚集索引。语法如下：

```
CREATE [ UNIQUE ] [ CLUSTERED | NONCLUSTERED ] INDEX index_name
    ON { table | view } ( column [ ASC | DESC ] [ ,...n ] )
[ WITH < index_option > [ ,...n] ]
[ ON filegroup ]
< index_option > : : =
  { PAD_INDEX |
    FILLFACTOR = fillfactor |
    IGNORE_DUP_KEY |
    DROP_EXISTING |
  STATISTICS_NORECOMPUTE |
  SORT_IN_TEMPDB
}
```

CREATE INDEX语句的参数及说明如表8-1所示。

表8-1　CREATE INDEX语句的参数及说明

参　　数	描　　述
[UNIQUE][CLUSTERED|NONCLUSTERED]	指定创建索引的类型，参数依次为唯一索引、聚集索引和非聚集索引。当省略UNIQUE选项时，建立非唯一索引，省略CLUSTERED|NONCLUSTERED选项时，建立聚集索引，省略NONCLUSTERED选项时，建立唯一聚集索引
index_name	索引名。索引名在表或视图中必须唯一，但在数据库中不必唯一。索引名必须遵循标识符规则
table	包含要创建索引的列的表。可以选择指定数据库和表所有者

续表

参　数	描　述
column	应用索引的列。指定两个或多个列名，可为指定列的组合值创建组合索引
[ASC | DESC]	确定具体某个索引列的升序或降序排序方向。默认设置为ASC
PAD_INDEX	指定索引中间级中每个页（节点）上保持开放的空间
FILLFACTOR	指定在SQL Server创建索引的过程中，各索引页的填满程度
IGNORE_DUP_KEY	控制向唯一聚集索引的列插入重复的键值时所发生的情况。如果为索引指定了IGNORE_DUP_KEY，并且执行了创建重复键的INSERT语句，SQL Server将发出警告消息并忽略重复的行
DROP_EXISTING	指定应删除并重建已命名的先前存在的聚集索引或非聚集索引
SORT_IN_TEMPDB	指定用于生成索引的中间排序结果，存储在“tempdb”数据库中
ON filegroup	在给定的文件组上创建指定的索引。该文件组必须已创建

【例8-1】为tb_basicMessage 表创建非聚集索引。SQL语句如下：

```
USE db_supermarket
CREATE  INDEX IX_sup_id
ON tb_basicMessage (id)
```

【例8-2】为student 表的 Sno列创建唯一聚集索引。SQL语句如下：

```
USE db_2012
CREATE UNIQUE CLUSTERED INDEX  IX_stu_Sno1
ON student (Sno)
```

无法对表创建多个聚集索引。

【例8-3】为student表的Sno列创建组合索引，SQL语句如下：

```
USE db_2012
CREATE INDEX IX_stu_Sno2
ON student (Sno,Sname DESC)
```

使用索引虽然可以提高系统的性能，增强数据的检索速度，但它需要占用大量的物理存储空间。建立索引的一般原则如下。

（1）只有表的所有者可以在同一个表中创建索引。

（2）每个表中只能创建一个聚集索引。

（3）每个表中最多可以创建249个非聚集索引。

（4）在经常查询的字段上建立索引。

（5）定义text、image和bit数据类型的列上不要建立索引。

（6）在外键列上可以建立索引。

（7）主键列上一定要建立索引。

（8）在那些重复值比较多、查询较少的列上不要建立索引。

8.1.3 索引的删除

删除不再需要的索引，可以回收索引当前使用的磁盘空间，避免不必要的浪费。下面分别介绍使用SQL Server Management Studio和SQL语句删除索引的方法。

索引的删除

1. 使用图形界面删除索引

使用SQL Server Management Studio删除索引非常简单，只需在SQL Server Management Studio中使用鼠标右键单击想要删除的索引，在弹出的快捷菜单中选择【删除】命令，即可删除该索引，如图8-4所示。

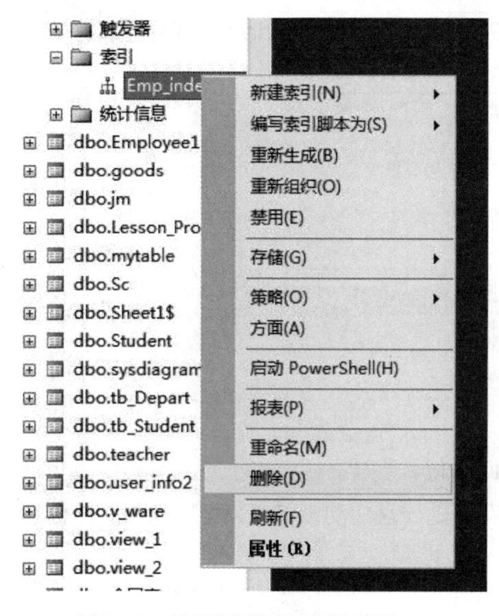

图8-4 使用图形界面删除索引

注意：删除视图或表时，将自动删除为视图或表创建的索引。

2. 使用Transact-SQL语句删除索引

使用Transact-SQL语句中的DROP INDEX命令可删除索引，其语法结构如下：

```
DROP INDEX <table_name>.<index_name>
```

参数说明如下。

- table_name：要删除索引的表的名称。
- index_name：要删除的索引的名称。

【例8-4】删除tb_basicMessage表的索引。代码如下：

```
USE db_supermarket
--判断表中是否有要删除的索引
If EXISTS(Select * from sysindexes where name=' IX_sup_id ')
 Drop Index tb_basicMessage.IX_sup_id
```

8.1.4 索引的分析与维护

索引的分析与维护

1. 索引的分析

（1）使用SHOWPLAN语句。

显示查询语句的执行信息，包含查询过程中连接表时所采取的每个步骤以及选择哪个索引。语法：

```
SET SHOWPLAN_ALL { ON | OFF }
SET SHOWPLAN_TEXT { ON | OFF }
```

参数说明如下。

- ON：显示查询执行信息。
- OFF：不显示查询执行信息（系统默认）。

【例8-5】 在“db_2012”数据库中的“student”表中查询所有性别为男且年龄大于23岁的学生信息，SQL语句如下。

```
USE db_2012
GO
SET SHOWPLAN_ALL ON
GO
SELECT Sname,Sex,Sage FROM student WHERE Sex='男' AND Sage>23
GO
SET SHOWPLAN_ALL OFF
GO
```

（2）使用STATISTICS IO语句。

显示执行数据检索语句所花费的磁盘活动量信息，可以利用这些信息来确定是否重新设计索引。

语法：

```
SET STATISTICS IO  {ON|OFF}
```

参数说明如下。

- ON：显示信息。
- OFF：不显示信息（系统默认）。

【例8-6】 在“db_2012”数据库中的“student”表中查询所有性别为男且年龄大于20岁的学生信息，并显示查询处理过程在磁盘活动的统计信息，SQL语句如下。

```
USE db_2012
GO
SET STATISTICS IO ON
GO
SELECT Sname,Sex,Sage FROM student WHERE Sex='男' AND Sage>20
GO
SET STATISTICS IO OFF;
GO
```

2. 索引的维护

（1）使用DBCC SHOWCONTIG语句。

使用此语句可显示指定表的数据和索引的碎片信息。当对表进行大量的修改或添加数据后，应该执行此语句来查看有无碎片。

语法：

```
DBCC SHOWCONTIG [{ table_name | table_id | view_name | view_id },
        index_name | index_id ] ) ]
```

参数说明如下。

- ❑ table_name | table_id | view_name | view_id：是要对其碎片信息进行检查的表或视图。如果未指定任何名称，则对当前数据库中的所有表和索引视图进行检查。当执行此语句时，可以重点看其扫描密度，其理想值为100%，如果小于这个值，则表示表上已有碎片。如果表中有索引碎片，可以使用该语句。
- ❑ index_name | index_id：是要对其碎片信息进行检查的索引。如果未指定，则该语句对指定表或视图的基索引进行处理。
- ❑ FAST：指定是否要对索引执行快速扫描和输出最少信息。快速扫描不读取索引的叶或数据级页。

【例8-7】显示“db_2012”数据库中“student”表的碎片信息，SQL语句及运行结果如图8-5所示。

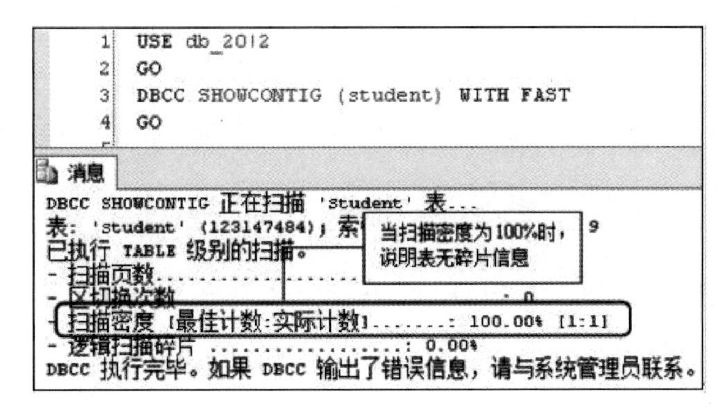

图8-5　Student表的碎片信息

当扫描密度为100%时，说明表无碎片信息。

（2）使用DBCC DBREINDEX语句。

使用此语句可重建指定数据库中表的一个或多个索引。

语法：

```
DBCC DBREINDEX
    (   [ 'database.owner.table_name'
        [ , index_name
            [ , fillfactor ]
        ]
        ]
    )   [ WITH NO_INFOMSGS ]
```

参数说明如下。

- ❑ database.owner.table_name：是重新建立索引的表名。数据库、所有者和表名必须符合标识符的规则。如果提供database（数据库名）或owner（所有者）部分，则必须使用单引号（'）将整个

database.owner.table_name括起来。如果只指定table_name，则不需要单引号。

- index_name：是要重建的索引名。索引名必须符合标识符的规则。如果未指定index_name或指定为空（''），就要对表的所有索引进行重建。
- Fillfactor：是创建索引时每个索引页上要用于存储数据的空间百分比。fillfactor替换起始填充因子以作为索引或任何其他重建的非聚集索引（因为已重建聚集索引）的新默认值。如果fillfactor为0，DBCC DBREINDEX在创建索引时将使用指定的起始fillfactor。
- WITH NO_INFOMSGS：禁止显示所有信息性消息（级别为0~10）。

【例8-8】使用填充因子100重建“db_2012”数据库中“student”表上的“MR_Stu_Sno”聚集索引。代码如下：

```
USE db_2012
GO
DBCC DBREINDEX('db_2012.dbo.student',MR_Stu_Sno, 100)
GO
```

（3）使用DBCC INDEXDEFRAG语句。

使用此语句可整理指定的表或视图的聚集索引和辅助索引碎片。

语法：

```
DBCC INDEXDEFRAG
    ( { database_name | database_id | 0 }
      , { table_name | table_id | 'view_name' | view_id }
      , { index_name | index_id }
    )  [ WITH NO_INFOMSGS ]
```

参数说明如下。

- database_name | database_id | 0：是对其索引进行碎片整理的数据库。如果指定为0，则使用当前数据库。
- table_name | table_id | ‘view_name’ | view_id：是对其索引进行碎片整理的表或视图。
- index_name | index_id：是要进行碎片整理的索引。
- WITH NO_INFOMSGS：禁止显示所有信息性消息（级别为0~10）。

【例8-9】清除数据库“db_2012”数据库中“student”表的“MR_Stu_Sno”索引上的碎片，SQL语句如下：

```
USE db_2012
GO
DBCC INDEXDEFRAG (db_2012,student,MR_Stu_Sno)
GO
```

8.2 数据完整性

8.2.1 数据完整性概述

数据完整性概述

数据完整性是SQL Server用于保证数据库中数据一致性的一种机制，防止非法数据存入数据库。数据完整性主要体现在以下几点。

（1）数据类型准确无误。

（2）数据取值符合规定的范围。

（3）多个数据表之间的数据不存在冲突。

下面介绍SQL Server提供的4种数据完整性机制。

1. 实体完整性

现实世界中，任何一个实体都有区别于其他实体的特征，这种特性即是实体的完整性。在SQL Server数据库中，实体完整性是指所有的记录都应该有一个唯一的标识，以确保数据表中数据的唯一性。

如果将数据库中数据表的第一行看作一个实体，可以通过以下几项实现实体完整性。

（1）唯一索引（Unique Index）。

（2）主键（Primary Key）。

（3）唯一码（Unique Key）。

（4）标识列（Identity Column）。

其中，最简单的做法是在表中定义表的主键来实现实体的完整性，主键用来唯一地标识表中的每一条数据。主键可以是一列也可以是多列组成的联合主键。但是主键不允许为空。

在db_2012数据库中有个student表，表中的Sno这一列就可以作为该表的主键。如果为了唯一区分一个班级，就可以为每一个班级设置一个ID作为主键。另外也可以使用毕业年份和班级号作为联合主键。例如，2012年9班便可以唯一地标识一个班级。

主键使用一个金色钥匙符号标识，如图8-6所示的就是db_2012数据库中student表，通过图中的金色钥匙图案和括号中的PK字符，便可以看出列Sno是主键列。

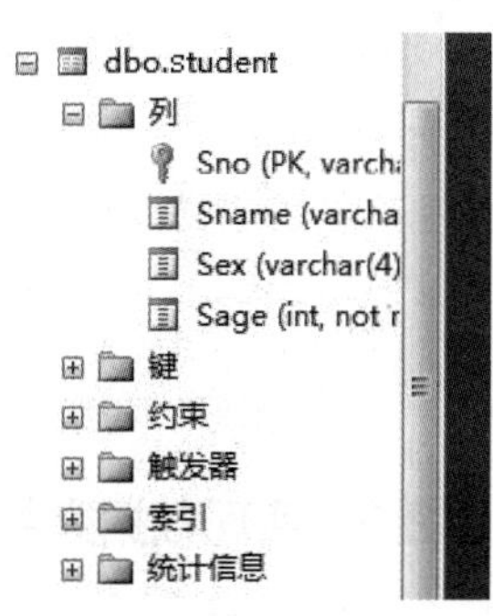

图8-6 显示主键

除了使用表中的某一列作为主键列外，SQL Server还提供了IDENTITY标识列作为表的主键。标识列在表中添加新行时，数据库引擎将为该列提供一个唯一的增量值。标识列通常与PRIMARY KEY约束一起用作表的唯一行标识符。在每个表中，只能创建一个标识列，不能对标识列使用绑定默认值和DEFAULT约束，必须同时指定种子和增量，或者两者都不指定。如果二者均未指定，那么默认值是(1,1)。

种子是向表中插入第一行数据时标识列自动生成的初始值。增量是在新插入一行数据时，标识列将在上一次生成的值上面增加一个增量值作为新的标识列值。

标识列是一直增长的，如果增量是负数，那么就是负向增长，与表中的实际数据量没有关系。在标识列为(1,1)时，如果插入了10行数据，然后又把这10行数据全部删除，当再次向表中插入数据时，标识列的值是11而不是1。

2. 域完整性

域是指数据表中的列（字段），域完整性就是指列的完整性。它要求数据表中指定列的数据具有正确的数据类型、格式和有效的数据范围。

域完整性常见的实现机制包括以下几点。

（1）默认值（Default）：在插入数据时如果没有指定该列，那么系统会自动将该列的值设置为默认值。比如，在设置性别的时候，性别的类型一般使用BIT，用0表示女，1表示男。

（2）检查（Check）：用来限制列中的值的范围。比如，对student表中Sage这一列建立CHECK约束：Sage>0 and Sage <100，这样就避免了错误情况的发生。

（3）是否为NULL：对于表中的列，必须指定是否允许使用空值，如果不允许为空值，那么这个列必须输入值。比如，student表中Sname，Sex，Sage等列不允许为空。

（4）数据类型（Data Type）：对于实体的每一个属性都应该确定一种数据类型。比如，student表中的Sage这一列就应该使用int类型。

（5）唯一（UNIQUE）：用于强制实施列的唯一性。但是与主键不同的是UNIQUE约束允许使用NULL值列，而且在一个表中可以建立多个UNIQUE约束。

3. 引用完整性

引用完整性又称参照完整性，通过主键（Primary Key）约束和外键（FOREIGN KEY）约束来实现被参照表和参照表之间的数据一致性。引用完整性可以确保键值在所有表中保持一致，如果键值更改了，在整个数据库中，对该键值的所有引用要进行一致的更改。

强制引用完整性时，SQL Server禁止用户进行下列操作。

（1）当主表中没有关联的记录时，将记录添加到相关表中。

（2）更改主表中的值并导致相关表中的记录孤立。

（3）从主表中删除记录，但仍存在与该记录匹配的相关记录。

4. 用户定义完整性

用户定义完整性是用户希望定义的除实体完整性、域完整性和参照完整性之外的数据完整性。它反映某一具体应用所涉及的数据必须满足的语义要求。SQL Server提供了定义和检验这类完整性的机制。

（1）规则（Rule）。

（2）触发器（Trigger）。

（3）存储过程（Stored Procedure）。

（4）创建数据表时的所有约束（Constraint）。

8.2.2 实现数据完整性

SQL Server 2012提供了完善的数据完整性机制，主要包括规则、默认和约束。下面分别对其进行介绍。

实现数据完整性

1. 规则

规则是对录入数据列中的数据所实施的完整性约束条件，它指定了插入到数据列中的可能值。其特点主要体现在以下几点。

（1）规则是SQL Server 2012数据库中独立于表、视图和索引的数据对象，删除表不会删除规则。

（2）一个列上可以使用多个规则。

2. 默认值

如果在插入行时没有指定列的值，那么将指定列中所使用的值为默认值。默认值可以是任何取值为常量的对象，如内置函数和数学表达式等。通过以下两种方法可以设定默认值。

（1）在CREATE TABLE中使用DEFAULT关键字创建默认定义，将常量表达式指派为列的默认值，这是标准方法。

（2）使用CREATE DEFAULT语句创建默认对象，然后使用sp_bindefault系统存储过程将它绑定到列上，这是一个向前兼容的功能。

3. 约束

约束是用来定义SQL Server 2012自动强制数据库完整性的方式，使用约束优先于使用触发器、规则和默认值。SQL Server 2012中共有以下6种约束。

（1）非空（NOT NULL）：使用户必须在表的指定列中输入一个值。每个表中可以有多个非空约束。

（2）主键（Primary key）：建立一列或多列的组合以唯一标识表中的每一行。主键可以保证实体完整性，一个表只能有一个主键，同时主键中的列不能接受空值。

（3）唯一（Unique）：使用户的应用程序必须向列中输入一个唯一的值，值不能重复，但可以为空。

（4）检查（Check）：用来指定一个布尔操作，限制输入到表中的值。

（5）默认（Default）：在创建或修改表时可通过定义默认约束DEFAULT来创建默认值。

（6）外键（Foreign key）：外键是用于建立和加强两个表数据之间的链接的一列或多列。当一个表中作为主键的一列被添加到另一个表中时，链接就建立了，主要目的是控制存储在外键表中的数据。

8.2.3 使用约束

1. 非空约束

使用约束

列的为空性决定表中的行是否可为该列包含空值。空值（或NULL）不同于零（0）、空白或长度为零的字符串（如""）。NULL 的意思是没有输入。出现NULL通常表示值未知或未定义。

（1）创建非空约束。

以界面方式创建非空约束的操作步骤如下。

① 启动SQL Server Management Studio，并连接到SQL Server 2012中的数据库。

② 在“对象资源管理器”中展开“数据库”节点，展开指定的数据库“db_2012”。

③ 鼠标右键单击要创建约束的表，在弹出的快捷菜单中选择【设计】命令，如图8-7所示。

④ 在设计表窗体中选中数据表中的“允许Null值”列，可以将指定的数据列设置为允许空或不允许空，将复选框选中便将该列设置为允许空。或者在列属性中在“允许Null值”的下拉列表中选择【是】或【否】，选择【是】便将该列设置为允许空，如图8-8所示。

图8-7 选择【设计】命令

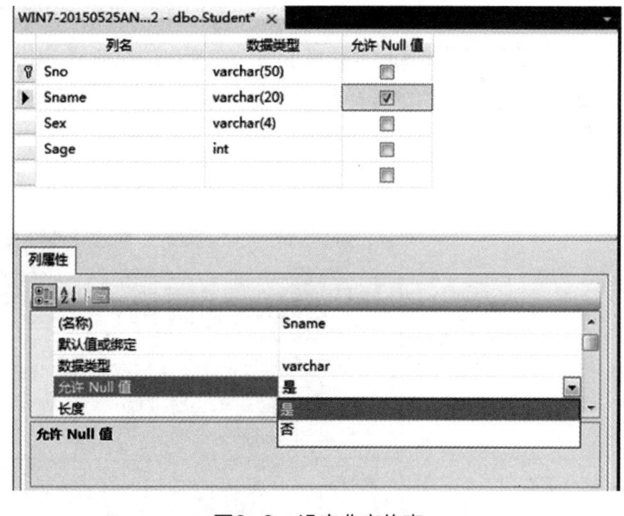

图8-8 设定非空约束

可以在用CREATE TABLE创建表时，使用NOT NULL关键字指定非空约束，其语法格式如下：

```
[CONSTRAINT <约束名>] NOT NULL
```

在例8-1中，通过使用NOT NULL关键字指定ID字段不允许空。

（2）修改非空约束。

修改非空约束的语法如下：

```
ALTER TABLE table_name
alter column column_name column_type null | not null
```

参数说明如下。

- table_name：要修改非空约束的表名称。
- column_name：要修改非空约束的列名称。
- column_type：要修改非空约束的类型。
- null | not null：修改为空或者非空。

【例8-10】修改tb_student表中的非空约束，SQL语句如下。

```
USE db_2012
ALTER TABLE tb_student
alter column ID int  null
```

（3）删除非空约束。

若要删除非空约束，将“允许Null值”复选框的选中状态取消即可。或者将“列属性”中的“允许Null值”设置为【否】，单击按钮，将修改后的表保存。

2. 主键约束

可以通过定义 PRIMARY KEY 约束来创建主键，用于强制表的实体完整性。一个表只能有一个 PRIMARY KEY 约束，并且 PRIMARY KEY 约束中的列不能接受空值。由于 PRIMARY KEY 约束可保证数据的唯一性，因此经常对标识列定义这种约束。

（1）创建主键约束。

① 在创建表时创建主键约束。

以界面方式创建主键约束的操作步骤如下。

- 启动SQL Server Management Studio，并连接到SQL Server 2012中的数据库。
- 在“对象资源管理器”中展开“数据库”节点，展开指定的数据库“db_2012”。
- 鼠标右键单击要创建约束的表，在弹出的快捷菜单中选择【设计】命令。
- 在弹出的窗体中选择要设置为主键的列，可以通过快捷工具栏中的按钮进行单一设定，还可以将列选择多个，并通过单击鼠标右键选择【设置主键】命令将一个或多个列设置为主键，如图8-9所示。

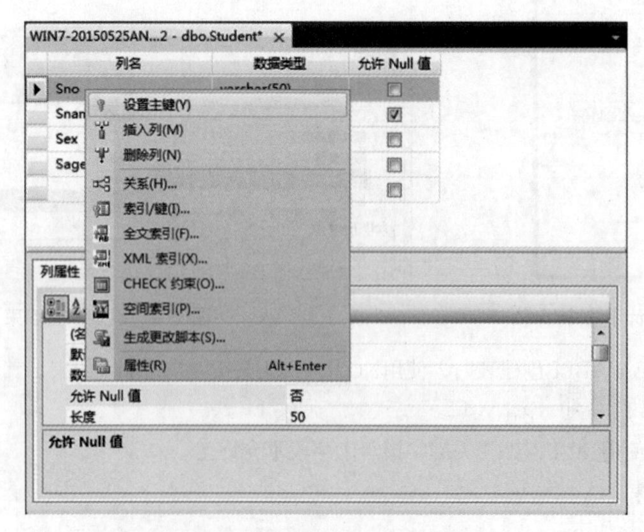

图8-9 将多个列设置为主键

- 设置完成后，单击快键工具栏中的按钮保存主键设置，并关闭此窗体。

将某列设置为主键时，不可以将此列设置为允许空，否则将弹出如图8-10所示的信息框。也不允许有重复的值。

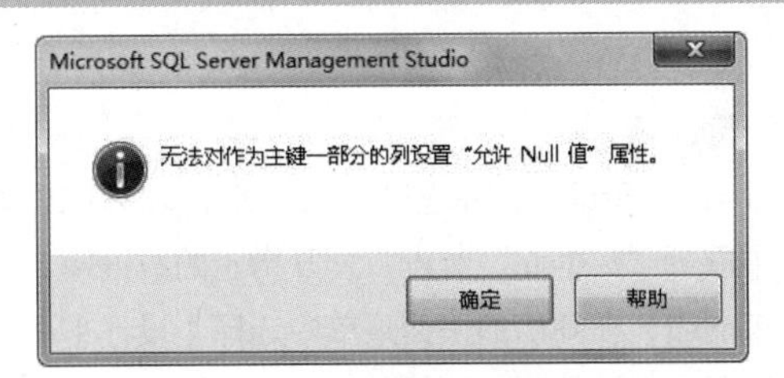

图8-10　主键设置错误提示对话框

【例8-11】创建数据表Employee，并将字段ID设置为主键约束，SQL语句如下。

```
USE db_2012
CREATE TABLE [dbo].[Employee](
 [ID] [int] CONSTRAINT PK_ID PRIMARY KEY,
 [Name] [char](50),
 [Sex] [char](2),
 [Age] [int]
)
```

在上述的语句中，"CONSTRAINT PK_ID PRIMARY KEY"为创建一个主键约束，PK_ID为用户自定义的主键约束名称，主键约束名称必须是合法的标识符。

② 在现有表中创建主键约束。

以SQL语句方式创建主键约束的语法如下：

```
ALTER TABLE table_name
ADD
CONSTRAINT constraint_name
PRIMARY KEY [CLUSTERED | NONCLUSTERED]
{(Column[,…n])}
```

参数说明如下。

- CONSTRAINT：创建约束的关键字。
- constraint_name：创建约束的名称。
- PRIMARY KEY：表示所创建约束的类型为主键约束。
- CLUSTERED | NONCLUSTERED：表示为PRIMARY KEY或UNIQUE约束创建聚集或非聚集索引的关键字。PRIMARY KEY约束默认为CLUSTERED，UNIQUE约束默认为NONCLUSTERED。

【例8-12】将tb_student表中的ID字段指定设置主键约束，SQL语句如下。

```
USE db_2012
ALTER TABLE tb_student
```

```
ADD CONSTRAINT PRM_ID  PRIMARY KEY (ID)
```

（2）修改主键约束。

若要修改PRIMARY KEY 约束，必须先删除现有的 PRIMARY KEY 约束，然后用新定义重新创建该约束。

（3）删除主键约束。

在界面中删除主键约束的步骤如下。

① 启动SQL Server Management Studio，并连接到SQL Server 2012中的数据库。

② 在“对象资源管理器”中展开“数据库”节点，展开指定的数据库“db_2012”。

③ 鼠标右键单击要创建约束的表，在弹出的快捷菜单中选择【设计】命令。

④ 在弹出的窗体中选择要设置为主键的列，然后单击鼠标右键，选择【删除主键】，如图8-11所示。

图8-11　删除主键

使用SQL语句删除主键约束的语法如下：

```
ALTER TABLE table_name
DROP CONSTRAINT constraint_name[,…n]
```

【例8-13】删除tb_student表中的主键约束。SQL语句如下：

```
USE db_2012
ALTER TABLE tb_student
DROP CONSTRAINT PRM_ID
```

3. 唯一约束

唯一约束UNIQUE用于强制实施列集中值的唯一性。根据 UNIQUE 约束，表中的任何两行都不能有相同的列值。另外，主键也强制实施唯一性，但主键不允许 NULL 作为一个唯一值。

（1）创建唯一约束。

① 以界面方式创建唯一约束的操作步骤如下。

- 启动SQL Server Management Studio，并连接到SQL Server 2012中的数据库。
- 在“对象资源管理器”中展开“数据库”节点，展开指定的数据库“db_2012”。
- 在“人员信息表”上单击鼠标右键，在弹出的快捷菜单中选择【设计】命令。
- 右键单击该表中的“联系电话”这一列，在弹出的快捷菜单中选择【索引/键】命令，如图8-12所示，或者在工具栏中单击按钮，弹出“索引/键”窗体，如图8-13所示。

图8-12　选择【索引/键】

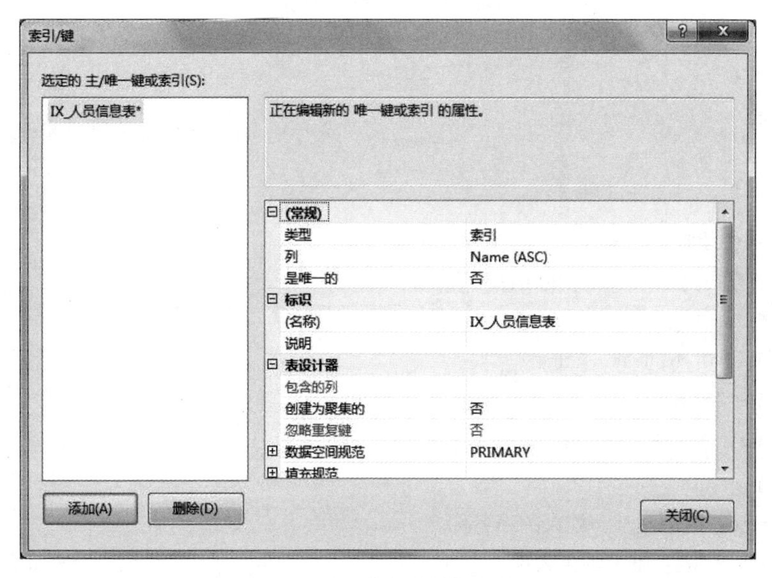

图8-13　“索引/键”窗体

- 在该窗体中选择“列”，并单击后面的 ▭ 按钮，选择要设置唯一约束的列，在此图中选择的是“联系电话”列，并设置该列的排列顺序。
- 在“是唯一的”下拉列表中选择【是】，就可以将选择的列设置为唯一约束。
- 在“（名称）”文本框中输入该约束的名称，设置完成后单击【关闭】按钮即可。设置后的结果如图8-14所示。

② 在创建表时创建唯一约束。

【例8-14】 在db_2012数据库中创建数据表Employee，并将字段ID设置为唯一约束，SQL语句如下。

```
USE db_2012
CREATE TABLE [dbo].[Employee](
 [ID] [int] CONSTRAINT UQ_ID UNIQUE,
```

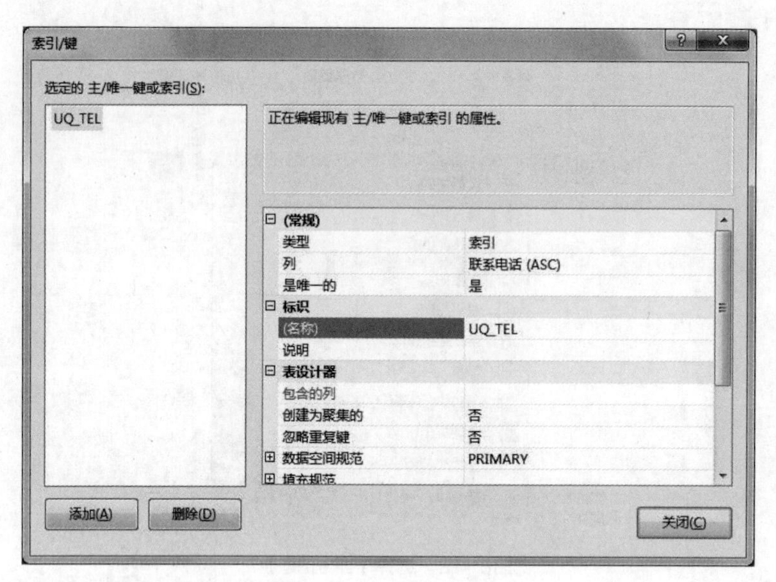

图8-14　创建唯一约束

```
 [Name] [char](50),
 [Sex] [char](2),
 [Age] [int]
)
```

③ 在现有表中创建唯一约束。

以SQL语句的方式创建唯一约束的语法如下：

```
ALTER TABLE table_name
ADD CONSTRAINT constraint_name
UNIQUE [CLUSTERED | NONCLUSTERED]
{(column [,…n])}
```

参数说明如下。

❑ table_name：要创建唯一约束的表名称。

❑ constraint_name：唯一约束名称。

❑ column：要创建唯一约束的列名称。

【例8-15】将Employee表中的ID字段指定设置为唯一约束。SQL语句如下：

```
USE db_2012
ALTER TABLE Employee
ADD CONSTRAINT Unique_ID
UNIQUE(ID)
```

（2）修改唯一约束。

若要修改UNIQUE约束，必须首先删除现有的UNIQUE约束，然后用新定义重新创建。

（3）删除唯一约束。

① 以界面的方式删除唯一约束的步骤如下。

如果想修改唯一约束，可重新设置图8-14所示的信息，如：重新选择列、重新设置唯一约束的名称等，然后单击【关闭】按钮，将该窗体关闭，最后再单击按钮，将修改后的表保存。

② 以SQL语句的方式删除唯一约束的语法如下。

```
ALTER TABLE table_name
DROP CONSTRAINT constraint_name[,…n]
```

【例8-16】删除Employee表中的唯一约束。SQL语句如下：

```
USE db_2012
ALTER TABLE Employee
DROP CONSTRAINT Unique_ID
```

4. 检查约束

检查约束CHECK可以强制域的完整性。CHECK约束类似于FOREIGN KEY约束，可以控制放入列中的值。但是，它们在确定有效值的方式上有所不同：FOREIGN KEY约束从其他表获得有效值列表，而CHECK约束通过不基于其他列中的数据的逻辑表达式确定有效值。

（1）创建检查约束。

① 以界面的方式创建检查约束的操作步骤如下。

- 启动SQL Server Management Studio，并连接到SQL Server 2012中的数据库。
- 在“对象资源管理器”中展开“数据库”节点，展开指定的数据库“db_2012”。
- 鼠标右键单击要创建约束的表，在弹出的快捷菜单中选择【设计】命令。
- 右键单击该表中的某一列，在弹出的快捷菜单中选择【CHECK约束】命令，如图8-15所示。在弹出的窗体中设置约束的表达式，例如输入“[sex]='女' OR [sex]='男'”，表示性别只能是女或男。如图8-16所示。

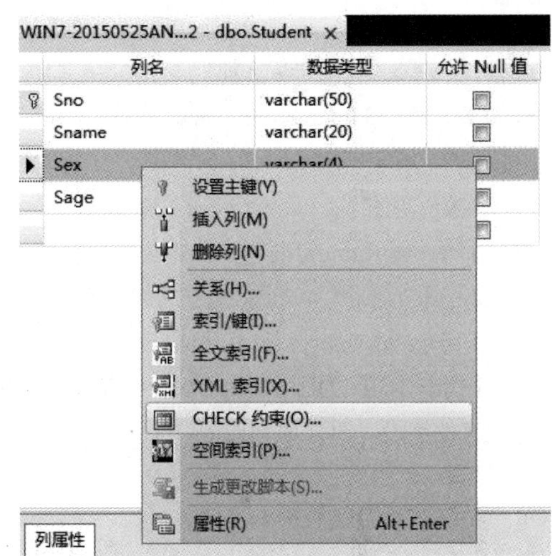

图8-15　选择【CHECK约束】

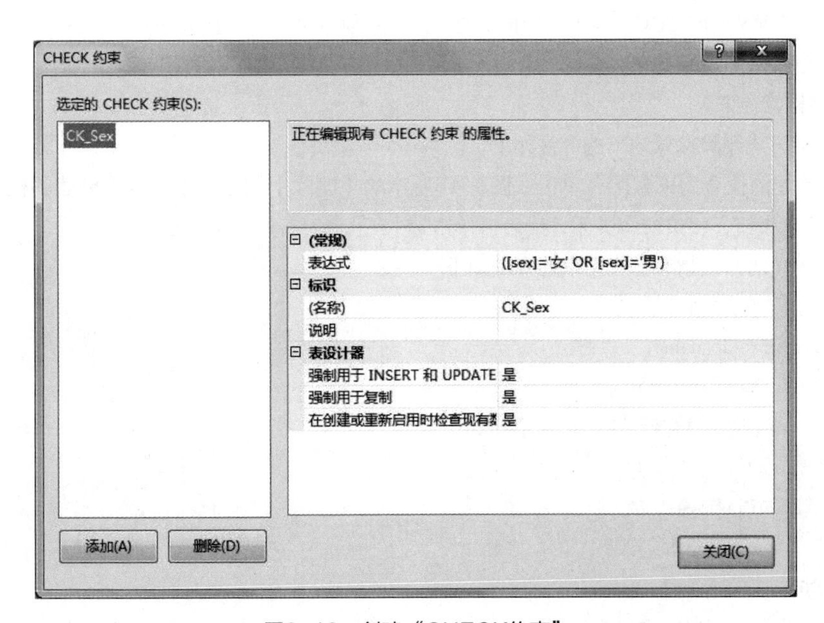

图8-16　创建“CHECK约束”

② 在创建表时创建检查约束。

【例8-17】 创建数据表Employee，并为字段Sex设置检查约束，在输入性别字段时，只能接受“男”或者“女”，而不能接受其他数据。SQL语句如下：

```
USE db_2012
CREATE TABLE [dbo].[Employee](
 [ID] [int],
 [Name] [char](50),
 [Sex] [char](2) CONSTRAINT CK_Sex Check(sex in('男','女')),
 [Age] [int]
)
```

③ 在现有表中创建检查约束。

以SQL语句方式创建检查约束的语法如下：

```
ALTER TABLE table_name
ADD CONSTRAINT constraint_name
CHECK (logical_expression)
```

参数说明如下。

- table_name：要创建检查约束的表名称。
- constraint_name：检查约束名称。
- logical_expression：要检查约束的条件表达式。

【例8-18】 为Employee表中的Sex字段设置检查约束，在输入性别的时候只能接受“女”，不能接受其他字段。SQL语句如下：

```
USE db_2012
ALTER TABLE [Employee]
ADD CONSTRAINT Check_Sex Check(sex='女')
```

（2）修改检查约束。

若要修改表中某列的CHECK约束使用的表达式，必须首先删除现有的CHECK约束，然后使用新定义重新创建，才能修改CHECK约束。

（3）删除检查约束。

① 以界面的方式删除检查约束的方法如下。

如果想将创建的检查约束删除，单击如图8-16所示的【删除】按钮，就可以将创建的检查约束删除，然后单击【关闭】按钮，将该窗体关闭，最后再单击按钮，将修改后的表保存。

② 以SQL语句的方式删除检查约束的方法如下。

删除检查约束的语法如下：

```
ALTER TABLE table_name
DROP CONSTRAINT constraint_name[,…n]
```

删除Employee表中的检查约束，SQL语句如下：

```
USE db_2012
ALTER TABLE Employee
DROP CONSTRAINT Check_Sex
```

5. 默认约束

在创建或修改表时可通过定义默认约束DEFAULT来创建默认值。默认值可以是计算结果为常量的任何值，例如常量、内置函数或数学表达式。这将为每一列分配一个常量表达式作为默认值。

（1）创建默认约束。

① 以界面的方式创建默认约束的操作步骤如下。

- 启动SQL Server Management Studio，并连接到SQL Server 2012中的数据库。
- 在“对象资源管理器”中展开“数据库”节点，展开指定的数据库“db_2012”。
- 在“student”表上单击鼠标右键，在弹出的快捷菜单中选择【设计】命令。
- 选择该表中“Sex”这一列，在下面的列属性中选择“默认值或绑定”，在其后面的文本框中输入要设置约束的值，例如输入“男”，表示该列的默认性别为男，如图8-17所示。

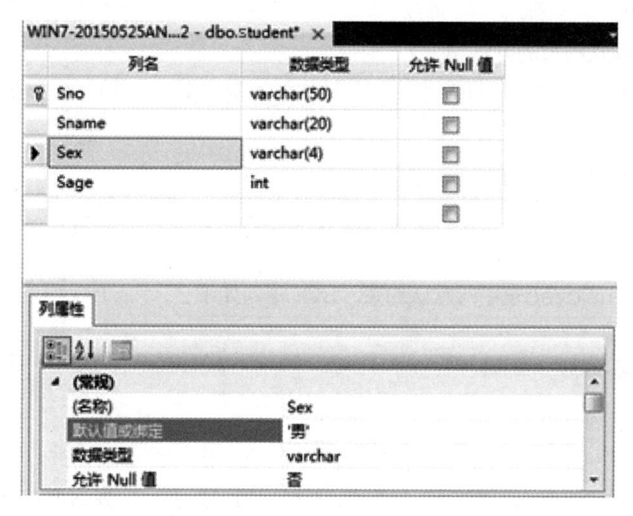

图8-17　创建默认约束

- 最后单击保存按钮，就可以将设置完默认约束的表保存。

② 在创建表时创建默认约束。

【例8-19】创建数据表Employee，并为字段Sex设置默认约束“女”。SQL语句如下：

```
USE db_2012
CREATE TABLE [dbo].[Employee](
 [ID] [int],
 [Name] [char](50) ,
 [Sex] [char](2) CONSTRAINT Def_Sex Default '女',
 [Age] [int]
)
```

③ 在现有表中创建默认约束。

以SQL语句的方式创建默认约束的语法如下：

```
ALTER TABLE table_name
ADD CONSTRAINT constraint_name
DEFAULT constant_expression [FOR column_name]
```

参数说明如下。

- table_name：要创建默认约束的表名称。
- constraint_name：默认约束名称。

❑ constant_expression：默认值。

【例8-20】为Employee表中的Sex字段设置默认约束“男”。SQL语句如下：

```
ALTER TABLE [Employee]
ADD CONSTRAINT Default_Sex
DEFAULT '男' FOR Sex
```

（2）修改默认约束。

要修改表中某列的Default约束使用的表达式，必须首先删除现有的Default约束，然后使用新定义重新创建，才能修改 Default 约束。

（3）删除默认约束。

以界面的方式删除默认约束的方法如下。

如果想删除默认约束，将“列属性”中的“默认值或绑定”文本框中的内容清空即可，最后再单击▣按钮，将修改后的表保存。

以SQL语句的方式删除检查约束的语法如下：

```
ALTER TABLE table_name
DROP CONSTRAINT constraint_name[,…n]
```

【例8-21】删除Employee表中的默认约束，SQL语句如下。

```
USE db_2012
ALTER TABLE Employee
DROP CONSTRAINT Default_Sex
```

6. 外键约束

通过定义FOREIGN KEY约束可以创建外键。在外键引用中，当一个表的列被引用作为另一个表的主键值的列时，就在两表之间创建了链接。这个列就成为第2个表的外键。

（1）创建外键约束。

① 以界面的方式创建外键约束的操作步骤如下。

❑ 启动SQL Server Management Studio，并连接到SQL Server 2012中的数据库。
❑ 在“对象资源管理器”中展开“数据库”节点，展开指定的数据库“db_2012”。
❑ 在“EMP”表上单击鼠标右键，在弹出的快捷菜单中选择【设计】命令。
❑ 鼠标右键单击该表中的某一列，在弹出的快捷菜单中选择【关系】，或者在工具栏中单击▣按钮，弹出“外键关系”窗体，单击该窗体中的【添加】按钮，添加要选中的关系，如图8-18所示。

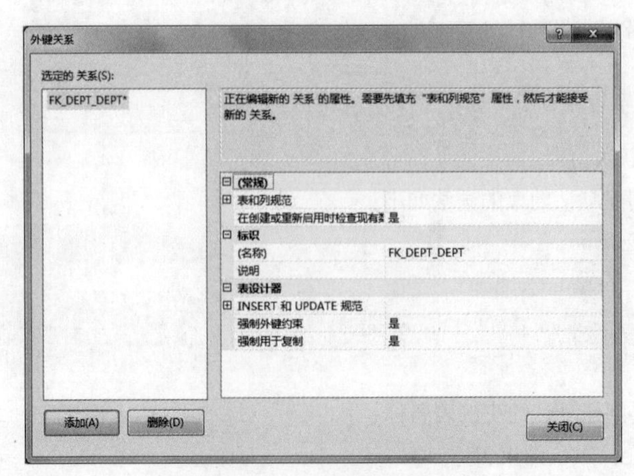

图8-18 “外键关系”窗体

- 在“外键关系”窗体中，选择 “表和列规范”文本框中的 按钮，选择要创建外键约束的主键表和外键表，如图8-19所示。

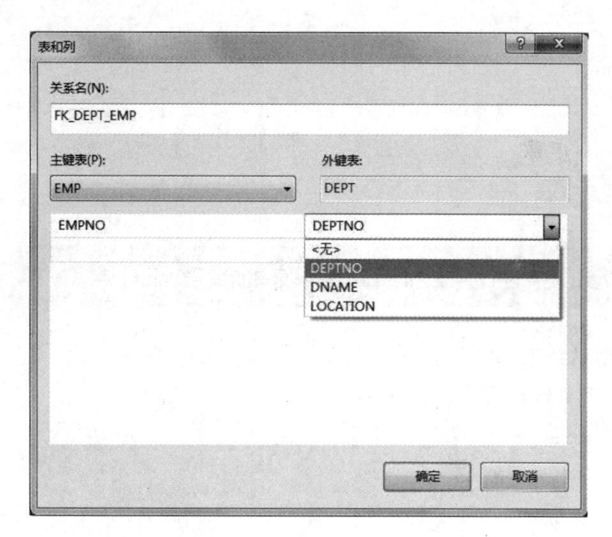

图8-19 “表和列”窗体

- 在“表和列”窗体中，设置关系的名称，然后选择外键要参照的主键表及使用的字段。最后单击【确定】按钮，回到“外键关系”窗体中，如图8-20所示。

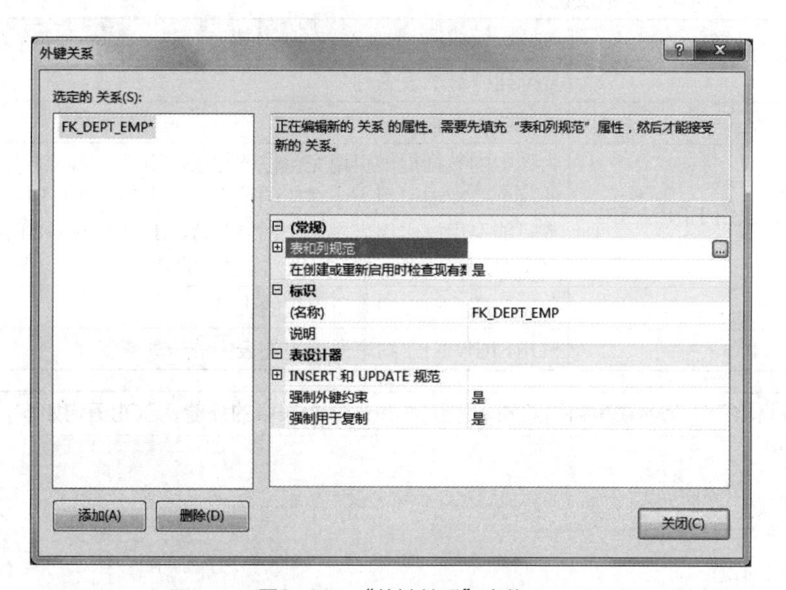

图8-20 “外键关系”窗体

- 单击【关闭】按钮，将该窗体关闭，最后再单击 按钮，将设置约束后的表保存。

② 在创建表时创建外键约束。

【例8-22】 创建表Laborage，并为Laborage表创建外键约束，该约束把Laborage中的编号（ID）字段和表Employee中的编号（ID）字段关联起来，实现Laboratory中的编号（ID）字段的取值要参照表Employee中编号（ID）字段的数据值。SQL语句如下：

```
use db_2012
CREATE TABLE Laborage
```

```
(
 ID INT,
 Wage MONEY,
 CONSTRAINT FKEY_ID
 FOREIGN KEY (ID)
REFERENCES Employee(ID)
)
```

FOREIGN KEY (ID)中的ID字段为Laborage表中的编号（ID）字段。

③ 在现有表中创建默认约束。

用SQL语句的方式创建外键约束的语法如下：

```
ALTER TABLE table_name
ADD CONSTRAINT constraint_name
[FOREIGN KEY]{(column_name[,…n])}
 REFERENCES ref_table[(ref_column_name[,…n])]
```

创建外键约束语句的参数及说明如表8-2所示。

表8-2 创建外键约束语句的参数及说明

参 数	描 述
table_name	要创建外键的表名称
constraint_name	外键约束名称
FOREIGN KEY...REFERENCES	为列中的数据提供引用完整性的约束。FOREIGN KEY约束要求列中的每个值在被引用表中对应的被引用列中都存在。FOREIGN KEY约束只能引用被引用表中为 PRIMARY KEY或UNIQUE约束的列，或被引用表中在UNIQUE INDEX内引用的列
ref_table	FOREIGN KEY约束所引用的表名
(ref_column[,...n])	FOREIGN KEY约束所引用的表中的一列或多列

【例8-23】将Employee表中的ID字段设置为Laborage表中的外键。SQL语句如下：

```
use db_2012
ALTER TABLE Laborage
ADD CONSTRAINT Fkey_ID
FOREIGN KEY (ID)
REFERENCES Employee(ID)
```

（2）修改外键约束。

修改表中某列的FOREIGN KEY约束。必须首先删除现有的FOREIGN KEY 约束，然后使用新定义重新创建，才能修改FOREIGN KEY 约束。

（3）删除默认约束。

如果想修改外键约束，可重新设置图8-20中的信息，如：重新选择外键要参照的主键表及使用的字段、重新设置外键约束的名称等，然后单击【关闭】按钮，将该窗体关闭，最后再单击▣按钮，将修改后的表保存。或者使用SQL语句删除外键约束。

删除外键约束的语法如下：

```
ALTER TABLE table_name
DROP CONSTRAINT constraint_name[,…n]
```

【例8-24】删除Employee表中的默认约束。SQL语句如下：

```
use db_2012
Alter Table Laborage
Drop  CONSTRAINT FKEY_ID
```

小 结

本章介绍了索引的建立、删除、分析与维护，以及3种数据完整性。读者在了解索引概念的前提下，可以使用SQL Server Management Studio或者SQL语句来建立和删除索引，进而对索引进行分析和维护，以优化对数据的访问。为了保证存储数据的合理性，读者应了解实体完整性、域完整性、引用完整性和用户定义完整性，并能够实施数据完整性机制，包括规则、默认值和约束。

习 题

8-1　在CREATE INDEX语句中，分别使用什么关键字创建唯一索引和非聚集索引？

8-2　使用Transact-SQL语句如何删除索引？

8-3　SET SHOWPLAN_ALL ON语句的含义是什么？

8-4　什么是数据完整性？SQL Server 2012提供了哪几种数据完整性机制，其特点是什么？

PART09

第9章

流程控制、存储过程与触发器

本章要点

- 流程控制语句
- 存储过程的创建与执行、查看与修改、删除
- 触发器的创建、修改、删除

■ 本章主要介绍程序的流程控制以及如何创建存储过程与使用触发器，包括存储过程简介、创建存储过程、执行存储过程、修改和删除存储过程、触发器简介、创建触发器、修改触发器和删除触发器。通过本章的学习，读者可以掌握使用SQL Server Manayement Studio和Transact-SQL创建存储过程或触发器，并应用存储过程或触发器编写SQL语句从而优化查询和提高数据访问速度。

9.1 流程控制

流程控制语句是用来控制程序执行流程的语句。使用流程控制语句可以提高编程语言的处理能力。与程序设计语言（如C语言）一样，Transact-SQL语言提供的流程控制语句如表9-1所示。

表9-1 Transact-SQL语言提供的流程控制语句

BEGIN…END	WAITFOR	GOTO
WHILE	IF…ELSE	BREAK
RETURN	CONTINUE	

9.1.1 BEGIN…END

BEGIN…END

BEGIN…END语句用于将多个Transact-SQL语句组合为一个逻辑块。当流程控制语句必须执行一个包含两条或两条以上T-SQL语句的语句块时，使用BEGIN…END语句。

语法：

```
BEGIN
{sql_statement...}
END
```

其中，sql_statement是指包含的Transact-SQL语句。

BEGIN和END语句必须成对使用，任何一条语句均不能单独使用。BEGIN语句后为Transact-SQL语句块。最后，END语句行指示语句块结束。

【例9-1】 在BEGIN…END语句块中完成把两个变量的值交换。在查询分析器运行的结果如图9-1所示。

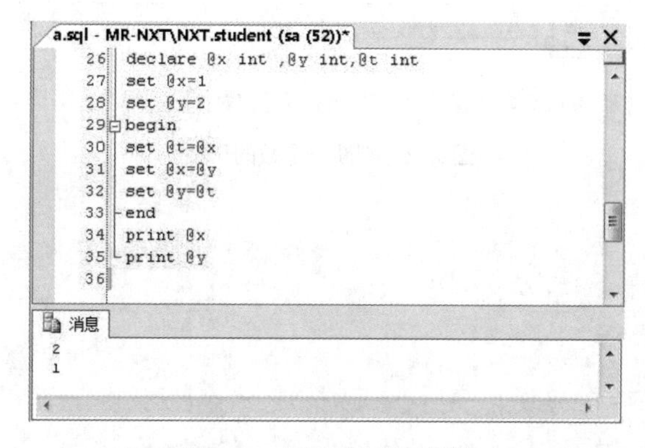

图9-1 交换两个变量的值

SQL语句如下：

```
declare @x int, @y int,@t int
set @x=1
set @y=2
begin
set @t=@x
set @x=@y
```

```
set @y=@t
end
print @x
print @y
```

此例子不用BEGIN…END语句结果也完全一样，但BEGIN…END和一些流程控制语句结合起来就有作用了。在BEGIN…END中可嵌套另外的BEGIN…END来定义另一程序块。

9.1.2 IF

IF

在SQL Server中为了控制程序的执行方向，也会像其他语言一样（如C语言）有顺序、选择和循环3种控制语句，其中IF就属于选择判断结构。IF结构的语法如下：

```
IF<条件表达式>
    {命令行|程序块}
```

其中<条件表达式>可以是各种表达式的组合，但表达式的值必须是逻辑值"真"或"假"。其中命令行和程序块可以是合法的任意Transact-SQL语句，但含两条或两条以上语句的程序块必须加BEGIN…END子句。

执行顺序是：遇到选择结构IF子句，先判断IF子句后的条件表达式，如果条件表达式的逻辑值是"真"，就执行后面的命令行或程序块，然后再执行IF结构下一条语句；如果条件式的逻辑值是"假"，就不执行后面的命令行或程序块，直接执行IF结构的下一条语句。

【例9-2】判断一个数是否是正数。在查询分析器中运行的结果如图9-2所示。

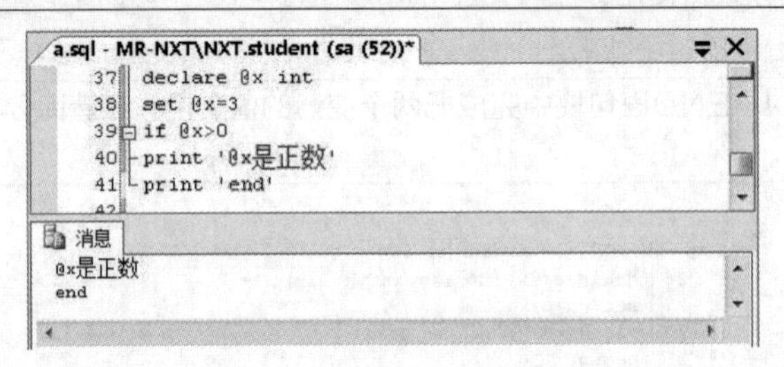

图9-2　判断一个数的正负

SQL语句如下：

```
declare @x int
set @x=3
if @x>0
print '@x是正数'
print 'end'
```

【例9-3】判断一个数的奇偶性。在查询分析器中运行的结果如图9-3所示。

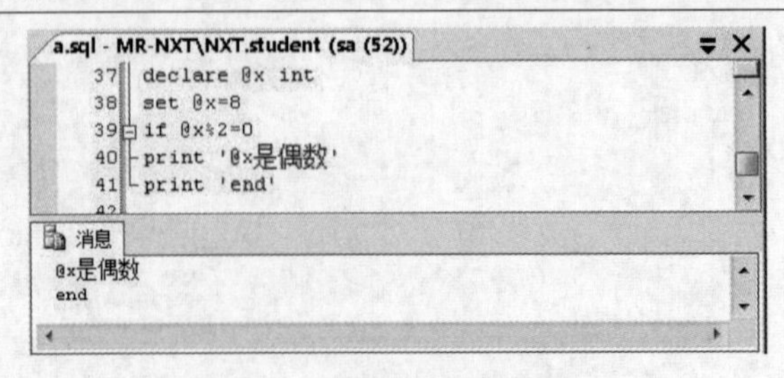

图9-3　判断一个数的奇偶性

SQL语句如下：

```
declare @x int
set @x=8
if @x % 2=0
print '@x偶数'
print 'end'
```

9.1.3 IF…ELSE

IF…ELSE

IF选择结构可以带ElSE子句。IF…ELSE的语法如下：

```
IF<条件表达式>
    {命令行1|程序块1}
ELSE
    {命令行2|程序块2}
```

如果逻辑判断表达式返回的结果是“真”，那么程序接下来会执行命令行1或程序块1；如果逻辑判断表达式返回的结果是“假”，那么程序接下来会执行命令行2或程序块2。无论哪种情况，最后都要执行IF…ELSE语句的下一条语句。

【例9-4】判断两个数的大小。在查询分析器运行的结果如图9-4所示。

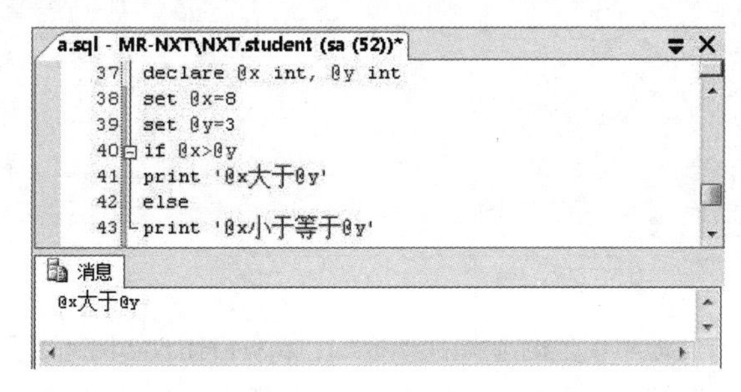

图9-4　判断两个数的大小

SQL语句如下：

```
declare @x int, @y int
set @x=8
set @y=3
if @x>@y
print '@x大于@y'
else
print '@x小于等于@y'
```

IF…ELSE结构还可以嵌套解决一些复杂的判断。

【例9-5】输入一个坐标值，然后判断它在哪一个象限。在查询分析器中的运行结果如图9-5所示。

SQL语句如下：

```
declare @x int, @y int
set @x=8
set @y=-3
if @x>0
```

```
37  declare @x int, @y int
38  set @x=8
39  set @y=-3
40  if @x>0
41    if @y>0
42      print '@x@y位于第一象限'
43    else
44      print '@x@y位于第四象限'
45  else
46    if @y>0
47      print '@x@y位于第二象限'
48     else
49      print '@x@y位于第三象限'
```

```
消息
@x@y位于第四象限
```

图9-5 判断坐标位于的象限

```
  if @y>0
    print '@x@y位于第一象限'
  else
    print '@x@y位于第四象限'
else
  if @y>0
    print '@x@y位于第二象限'
  else
    print '@x@y位于第三象限'
```

9.1.4 CASE

使用CASE语句可以很方便地实现多重选择的情况，比IF…THEN结构有更多的选择和判断的机会，可以避免编写多重的IF…THEN嵌套循环。

Transact-SQL的CASE语句有两种语句格式。

① 简单CASE函数：

```
CASE input_expression
  WHEN when_expression THEN result_expression
      [ ...n ]
  [
      ELSE else_result_expression
  END
```

② CASE搜索函数：

```
CASE
  WHEN Boolean_expression THEN result_expression
      [ ...n ]
  [
      ELSE else_result_expression
  END
```

参数说明如下。

- input_expression：使用简单CASE格式时所计算的表达式。input_expression是任何有效的Microsoft® SQL Server™表达式。
- WHEN when_expression：使用简单CASE格式时input_expression所比较的简单表达式。when_expression是任意有效的SQL Server表达式。input_expression和每个when_expression的数据类型必须相同，或者是隐性转换。
- n：占位符，表明可以使用多个WHEN when_expression THEN result_expression子句或WHEN Boolean_expression THEN result_expression子句。
- THEN result_expression：当input_expression = when_expression取值为TRUE，或者Boolean_expression取值为TRUE时返回的表达式。result_expression是任意有效的SQL Server表达式。
- ELSE else_result_expression：当比较运算取值不为TRUE时返回的表达式。如果省略此参数并且比较运算取值不为TRUE，CASE将返回NULL值。else_result_expression是任意有效的SQL Server 表达式。else_result_expression和所有result_expression的数据类型必须相同，或者必须是隐性转换。
- WHEN Boolean_expression：使用CASE搜索格式时所计算的布尔表达式。Boolean_expression是任意有效的布尔表达式。

两种格式的执行顺序如下所示。

（1）简单CASE函数。

① 计算input_expression，然后按指定顺序对每个WHEN子句的input_expression = when_expression进行计算。

② 返回第一个取值为TRUE(input_expression = when_expression)的result_expression。

③ 如果没有取值为TRUE的input_expression = when_expression，则当指定ELSE子句时，SQL Server将返回else_result_expression；若没有指定ELSE子句，则返回NULL值。

（2）CASE搜索函数。

① 按指定顺序为每个WHEN子句的Boolean_expression求值。

② 返回第一个取值为TRUE的Boolean_expression的result_expression。

③ 如果没有取值为TRUE的Boolean_expression，则当指定ELSE子句时，SQL Server将返回else_result_expression；若没有指定ELSE子句，则返回NULL值。

【例9-6】在“pubs”数据库的“titles”表中，使用带有简单CASE函数的SELECT语句。在查询分析器中运行的结果如图9-6所示。

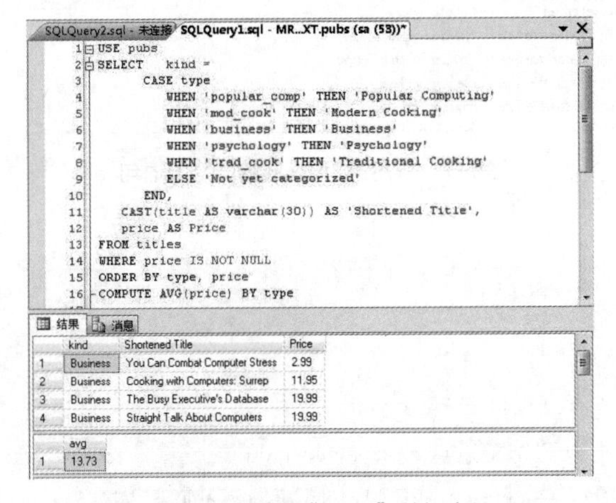

图9-6　统计“titles”数据表

SQL语句如下：

```
USE pubs
SELECT   kind =
      CASE type
          WHEN 'popular_comp' THEN 'Popular Computing'
          WHEN 'mod_cook' THEN 'Modern Cooking'
          WHEN 'business' THEN 'Business'
          WHEN 'psychology' THEN 'Psychology'
          WHEN 'trad_cook' THEN 'Traditional Cooking'
          ELSE 'Not yet categorized'
      END,
   CAST(title AS varchar(30)) AS 'Shortened Title',
   price AS Price
FROM titles
WHERE price IS NOT NULL
ORDER BY type, price
COMPUTE AVG(price) BY type
```

下面的例子应用了CASE格式的第2种。

【例9-7】在“pubs”数据库的“titles”表中，应用CASE格式的第2种进行查询。在查询分析器中的语句如图9-7所示。

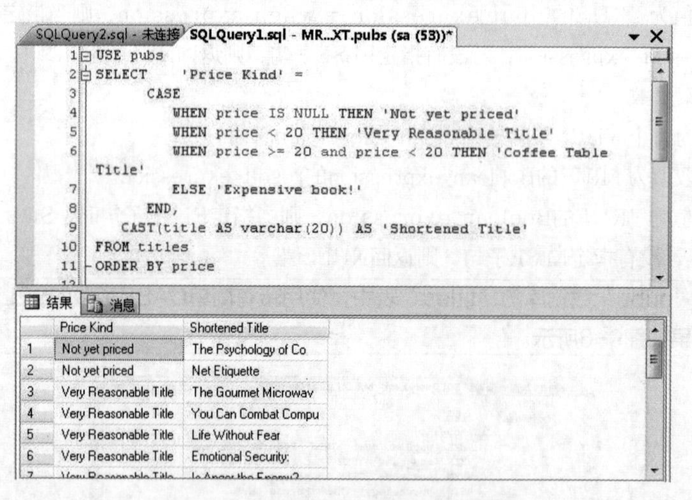

图9-7　应用第2种格式的CASE语句

SQL语句如下：

```
USE pubs
SELECT   'Price Kind' =
      CASE
          WHEN price IS NULL THEN 'Not yet priced'
          WHEN price < 20 THEN 'Very Reasonable Title'
          WHEN price >= 20 and price < 20 THEN 'Coffee Table Title'
```

```
            ELSE 'Expensive book!'
        END,
    CAST(title AS varchar(20)) AS 'Shortened Title'
FROM titles
ORDER BY price
```

9.1.5 WHILE

WHILE子句是T-SQL语句支持的循环结构。在条件为真的情况下，WHILE子句可以循环地执行其后的一条T-SQL命令。如果想循环执行一组命令，则需要使用BEGIN…END子句。

```
WHILE<条件表达式>
BEGIN
    <命令行|程序块>
END
```

遇到WHILE子句，先判断条件表达式的值，当条件表达式的值为“真”时，执行循环体中的命令行或程序块，遇到END子句会自动地再次判断条件表达式值的真假，决定是否执行循环体中的语句。只能当条件表达式的值为“假”时，才结束执行循环体的语句。

【例9-8】求1～10相加的和。在查询分析器中运行的结果如图9-8所示。SQL语句如下：

```
declare @n int, @sum int
set @n=1
set @sum=0
while @n<=10
begin
set @sum=@sum+@n
set @n=@n+1
end
print @sum
```

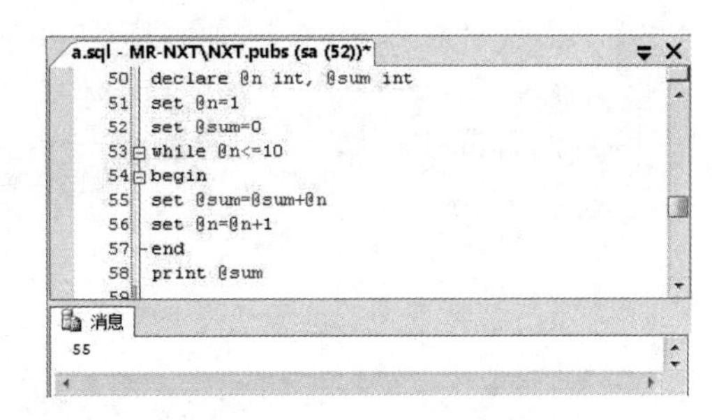

图9-8　求1～10相加的和

9.1.6 WHILE…CONTINUE…BREAK

循环结构WHILE子句还可以用CONTINUE和BREAK命令控制WHILE循环中语句的执行。

语法：

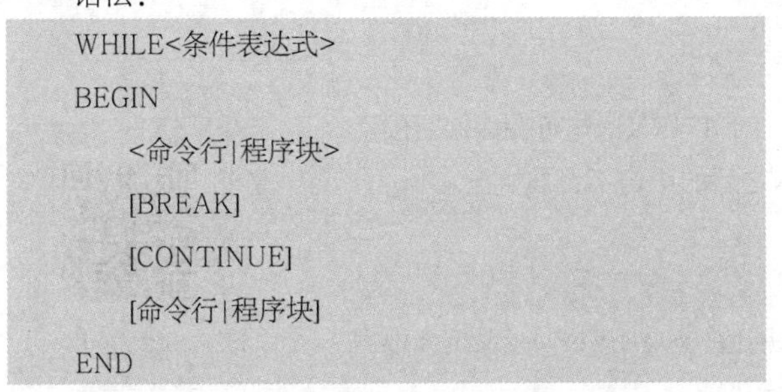

```
WHILE<条件表达式>
BEGIN
    <命令行|程序块>
    [BREAK]
    [CONTINUE]
    [命令行|程序块]
END
```

其中，CONTINUTE命令可以让程序跳过CONTINUE命令之后的语句，回到WHILE循环的第1行命令。BREAK命令则让程序完全跳出循环，结束WHILE命令的执行。

【例9-9】 求1～10之间的偶数的和，并用CONTINUE控制语句的输出。在查询分析器中运行的结果如图9-9所示。

```
a.sql - MR-NXT\NXT.pubs (sa (52))
50  declare @x int, @sum int
51  set @x=1
52  set @sum=0
53  while @x<10
54  begin
55  set @x=@x+1
56  if @x%2=0
57  set @sum=@sum+@x
58  else
59  continue
60  print '只有@x是偶数才输出这句话'
61  end
62  print @sum
63
```

```
消息
只有@x是偶数才输出这句话
只有@x是偶数才输出这句话
只有@x是偶数才输出这句话
只有@x是偶数才输出这句话
只有@x是偶数才输出这句话
30
```

图9-9 求1～10之间偶数的和

SQL语句如下：

```
declare @x int, @sum int
set @x=1
set @sum=0
while @x<10
begin
set @x=@x+1
if @x%2=0
set @sum=@sum+@x
else
continue
print '只有@x是偶数才输出这句话'
end
print @sum
```

9.1.7 RETURN

RETURN

RETURN语句用于从查询过程中无条件退出。RETURN语句可在任何时候用于从过程、批处理或语句块中退出。位于RETURN之后的语句不会被执行。

语法：

```
RETURN[整数值]
```

在括号内可指定一个返回值。如果没有指定返回值，SQL Server系统会根据程序执行的结果返回一个内定值，内定值如表9-2所示。

表9-2 RETYRN命令返回的内定值

返回值	含 义
0	程序执行成功
-1	找不到对象
-2	数据类型错误
-3	死锁
-4	违反权限原则
-5	语法错误
-6	用户造成的一般错误
-7	资源错误，如磁盘空间不足
-8	非致命的内部错误
-9	已达到系统的极限
-10或-11	致命的内部不一致性错误
-12	表或指针破坏
-13	数据库破坏
-14	硬件错误

【例9-10】RETURN语句的应用。在查询分析器中运行的结果如图9-10所示。

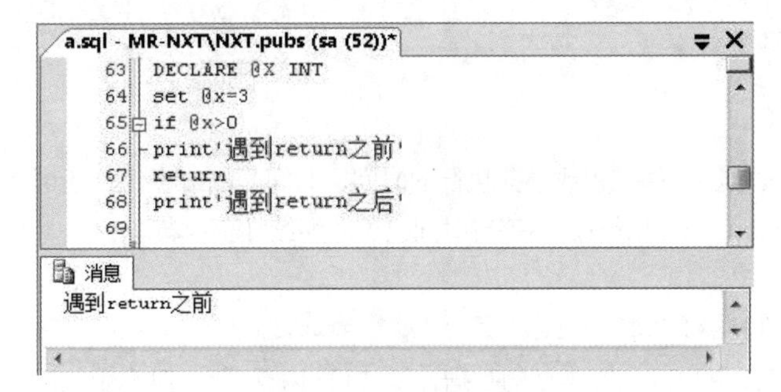

图9-10 RETURN语句的应用

SQL语句如下：

```
DECLARE @X INT
set @x=3
if @x>0
print'遇到return之前'
return
print'遇到return之后'
```

9.1.8 GOTO

GOTO命令用来改变程序执行的流程，使程序跳到标识符指定的程序行再继续往下执行。

语法：

```
GOTO 标识符
```

标识符需要在其名称后加上一个冒号“:”。

例如：“33:”，“loving:”。

【例9-11】用GOTO语句实现跳转输入其下的值。在查询分析器中执行的结果如图9-11所示。

图9-11　GOTO语句的应用

SQL语句如下：

```
DECLARE @X INT
SELECT @X=1
loving:
   PRINT @X
   SELECT @X=@X+1
WHILE @X<=3 GOTO loving
```

9.1.9 WAITFOR

WAITFOR

WAITFOR指定触发器、存储过程或事务执行的时间、时间间隔或事件；还可以用来暂时停止程序的执行，直到所设定的等待时间已过才继续往下执行。

语法：

```
WAITFOR{DELAY<'时间'>|TIME<'时间'>
```

其中“时间”必须为DATETIME类型的数据，如“11:15:27”，但不能包括日期。各关键字含义如下：

- DELAY：用来设定等待的时间，最多可达24小时。
- TIME：用来设定等待结束的时间点。

例如，再过3秒钟显示“葱葱睡觉了！”，SQL语句如下：

```
WAITFOR DELAY'00:00:03'
PRINT'葱葱睡觉了！'
```

例如，等到15点显示“喜爱的歌曲：舞”，SQL语句如下：

```
WAITFOR TIME'15:00:00'
PRINT'喜爱的歌曲：舞'
```

9.2 存储过程简介

存储过程简介

存储过程（Stored Procedure）是在数据库服务器端执行的T-SQL语句的集合，经编译后存放在数据库服务器中。存储过程作为一个单元进行处理并由一个名称来标识。它能够向用户返回数据、在数据库表中写入或修改数据，还可以执行系统函数和管理操作。用户在编程过程中只需要给出存储过程的名称和必需的参数，就可以方便地调用它们。

存储过程可以提高应用程序的处理能力，降低编写数据库应用程序的难度，同时还可以提高应用程序的效率。存储过程的处理非常灵活，允许用户使用声明的变量，还可以有输入输出参数，返回单个或多个结果集以及处理后的结果值。

9.2.1 存储过程的优点

存储过程的优点如下。

（1）存储过程可以嵌套使用，支持代码重用。

（2）存储过程可以接受并使用参数动态执行其中的SQL语句。

（3）存储过程比一般的SQL语句执行速度快。存储过程在创建时已经被编译，每次执行时不需要重新编译。而一般的SQL语句每次执行都需要编译。

（4）存储过程具有安全特性（例如权限）和所有权链接，以及可以附加到它们的证书。用户可以被授予权限来执行存储过程，而不必直接对存储过程中引用的对象具有权限。

（5）存储过程允许模块化程序设计。存储过程一旦创建，以后即可在程序中调用任意多次。这可以改进应用程序的可维护性，并允许应用程序统一访问数据库。

（6）存储过程可以减少网络通信流量。一个需要数百行SQL语句代码的操作可以通过一条执行过程代码的语句来执行，而不需要在网络中发送数百行代码。

（7）存储过程可以强制应用程序的安全性。参数化存储过程有助于保护应用程序不受SQL Injection攻击。

SQL Injection是一种攻击方法，它可以将恶意代码插入到将传递给SQL Server供分析和执行的字符串中。任何构成SQL语句的过程都应进行注入漏洞检查，因为SQL Server将执行其接收到的所有语法的有效查询。

9.2.2 存储过程的类别

在SQL Server中存储过程分为3类：系统提供的存储过程、用户自定义存储过程和扩展存储过程。

（1）系统存储过程：主要存储在MASTER数据库中，并以sp_为前缀，并且系统存储过程主要是从系统表中获取信息，从而为系统管理员管理SQL SERVER提供支持。通过系统存储过程，SQL Server中的许多管理性或信息性的活动，如了解数据库对象、数据库信息都可以被顺利有效地完成。尽管这些系统存储过程被放在MASTER数据库中，但是仍可以在其他数据库中对其进行调用。调用时不必在存储过程名前加数据库名，而且在创建新数据库时，一些系统存储过程会在新数据库中被自动创建。

（2）用户自定义存储过程：是由用户创建并能完成某一特定功能（如查询用户所需数据信息）的存储过程。

（3）扩展存储过程：是可以动态加载和运行DLL（动态链接库）的数据库对象。

9.3 创建存储过程

创建存储过程

在SQL Server 2012中创建存储过程有两种方法：一种方法是使用SQL Server Management Studio创建存储过程；另一种方法是使用Transact-SQL语言创建存储过程。

9.3.1 使用SQL Server Management Studio创建存储过程

在SQL Server 2012中，使用界面方式创建存储过程的步骤如下。

（1）启动SQL Server Management Studio，并连接到SQL Server 2012中的数据库。

（2）在“对象资源管理器”中选择指定的服务器和数据库，展开数据库的“可编辑性”节点，鼠标右键单击“存储过程”，在弹出的快捷菜单中选择【新建存储过程】命令，如图9-12所示。

（3）在弹出的“连接到数据库引擎”窗口中，单击【连接】按钮，便出现创建存储过程的窗口，如图9-13所示。

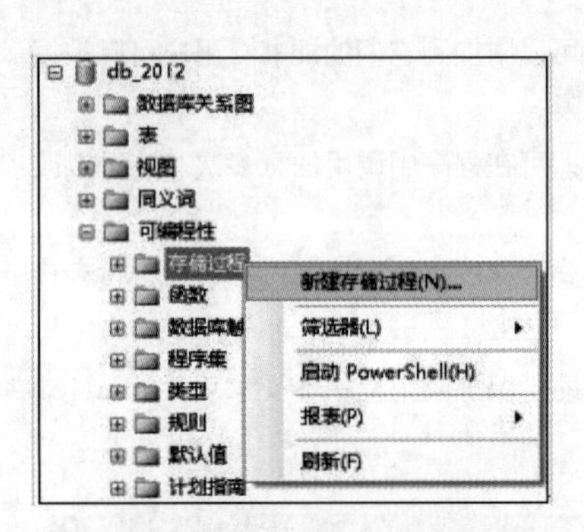

图9-12 选择【新建存储过程】选项

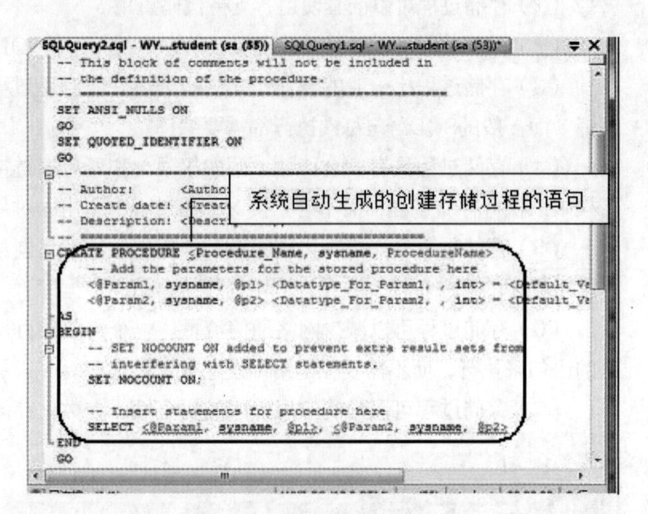

图9-13 创建存储过程窗口

在存储过程窗口的文本框中，可以看到系统自动给出了创建存储过程的格式模板语句，可以对模板格式进行修改来创建新的存储过程。

【例9-12】 创建一个名称为Proc_Stu的存储过程，要求完成以下功能：在student表中查询男生的Sno，Sex，Sage这几个字段的内容。

具体的操作步骤如下。

（1）在菜单栏中，单击【查询】菜单，选择【指定模板参数的值】，弹出“指定模板参数的值”对话框，如图9-14所示。

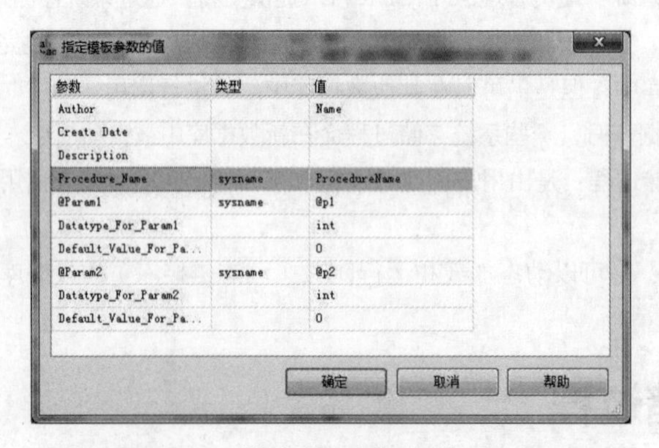

图9-14 “指定模板参数的值”对话框

（2）在“指定模板参数的值”对话框中将“Procedure_Name”参数对应的名称修改为“Proc_Stu”，单击【确定】按钮，关闭此对话框。

（3）在创建存储过程的窗口中，将对应的SELECT语句修改为以下的语句：

```
SELECT Sno,Sname,Sex,Sage
FROM student
WHERE Sex='男'
```

9.3.2 使用Transact-SQL语言创建存储过程

CREATE PROCEDURE语句用于在服务器上创建存储过程。

语法：

```
CREATE PROC [ EDURE ] procedure_name [ ; number ]
    [ { @parameter data_type }
        [ VARYING ] [ = default ] [ OUTPUT ]
    ] [ ,...n ]
[ WITH
    { RECOMPILE | ENCRYPTION | RECOMPILE , ENCRYPTION } ]
[ FOR REPLICATION ]
AS sql_statement [ ...n ]
```

参数说明如下。

- procedure_name：新存储过程的名称。过程名必须符合标识符规则，且对于数据库及其所有者必须唯一。
- number：是可选的整数，用来对同名的过程进行分组，用DROP PROCEDURE语句即可将同组的过程全部删除。例如，名为PRO_RYB的存储过程可以命名为PRO_RYB;1、PRO_RYB;2等。若使用DROP PROCEDURE PRO_RYB语句则将删除整个存储过程组。
- @parameter：过程中的参数。
- data_type：参数的数据类型。
- VARYING：指定作为输出参数支持的结果集（由存储过程动态构造，内容可以变化）。仅适用于游标参数。
- Default：参数的默认值。默认值必须是常量或NULL。如果定义了默认值，不必指定该参数的值即可执行过程。如果使用LIKE关键字，默认值可以包含通配符%、_、[]和[^]。
- OUTPUT：表明参数是返回参数。该选项的值可以返回给EXEC[UTE]。使用OUTPUT参数可将信息返回给调用过程。Text、ntext和image参数可用作OUTPUT关键字。使用OUTPUT关键字的输出参数可以是游标占位符。
- N：表示最多可以指定2100个参数的占位符。
- RECOMPILE：表明SQL Server不会缓存该过程的计划，该过程将在运行时重新编译。使用非典型值或临时值，并且不覆盖缓存在内存中的执行计划时，使用该选项。
- AS：指定过程要执行的操作。
- sql_statement：过程中要包含的任意数目和类型的Transact-SQL语句。

【例9-13】为tb_users表创建存储过程。SQL语句如下：

```
use db_supermarket
create procedure loving as
select * from tb_users where userName=' mr'
```

运行结果如图9-15所示。

```
WIN7-20150525AN\...o.tb_basicMessage  SQLQuery1.sql - WL..rmar
create procedure loving
as select * from tb_users where userName ='mr'
```

消息
命令已成功完成。

图9-15　创建loving存储过程

在“对象资源管理器”窗口中单击，可以在student数据库下看到创建的存储过程loving。

9.4　执行存储过程

执行存储过程

存储过程创建完后，可以通过以下几种方式执行存储过程。

1. 通过Execute或Exec语句执行

EXECUTE语句用于执行存储在服务器上的存储过程，EXECUTE也可以简写成EXEC。

语法：

```
[ [ EXECUTE [ UTE ] ]
    {
      [ @return_status = ]
        { procedure_name [ ;number ] | @procedure_name_var
    }
    [ [ @parameter = ] { value | @variable [ OUTPUT ] | [ DEFAULT ] ]
      [ ,...n ]
[ WITH RECOMPILE ]
```

参数说明如下。

- @return_status：是一个可选的整型变量，保存存储过程的返回状态。
- procedure_name：是调用的存储过程的完全合法或者不完全合法的名称。过程名称必须符合标识符规则。
- number：是可选的整数，用来对同名的过程进行分组，用DROP PROCEDURE语句即可将同组的过程全部删除。
- @procedure_name_var：是局部定义变量名，代表存储过程名称。
- @parameter：是过程参数，在CREATE PROCEDURE语句中定义。参数名称前必须加上@符号。
- value：是过程中参数的值。如果参数名称没有指定，参数值必须以CREATE PROCEDURE语句中定义的顺序给出。
- @variable：是用来保存参数或者返回参数的变量。
- OUTPUT：指定存储过程必须返回一个参数。该存储过程的匹配参数也必须由关键字OUTPUT创建。
- WITH RECOMPILE：强制编译新的计划。如果所提供的参数为非典型参数或者数据有很大的改变，使用该选项。在以后的程序执行中使用更改过的计划。该选项不能用于扩展存储过程。建议尽量不使用该选项，因为它消耗较多系统资源。
- @string_variable：是局部变量的名称。

【例9-14】调用Exec语句执行存储过程。

执行tb_users表的存储过程的代码如下：

```
exec loving
```

单击工具栏上的【执行（X）】按钮，运行结果如图9-16所示。

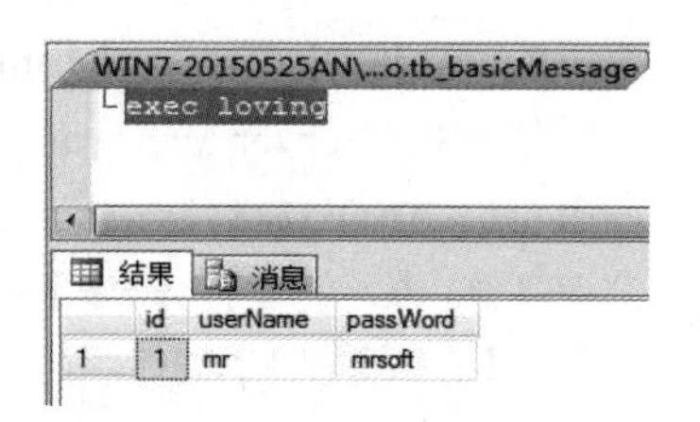

图9-16　执行loving存储过程

2. 通过设置使存储过程自动执行

在SQL Server 2012中，可以通过设置使指定的存储过程在服务器启动时自动执行，这种设置对于一些应用很有帮助，例如，用户希望某些操作周期性地执行，或者某些操作作为后台进程完成，或者某些操作一直保持运行。

用户必须是固定服务器角色sysadmin的成员才可以设置指定的存储过程为自动执行的存储过程。

将一个存储过程设置为自动执行需要使用sp_procoption，其语法结构如下：

```
sp_procoption [ @ProcName = ] 'procedure'
        , [ @OptionName = ] 'option'
        , [ @OptionValue = ] 'value'
```

9.5　查看和修改存储过程

9.5.1　使用SQL Server Management Studio查看和修改存储过程

查看和修改存储过程

1. 使用SQL Server Mangement Studio查看存储过程

使用SQL Server Mangement Studio查看存储过程的步骤如下。

（1）在SQL Server Management Studio的“对象资源管理器”中，单击【数据库】→【student】→【可编程性】→【存储过程】，显示当前数据库的所有存储过程。

（2）用右键单击想要查看的存储过程（loving），在弹出的快捷菜单中选择【属性】命令，打开“存储过程属性”对话框，查看存储过程的信息，如图9-17所示。

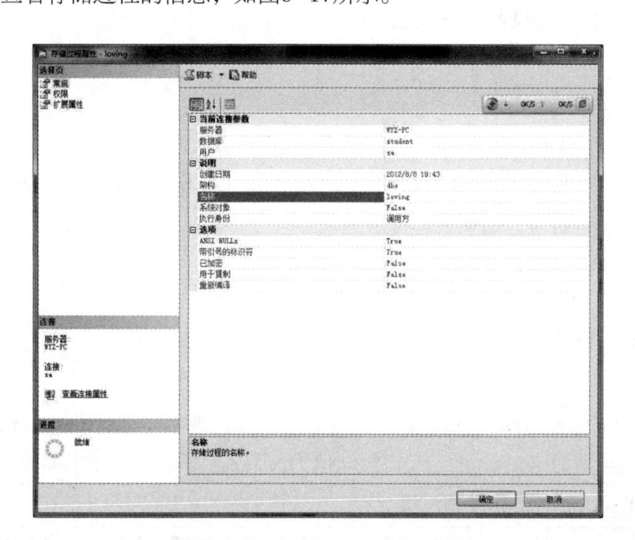

图9-17　查看loving存储过程

2. 使用SQL Server Mangement Studio修改存储过程

使用SQL Server Mangement Studio修改存储过程的步骤如下。

（1）在SQL Server Management Studio的“对象资源管理器”中，单击【数据库】→【student】→【可编程性】→【存储过程】，显示当前数据库的所有存储过程。

（2）用右键单击想要修改的存储过程（loving），在弹出的快捷菜单中选择【修改】命令，出现查询编辑器窗口，如图9-18所示。用户可以在此窗口中编辑T-SQL代码，完成编辑后，单击工具栏中的【执行（X）】按钮，执行修改代码。可以在查询编辑器下方的Message窗口中看到执行结果的信息。

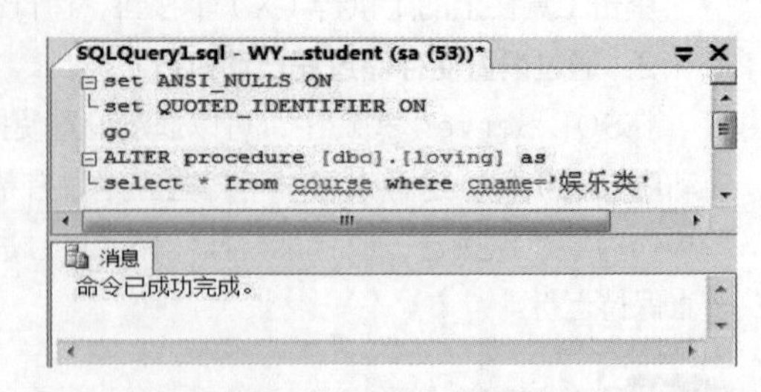

图9-18 修改存储过程的查询编辑器和消息窗口

9.5.2 使用Transact-SQL语言查看和修改存储过程

1. 使用系统存储过程查看存储过程信息

查看存储过程的信息可以在“查询分析器”中利用系统存储过程sp_helptext、sp_depends、sp_help来对存储过程的不同信息进行查看。

（1）sp_helptext查看存储过程的文本信息。

语法：

```
sp_helptext [ @objname = ] 'name'
```

参数说明如下。

[@objname =] 'name'：对象的名称，将显示该对象的定义信息。对象必须在当前数据库中。name的数据类型为nvarchar(776)，无默认值。

在创建存储过程时，如果使用了WITH ENCRYPTION参数，系统存储过程sp_helptext将无法查看存储过程的相关信息。

（2）sp_depends查看存储过程的相关性信息。

语法：

```
sp_depends [ @objname = ] 'object'
```

参数说明如下。

[@objname =] 'object'：被检查相关性的数据库对象。对象可以是表、视图、存储过程或触发器。Object的数据类型为varchar(776)，无默认值。

（3）sp_help查看存储过程的一般信息。

语法：

```
sp_help [ [ @objname = ] name ]
```

参数说明如下。

[@objname =] name：是sysobjects中的任意对象的名称，或者是在systypes表中任何用户定义数据类型的名称。Name的数据类型为nvarchar(776)，默认值为NULL。不能使用数据库名称。

【例9-15】查看tb_users表的存储过程。

使用系统存储过程sp_helptext、sp_depends、sp_help查看存储过程loving的信息。SQL语句如下：

```
use db_supermarket
EXEC sp_helptext loving
EXEC sp_depends loving
EXEC sp_help loving
```

运行结果如图9-19所示。

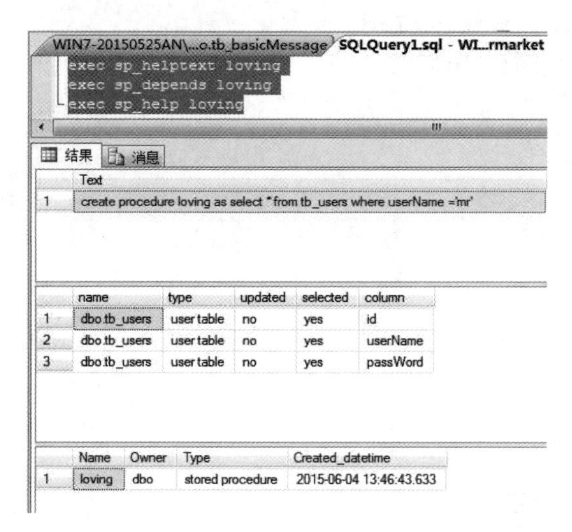

图9-19　查看存储过程信息

2. 使用Transact-SQL修改存储过程

使用ALTER PROCEDURE语句可以修改存储过程，它不会影响存储过程的权限设定，也不会更改存储过程的名称。

语法：

```
ALTER PROC [ EDURE ] procedure_name [ ; number ]
    [ { @parameter data_type }
       [ VARYING ] [ = default ] [ OUTPUT ]
    ] [ ,...n ]
[ WITH
    { RECOMPILE | ENCRYPTION
       | RECOMPILE , ENCRYPTION   }
]
[ FOR REPLICATION ]
AS
    sql_statement [ ...n ]
```

参数说明如下。

procedure_name：要更改的过程的名称。

例如，修改loving20存储过程。SQL语句如下：

```
--创建存储过程
USE db_student
CREATE PROCEDURE loving20
```

```
@课程类别 varchar(20)='娱乐类',   --对参数设置默值
@学分 int=8
AS
Select *
from course
where 课程类别=@课程类别 and 学分<@学分
```

修改之前创建loving20的SQL语句如下：

```
--创建存储过程
USE db_student
CREATE PROCEDURE loving20
@课程类别 varchar(20)='歌曲类',   --对参数设置默值
@学分 int=6
AS
Select *
from course
where 课程类别=@课程类别 and 学分>@学分
```

9.6 删除存储过程

删除存储过程

9.6.1 使用SQL Server Mangement Studio删除存储过程

使用SQL Server Mangement Studio删除存储过程的步骤如下。

（1）在SQL Server Management Studio的“对象资源管理器”中，单击【数据库】→【student】→【可编程性】→【存储过程】，显示当前数据库的所有存储过程。

（2）用右键单击想要修改的存储过程（loving），在弹出的快捷菜单中选择【删除】命令，出现图9-20所示的对话框。

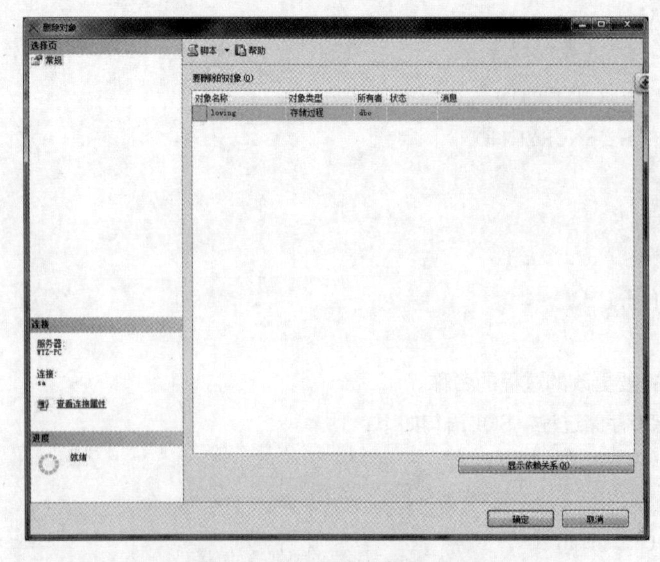

图9-20 删除存储过程的对话框

（3）单击【确定】按钮，就会删除所选定的存储过程。

删除数据表后，并不会删除相关联的数据表，只是其存储过程无法执行。

9.6.2 使用Transact-SQL语言删除存储过程

使用DROP PROCEDURE语句可从当前数据库中删除一个或多个存储过程或过程组。

语法：

```
DROP PROCEDURE { procedure } [ ,...n ]
```

参数说明如下。

- Procedure：要删除的存储过程或存储过程组的名称。过程名称必须符合标识符规则。可以选择是否指定过程所有者名称，但不能指定服务器名称和数据库名称。
- n：表示可以指定多个过程的占位符。

例如，删除loving存储过程的SQL语句如下：

```
DROP PROCEDURE loving
```

例如，删除多个存储过程loving10、loving20和loving30的SQL语句如下：

```
DROP PROCEDURE loving10,loving20,loving30
```

例如，删除存储过程组loving（其中包含存储过程loving;1、loving;2、loving;3）的SQL语句如下：

```
DROP PROCEDURE loving
```

SQL语句DROP不能删除存储过程组中的单个存储过程。

9.7 触发器简介

触发器简介

9.7.1 触发器的概念

触发器是一种特殊类型的存储过程，它在插入、删除或修改特定表中的数据时触发执行。触发器通常可以强制执行一定的业务规则，以保持数据完整性、检查数据有效性、实现数据库管理任务和一些附加的功能。

在SQL Server中一张表可以有多个触发器。用户可以根据INSERT、UPDATE或DELETE语句对触发器进行设置，也可以对一张表上的特定操作设置多个触发器。触发器可以包含复杂的T-SQL语句。触发器不能通过名称被直接调用，更不允许设置参数。

9.7.2 触发器的功能

触发器可以使用T-SQL语句进行复杂的逻辑处理，它基于一个表创建，可以对多个表进行操作，因此常常用于复杂的业务规则。一般可以使用触发器完成如下操作。

（1）级联修改数据库中相关表。

（2）执行比检查约束更为复杂的约束操作。

（3）拒绝或回滚违反引用完整性的操作。检查对数据表的操作是否违反引用完整性，并选择相应的操作。

（4）比较表修改前后数据之间的差别，并根据差别采取相应的操作。

9.7.3 触发器的类型和触发操作

在SQL Server 2012中，触发器分为DML触发器和DDL触发器两种。

（1）DML触发器是在执行数据操作语言事件时被调用的触发器，其中数据操作语言事件包括：INSERT、UPDATE和DELETE语句。触发器中可以包含复杂的Transact-SQL语句，触发器整体被看作一个事务，可以回滚。

DML触发器可以分为如下5种类型。

① UPDATE触发器：在表上进行更新操作时触发。

② INSERT触发器：在表上进行更新操作时触发。

③ DELETE触发器：在表上进行更新操作时触发。

④ INSTEAD OF触发器：不执行插入、更新或删除操作时，将触发INSTEAD OF触发器。

⑤ AFTER触发器：在一个触发动作发生之后触发，并提供一种机制以控制多个触发器的执行顺序。AFTER要求只有执行某一操作（INSERT、UPDATE、DELETE）之后触发器才被触发，且只能在表上定义。AFTER可以为针对表的同一操作定义多个触发器。对于AFTER触发器，可以定义哪一个触发器被优先触发，哪一个被最后触发，通常使用系统过程SP_SETTRIGGERORDER来完成任务。INSTEAD OF触发器标识并不执行其所定义的操作（INSERT、UPDATE、DELETE），而仅是执行触发器本身。既可在表上定义INSTEAD OF触发器，也可以在视图上定义INSTEAD OF触发器，还可以在视图上定义INSTEAD OF触发器，但对同一操作只能定义一个INSTEAD OF触发器。

（2）DDL触发器与DML触发器类似，与DML不同的是，相应的触发事件是由数据定义语言引起的事件，包括：CREATE、ALTER和DROP语句，DDL触发器用于执行数据库管理任务，如调节和审计数据库运转。DDL触发器只能在触发事件发生后才会调用执行，即它只能是AFTER触发器。

SQL Server 2012中，新增加了许多新的特性，其中，DDL触发器是SQL Server 2012的一大亮点。在sql Server 2000中，只能为针对表发出的DML语句（INSERT、UPDATE和DELETE）定义AFTER触发器。SQL Server 2012可以就整个服务器或数据库的某个范围为DDL事件定义触发器。DDL触发器可以为单个DDL语句（例如，CREATE_TABLE）或者为一组语句（例如，DDL_DATABASE_LEVEL_EVENTS）定义DDL触发器。在该触发器内部，可以通过访问eventdata()函数获得与激发该触发器的事件有关的数据。该函数返回有关事件的XML数据。每个事件的架构都继承了Server Events基础架构。

9.8 创建触发器

9.8.1 使用SQL Server Management Studio创建触发器

1. 创建DML触发器

在SQL Server Management Studio中创建DML触发器的步骤如下。

创建触发器

（1）打开“SQL Server Management Studio”管理器。在“对象资源管理器”中，展开【数据库】→【student】→【表】节点，在子节点中展开要创建触发器的表，这里展开表“course”，用鼠标右键单击【触发器】节点，如图9-21所示。

（2）在弹出的快捷菜单中选择【新建触发器】命令，弹出图9-22所示的SQL查询分析器，在此窗口中编辑创建触发器的SQL代码。

（3）单击工具栏上的【执行（X）】按钮，编译刚才创建的触发器，编译成功后如图9-23所示。

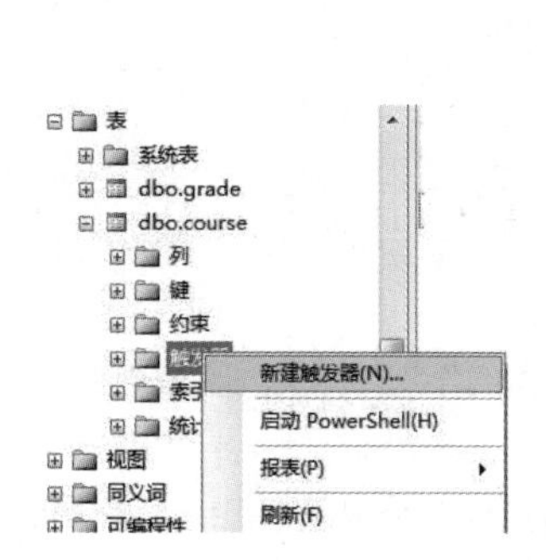

图9-21　利用“对象资源管理器”创建触发器

```
SQLQuery5.sql - MR....student (sa (53))
14  -- ==============================================
15  SET ANSI_NULLS ON
16  GO
17  SET QUOTED_IDENTIFIER ON
18  GO
19  -- ============================================
20  -- Author:       <Author,,Name>
21  -- Create date: <Create Date,,>
22  -- Description: <Description,,>
23  -- ============================================
24  CREATE TRIGGER <Schema_Name, sysname, Schema_Name>.
    <Trigger_Name, sysname, Trigger_Name>
25     ON  <Schema_Name, sysname, Schema_Name>.<Table_Name,
    sysname, Table_Name>
26     AFTER <Data_Modification_Statements, , INSERT,DELETE,
    UPDATE>
27  AS
28  BEGIN
29      -- SET NOCOUNT ON added to prevent extra result sets
    from
30      -- interfering with SELECT statements.
31      SET NOCOUNT ON;
32
33      -- Insert statements for trigger here
34
35  END
36  GO
```

图9-22　在查询分析器中创建触发器

```
SQLQuery7.sql - MR....student (sa (55))*
19  -- ============================================
20  -- Author:       <Author,,Name>
21  -- Create date: <Create Date,,>
22  -- Description: <Description,,>
23  -- ============================================
24  use student
25  if OBJECT_ID('loving20','TR')is not null
26    drop trigger loving20
27  go
28  create trigger loving20
29  on course
30  after delete
31  as
32  BEGIN
33      -- SET NOCOUNT ON added to prevent extra result sets
    from
34      -- interfering with SELECT statements.
35      SET NOCOUNT ON;
36
37      -- Insert statements for trigger here
38      print '你删除一条数据，操作成功'
39  END
40  GO

消息
命令已成功完成。
```

图9-23　成功创建了触发器loving20

2. 创建DDL触发器

使用SQL Server Management Studio创建DDL触发器与使用SQL Server Management Studio创建DML触发器的方法一样，只要最后输入创建DDL触发器的SQL语句即可。

9.8.2　使用Transact-SQL语言创建触发器

1. 使用T-SQL语法创建DML触发器

创建DML触发器的语法结构如下：

```
CREATE TRIGGER [ schema_name . ]trigger_name
ON { table | view }
[ WITH <dml_trigger_option> [ ,...n ] ]
{ FOR | AFTER | INSTEAD OF }
{ [ INSERT ] [ , ] [ UPDATE ] [ , ] [ DELETE ] }
```

```
[ WITH APPEND ]
[ NOT FOR REPLICATION ]
AS { sql_statement  [ ; ] [ ...n ] | EXTERNAL NAME <method specifier [ ; ] > }
<dml_trigger_option> : : =
    [ ENCRYPTION ]
    [ EXECUTE AS Clause ]
<method_specifier> : : =
    assembly_name.class_name.method_name
```

参数说明如下。

- schema_name：DML触发器所属架构的名称。DML触发器的作用域是为其创建该触发器的表或视图的架构。对于DDL触发器，无法指定schema_name。
- trigger_name：触发器的名称。每个trigger_name必须遵循标识符规则，但trigger_name不能以#或##开头。
- table | view：执行DML触发器的表或视图，有时称为触发器表或触发器视图。该参数可以根据需要指定表或视图的完全限定名称。视图只能被INSTEAD OF触发器引用。
- <dml_trigger_option>：DML触发器的参数项。选择ENCRYPTION选项，禁止此触发器作为SQL Server复制的一部分被发布；选择EXECUTE AS选项，使用权限设置。
- FOR|AFTER|INSTEAD OF：指定触发器类型，FOR和AFTER是等价的。
- [DELETE] [,] [INSERT] [,] [UPDATE]：指定数据修改语句，这些语句可在DML触发器对此表或视图进行尝试时激活该触发器。必须至少指定一个选项。在触发器定义中允许使用上述选项的任意顺序组合。
- WITH APPEND：指定应该再添加一个现有类型的触发器。如果同一类型的触发器已存在，还允许添加。只与FOR关键字一起使用。
- NOT FOR REPLICATION：指示当复制代理修改涉及到触发器的表时，不应执行触发器。
- sql_statement：触发条件和操作。触发器条件指定其他标准，用于确定尝试的DML或DDL语句是否导致执行触发器操作的是T-SQL语句。
- <method_specifier>：对于CLR触发器，指定程序集与触发器绑定的方法。该方法不能带有任何参数，并且必须返回空值。

例如，为tb_basicMessage表创建触发器。

当对tb_basicMessage表添加或修改数据时，向客户端显示一条消息。SQL语句如下：

```
USE db_supermarket
IF OBJECT_ID ('tb_BM', 'TR') IS NOT NULL
   DROP TRIGGER tb_BM
GO
CREATE TRIGGER tb_BM
ON course
AFTER INSERT, UPDATE
AS RAISERROR ('Notify tb_BM Relations', 16, 10)
GO
```

例如，创建一个DML触发器loving10，当对course表删除数据时，输入一条消息。SQL语句如下：

```
USE student
IF OBJECT_ID ('loving10', 'TR') IS NOT NULL
   DROP TRIGGER loving
GO
CREATE TRIGGER loving10
ON course
AFTER delete
as
print'你插入了一行数据，操作成功！'
GO
```

2. 使用T-SQL语句创建DDL触发器

创建DDL触发器的语法结构如下：

```
CREATE TRIGGER trigger_name
ON { ALL SERVER | DATABASE }
[ WITH <ddl_trigger_option> [ ,...n ] ]
{ FOR | AFTER } { event_type | event_group } [ ,...n ]
AS { sql_statement  [ ; ] [ ...n ] | EXTERNAL NAME < method specifier >  [ ; ] }
<ddl_trigger_option> : : =
    [ ENCRYPTION ]
    [ EXECUTE AS Clause ]
<method_specifier> : : =
    assembly_name.class_name.method_name
```

参数说明如下。

- ALL SERVER|DATABASE：DDL触发器响应范围，当前服务器或当前数据库。
- <ddl_trigger_option>：DDL触发器选项设置。
- Event_type|event_group：T-SQL语言事件的名称或事件组的名称，事件执行后，将触发此DDL触发器。

【例9-16】创建DDL触发器。

创建一个DDL触发器loving30。在删除course表时，触发loving30并输出提示信息。SQL语句如下：

```
USE student
--如果触发器存在，则删除它
IF EXISTS(SELECT * FROM sys.triggers |  WHERE name='loving30')
  DROP TRIGGER loving30
on database
GO
--创建DDL触发器
create trigger loving30
on DATABASE
FOR DROP_TABLE, ALTER_TABLE
AS
BEGIN
```

```
PRINT   '在做删除或更改表操作前，请禁止触发器loving30'
ROLLBACK
END
```

测试loving30触发器，删除course表看是否触发loving30触发器。SQL语句如下：

```
use student
drop table course
```

运行结果如图9-24所示。

【例9-17】创建作用范围为服务器的DDL触发器。

创建一个作用范围为服务器的DDL触发器loving40，SQL语句如下：

```
create trigger loving40
on all server
for create_login
as
print  '你没有权限创建登录'
rollback;
```

测试loving40触发器。创建一个登录，看loving40触发器是否起作用。SQL语句如下：

```
create login LYC
  with password='sqlserver2012'
go
```

运行程序的结果如图9-25所示。

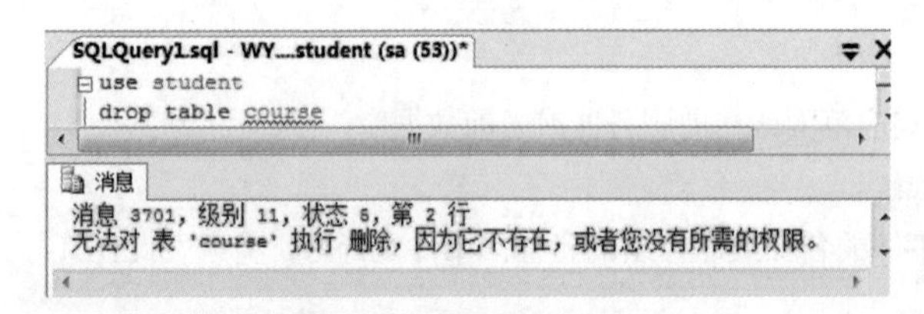

图9-24 测试loving30触发器

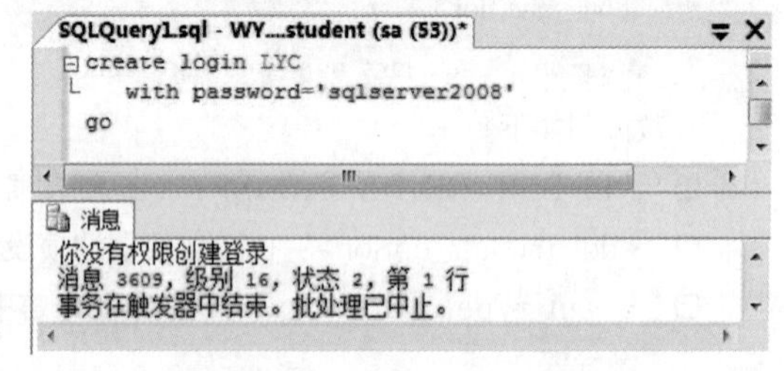

图9-25 测试loving40触发器

9.9 修改触发器

9.9.1 使用SQL Server Management Studio修改触发器

修改触发器

在SQL Server Management Studio中修改触发器的步骤如下。

（1）打开“SQL Server Management Studio”管理器。在“对象资源管理器”中，展开【数据库】→【student】→【表】→【course】→【触发器】节点（其中course为创建的触发器所在的表），如图9-26所示。

（2）选择要修改的“触发器”，单击鼠标右键，在弹出的快捷菜单中选择【修改】命令，打开图9-27所示的查询分析器和要修改的代码，修改完毕后，单击工具栏上的【执行（X）】按钮，在“消息”窗口中将显示编译结果。

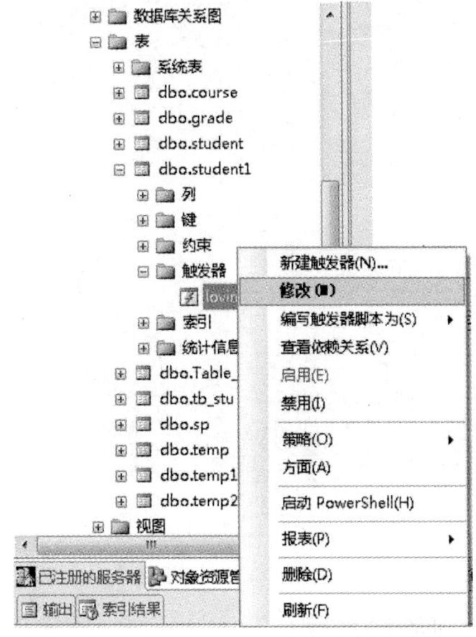

图9-26　用“对象资源管理器”修改触发器

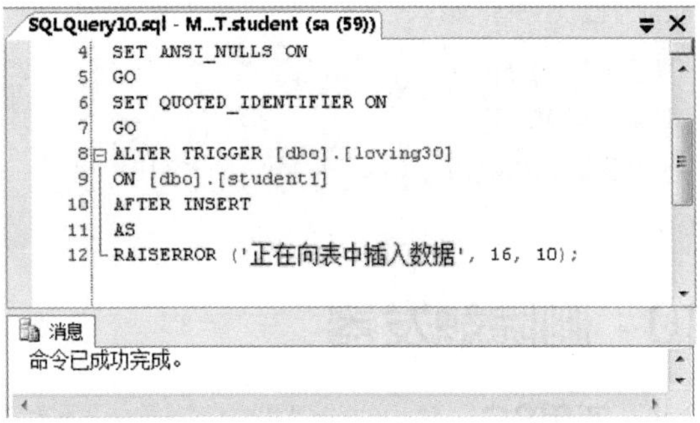

```
SQLQuery10.sql - M...T.student (sa (59))
4  SET ANSI_NULLS ON
5  GO
6  SET QUOTED_IDENTIFIER ON
7  GO
8  ALTER TRIGGER [dbo].[loving30]
9  ON [dbo].[student1]
10 AFTER INSERT
11 AS
12 RAISERROR ('正在向表中插入数据', 16, 10);
消息
命令已成功完成。
```

图9-27　在查询分析器中修改触发器

9.9.2　使用Transact-SQL语言管理触发器

修改DML和DDL触发器的语法结构与创建它们的语法结构类似，除了使用的开始关键词变为ALTER和在修改DML触发器时不能使用WITH APPEND参数选项外，其他语法结构都相同。

修改DML触发器的ALTER TRIGGER语法结构如下：

```
ALTER TRIGGER schema_name.trigger_name
ON ( table | view )
[ WITH <dml_trigger_option> [ ,...n ] ]
( FOR | AFTER | INSTEAD OF )
{ [ DELETE ] [ , ] [ INSERT ] [ , ] [ UPDATE ] }
[ NOT FOR REPLICATION ]
AS { sql_statement [ ; ] [ ...n ] | EXTERNAL NAME <method specifier> [ ; ] }
<dml_trigger_option> : : =
    [ ENCRYPTION ]
    [ <EXECUTE AS Clause> ]
<method_specifier> : : =
    assembly_name.class_name.method_name
```

修改DDL触发器的ALTER TRIGGER语法结构如下：

```
ALTER TRIGGER trigger_name
ON { DATABASE | ALL SERVER }
[ WITH <ddl_trigger_option> [ ,...n ] ]
{ FOR | AFTER } { event_type [ ,...n ] | event_group }
AS { sql_statement [ ; ] | EXTERNAL NAME <method specifier>
[ ; ] } }
<ddl_trigger_option> : : =
```

```
        [ ENCRYPTION ]
        [ <EXECUTE AS Clause> ]
<method_specifier> : : =
            assembly_name.class_name.method_name
```

例如，修改触发器loving。SQL语句如下：

```
USE db_student
alter TRIGGER loving
ON course
AFTER INSERT
AS RAISERROR ('Notify course Relations', 16, 10)
GO
```

9.10 删除触发器

9.10.1 使用SQL Server Management Studio删除触发器

删除触发器

打开“SQL Server Management Studio”管理器。在“对象资源管理器”中，单击【数据库】→【student】→【表】→【course】→【触发器】节点（其中course为创建的触发器所在的表），选择要删除的触发器，单击鼠标右键，在弹出的快捷菜单中选择【删除】命令，即可将所选择的触发器删除，如图9-28所示。

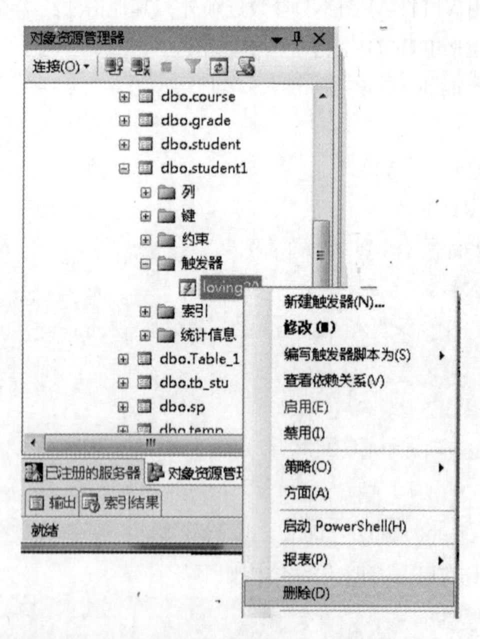

图9-28 用“对象资源管理器”删除触发器

9.10.2 使用Transact-SQL语言删除触发器

使用DROP TRIGGER语句可从当前数据库中删除一个或多个触发器。

语法：

```
DROP TRIGGER { trigger } [ ,...n ]
```

参数说明如下。

- Trigger：被删除的触发器名称。触发器名称必须符合标识符规则。通过该参数可以选择是否指定触发器所有者名称。若要查看当前创建的触发器列表，请使用sp_helptrigger。
- n：表示可以指定多个触发器的占位符。

例如，删除指定数据库中的触发器loving，代码如下：

```
USE db_student
DROP TRIGGER loving
```

小结

本章介绍了存储过程和触发器的概念，创建和管理存储过程与触发器的方法。读者使用存储过程可以增强代码的重用性，使用触发器可以在操作数据的同时触发指定的事件从而维护数据完整性。创建存储过程后可以调用EXECUTE语句执行存储过程或者设置其自动执行，还可以查看、修改或者删除存储过程。触发器分为DML触发器和DDL触发器，可以使用SQL Server Management Studio或者Transact-SQL语句对触发器进行管理。

习题

9-1 T-SQL的流程控制语句分为哪些？

9-2 简述运算符优先级的排列顺序（从高到底）。

9-3 使用存储过程有哪些优点？存储过程分为哪3类？

9-4 创建、修改、删除存储过程的语句分别是什么？

9-5 执行存储过程使用什么语句？

9-6 存储过程与触发器有何区别？

9-7 触发器有哪两种类型？

9-8 下面哪个是创建触发器的语句？

（1）CREATE TRIGGER （2）ALTER TRIGGER

（3）DROP TRIGGER （4）CREATE PROCEDURE

PART10

第10章 SQL Server 2012高级开发

本章要点

- 用户自定义数据类型
- 用户自定义函数
- 交叉表查询
- 事务处理
- 锁

■ 本章主要介绍SQL Server 2012的高级应用，包括用户自定义数据类型、用户自定义函数、实现交叉表查询、事务处理以及锁。通过本章的学习，读者可以创建和管理用户自定义数据类型、用户自定义函数，可以使用PIVOT、UNPIVOT以及CASE实现交叉表查询，并了解事务处理机制和锁，应用事务和锁优化对数据的访问。

10.1 用户自定义数据类型

用户自定义数据类型

用户自定义数据类型并不是真正的数据类型，它只是提供了一种加强数据库内部元素和基本数据类型之间一致性的机制。通过使用用户自定义数据类型能够简化对常用规则和默认值的管理。

在SQL Server 2012中，创建用户自定义数据类型有2种方法：一是使用界面方式，二是使用SQL语句，下面分别介绍。

10.1.1 使用界面方式创建用户定义数据类型

在“db_database”数据库中，创建用来存储邮政编码信息的“postcode”用户定义数据类型，数据类型为char，长度为8000。操作步骤如下。

（1）在操作系统的任务栏中单击“开始”菜单，选择【所有程序】→【Microsoft SQL Server 2012】→【SQL Server Management Studio】命令，打开SQL Server 2012。

（2）在SQL Server 2012的对象资源管理器中，依次展开【数据库】→【选择指定数据库】→【可编程性】→【类型】的节点。

（3）展开“类型”节点，选中【用户定义数据类型】，单击鼠标右键，在弹出的快捷菜单中选择【新建用户定义数据类型】命令。在打开的对话框中设置用户定义数据类型的名称、依据的系统数据类型以及是否允许NULL值等，如图10-1所示，还可以将已创建的规则和默认值绑定到该用户定义的数据类型上。

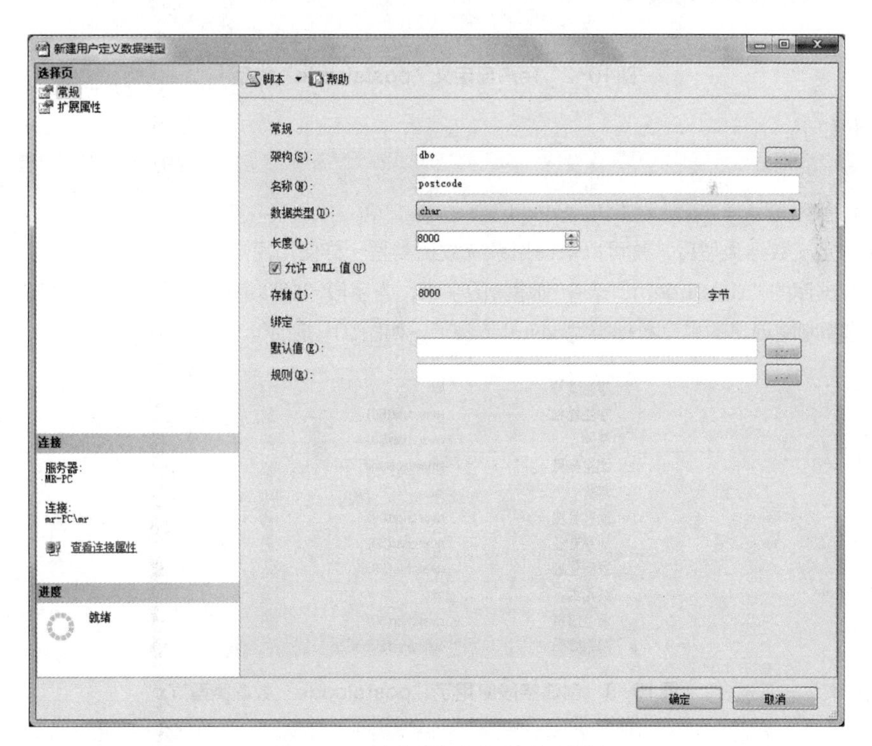

图10-1 创建用户自定义数据类型

（4）单击【确定】按钮，完成创建工作。

10.1.2 使用SQL语句创建用户自定义数据类型

在SQL Server 2012中，可使用系统数据类型sp_addtype创建用户自定义数据类型。

语法如下：

```
sp_addtype[@typename=]type,
[@phystype=]system_data_type
[, [@nulltype=]'null_type']
[, [@owner=]'owner_name']
```

参数说明如下。

- [@typename=]type：指定待创建的用户自定义数据类型的名称。用户定义数据类型名称必须遵循标识符的命名规则，而且在数据库中唯一。
- [@phystype=]system_data_type'：指定用户定义数据类型所依赖的系统数据类型。
- [@nulltype=]'null_type'：指定用户定义数据类型的可空属性，即用户定义数据类型处理空值的方式。取值为“NULL”，“NOT NULL”或“NONULL”。

在“db_database”数据库中，创建用来存储邮政编码信息的“postcode”用户自定义数据类型。在查询分析器中运行的结果如图10-2所示。

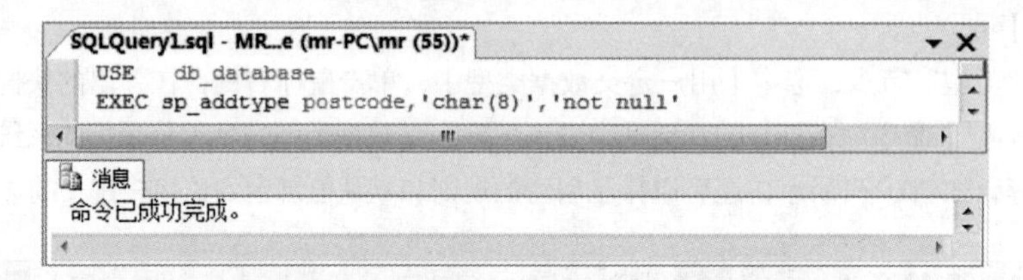

图10-2 用户自定义“postalcode”类型

SQL语句如下：

```
USE   db_database
EXEC sp_addtype postcode,'char(8) ','not null'
```

创建用户定义数据类型后，就可以像使用系统数据类型一样使用用户自定义数据类型。例如，在“db_database”数据库的“tb_student”表中创建新的字段，为字段“邮政编码”指定数据类型时，就可以在下拉列表框中选择刚刚创建的用户数据类型postalcode了，如图10-3所示。

列名	数据类型	允许Null值
学生编号	int	☐
学生姓名	nvarchar(50)	☑
性别	nvarchar(50)	☑
出生年月	smalldatetime	☑
年龄	int	☑
所在学院	nvarchar(50)	☑
所学专业	nvarchar(50)	☑
家庭住址	nvarchar(50)	☑
统招否	bit	☐
备注信息	nvarchar(50)	☑
邮政编码	postalcode:char(8)	☑

图10-3 创建字段时用了“postalcode”数据类型

根据需要，还可以修改、删除用户数据类型。SQL Server 2012提供系统存储过程sp_droptype，该存储过程从 systypes 中删除别名数据类型。

10.2 用户自定义函数

在SQL Server 2012中，用户还可以根据需要来自定义函数，并可将其用在任何允许使用系统函数的地方。

用户自定义函数有两种方法，一种是利用SQL Server Manager管理器直接创建，另一种是利用代码创建。

10.2.1 创建用户自定义函数

创建用户自定义
函数

用SQL Server Manager管理器直接创建用户自定义函数的具体步骤如下。

（1）单击【开始】→【程序】→【Microsoft SQL Server 2012】→【SQL Server Management Studio】命令，打开SQL Server Manager 管理器窗口。

展开服务器组，选择要在其中创建用户自定义数据类型的数据库。展开目录，单击【可编程性】→【函数】→【新建】命令，弹出如图10-4所示的对话框。

（2）根据函数的返回值不同，函数分为内联表值函数、多语句表值函数、标题值函数，用户可以根据需要任选其一。

（3）选择其中一种自定义函数后，打开一个创建自定义函数的数据库引擎查询模板，只需要修改其相应的参数即可。

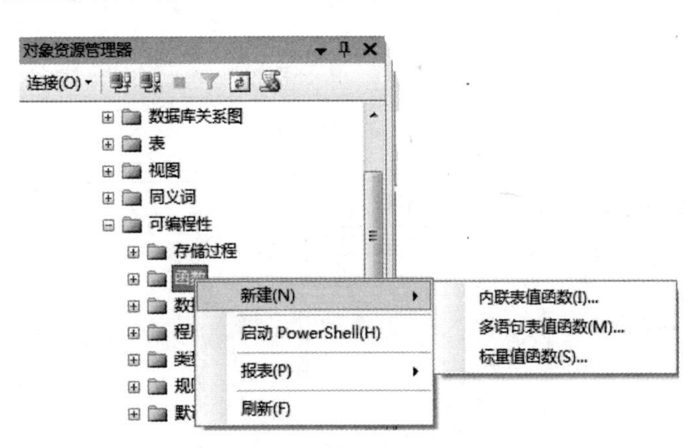

图10-4 创建自定义函数

10.2.2 使用Transact-SQL语言创建用户自定义函数

1. 创建自定义函数

利用Transact-SQL创建函数的语法如下：

```
create function 函数名（@parameter 变量类型[,@parameter 变量类型]）
returns参数as
begin
  命令行或程序块
End
```

函数可以有0个或若干个输入参数，但必须有返回值，returns后面就是设置函数的返回值类型。

用户自定义函数为标量值函数或表值函数。如果returns子句指定了一种标量数据类型，则函数为标量值函数；如果returns子句指定为TABLE，则函数为表值函数。根据函数主体的定义方式，表值函数可分为内联函数和多语句函数。

例如，创建一个自定义标量值函数max1，功能是返回两个数中的最大值。SQL语句如下：

```
create function max1( @x int, @y int)
```

```
returns int as
begin
if @x<@y
set @x=@y
return @x
end
```

2. 调用自定义函数

Transact-SQL调用函数的语法格式如下：

```
Print  dbo.函数（[实参]）
```

或

```
select dbo.函数（[实参]）
```

dbo是系统自带的一个公共用户名。

例如，调用上个例子创建的max1函数，输出@ a和@ b两个变量中的最大值。SQL语句如下：

```
declare @a int, @b int
set @a=10
set @b=20
print dbo.max1(@a, @b)
```

运行结果是：20

【例10-1】创建tb_users表的自定义函数。

创建一个名称是find的内联表值函数，其功能是在tb_basicMessage表中，根据输入的age进行查询。SQL语句如下：

```
create function find(@x int)
returns table
as
return(select * from tb_basicMessage where age>@x)
```

在tb_basicMessage表中，查询age大于所输入的参数的员工信息。SQL语句如下：

```
use db_supermarket
select * from find (27)
```

查询结果如图10-5所示。

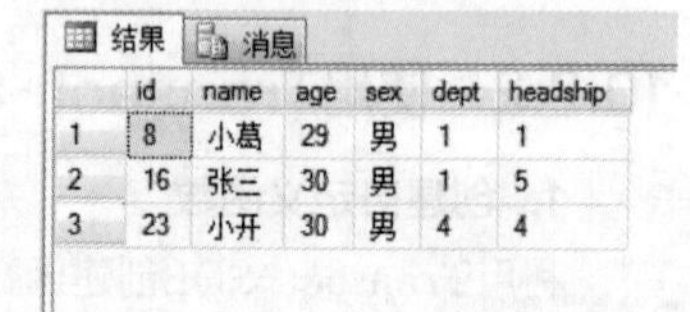

结果　消息

	id	name	age	sex	dept	headship
1	8	小葛	29	男	1	1
2	16	张三	30	男	1	5
3	23	小开	30	男	4	4

图10-5　用find函数查询的结果

10.2.3　修改、删除用户自定义函数

1. 修改自定义函数

利用Transact-SQL修改函数的语法如下：

```
alter function 函数名（@parameter 变量类型 [,@parameter  变量类型 ]）
returns参数as
begin
 命令行或程序块
End
```

修改、删除用户自定义函数

修改函数与创建函数几乎相同，将create改成alter即可。

2. 删除自定义函数

删除自定义函数的Transact-SQL语法如下：

```
Drop function 函数名
```

例如，删除tb_basicManager表的自定义函数，代码如下：

```
Drop function find
```

10.3 使用SQL Server 2012实现交叉表查询

10.3.1 使用PIVOT和UNPIVOT实现交叉表查询

PIVOT和UNPIVOT运算符是SQL Server 2012新增的功能。通过PIVOT和UNPIVOT就完全可以实现交叉表的查询，用PIVOT和UNPIVOT编写更简单，更易于理解。

使用PIVOT和UNPIVOT实现交叉表查询

在查询的FROM子句中使用PIVOT和UNPIVOT，可以对一个输入表值表达式执行某种操作，以获得另一种形式的表。PIVOT运算符将输入表的行旋转为列，并能同时对行执行聚合运算。而UNPIVOT运算符则执行与PIVOT运算符相反的操作，它将输入表的列旋转为行。PIVOT和UNPIVOT的语法如下：

```
[ FROM { <table_source> } [ ,...n ] ]
 <table_source> ::= {
   table_or_view_name [ [ AS ] table_alias ]
    <pivoted_table> | <unpivoted_table> }
 <pivoted_table> ::= table_source PIVOT <pivot_clause> table_alias
 <pivot_clause> ::= ( aggregate_function ( value_column )
   FOR pivot_column
     IN ( <column_list> )
 <unpivoted_table> :: = table_source UNPIVOT <unpivot_clause> table_alias
 <unpivot_clause> :: = ( value_column FOR pivot_column IN ( <column_list> )
 <column_list> :: = column_name [ , ... ] table_source PIVOT <pivot_clause>
```

参数说明如表10-1所示。

表10-1 PIVOT和UNPIVOT运算符的参数说明

参 数	描 述
<table_source>	指定要在T-SQL语句中使用的表、视图或派生表源（有无别名均可）。虽然语句中可用的表源个数的限值根据可用内存和查询中其他表达式的复杂性而有所不同，但一个语句中最多可使用256个表源。单个查询可能不支持最多有256个表源。在该参数中可将table变量指定为表源。表源在FROM关键字后的顺序不影响返回的结果集。如果FROM子句中出现重复的名称，SQL Server 2012会返回错误消息
table_or_view_name	表或视图的名称。如果表或视图位于正在运行SQL Server实例的同一计算机上的另一个数据库中，要按照database.schema.object_name形式使用完全限定名。如果表或视图不在链接服务器上的本地服务器中，要按照linked_server.catalog.schema.object形式使用4个部分的名称。如果由4部分组成的表或视图名称的服务器部分使用的是OPENDATASOURCE函数，则该名称也可用于指定表源。有关该函数的详细信息，请参阅OPENDATASOURCE (Transact-SQL)

续表

参数	描述
[AS] table_alias	table_source的别名，别名可带来使用上的方便，也可用于区分自联接或子查询中的表或视图。别名往往是一个缩短了的表名，用于在联接中引用表的特定列。如果联接中的多个表中存在相同的列名，SQL Server要求使用表名、视图名或别名来限定列名。如果定义了别名则不能使用表名。如果使用派生表、行集或表值函数或者运算符子句（如PIVOT或UNPIVOT），则在子句结尾处必需的table_alias是所有返回列（包括组合列）的关联表名
table_source PIVOT<pivot_clause>	指定基于table_source对pivot_column进行透视。table_source是表或表表达式。输出是包含table_source中pivot_column和value_column列之外的所有列的表。table_source中pivot_column和value_column列之外的列被称为透视运算符的组合列。PIVOT对输入表执行组合列的分组操作，并为每个组返回一行。此外，input_table的pivot_column中显示的column_list中指定的每个值，输出中都对应一列
Aggregate_function	系统或用户定义的聚合函数。聚合函数应该对空值固定不变。对空值固定不变的聚合函数在求聚合值时不考虑组中的空值。不允许使用COUNT(*)系统聚合函数
Value_column	PIVOT运算符的值列。与UNPIVOT一起使用时，value_column不能是输入table_source中的现有列的名称
FOR pivot_column	PIVOT运算符的透视列。pivot_column必须属于可隐式或显式转换为nvarchar()的类型。此列不能为image或rowversion。使用UNPIVOT时，pivot_column是从table_source中提取的输出列的名称。table_source中不能有该名称的现有列
IN（column_list）	在PIVOT子句中，列出pivot_column中将成为输出表的列名的值。该列表不能指定被透视的输入table_source中已存在的任何列名。在UNPIVOT子句中，列出table_source中将被提取到单个pivot_column中的列
Table_alias	输出表的别名。必须指定pivot_table_alias
UNPIVOT < unpivot_clause >	指定输入表从column_list中的多个列缩减为名为pivot_column的单个列

例如，图10-6所示的商品表就是一个典型的交叉表，其中“数量”和“月份”可以继续添加。但是，这种格式在进行数据表存储的时候并不容易管理。例如存储图10-7所示的表格数据时，通常需要设计成图10-8所示的结构。这样就带来一个问题，用户既希望数据容易管理，又希望能够生成一种方便阅读的表格数据。恰好PIVOT能够满足这两个条件。

现设计为如图10-9所示的sp（商品）表，其中有商品名称、销售数量和月份列，并存储相应的数据。

数量 / 商品	一月	二月	三月	…
商品1				
商品2				
商品3				
…				

图10-6　商品表

商品名称	销售数量	月份

图10-7　商品表结构

SQL语句如下：

```
use student
select 商品名称,a.[9] as [九月],a.[10] as [十月],a.[11] as [十一月],a.[12] as [十二月]
from sp
```

```
pivot(sum(销售数量) for 月份 in([9],[10],[11],[12] )) as a
```

其中，sp是输入表，月份是透视列（pivot_column），销售数量是值列（value_column）。上面的语句将按下面的步骤获得输出结果集。

（1）PIVOT首先按值列之外的列（商品名称和月份）对输入表sp进行分组汇总，类似执行下面的SQL语句：

```
Use student
Select 商品名称, 月份, sum(销售数量) as total
from sp
group by 商品名称, 月份
```

执行上述SQL语句将得到如图10-9所示的中间结果集。

	商品名称	销售数量	月份
1	李小葱	888	9
2	周木人专辑	777	9
3	国产E601	564	11
4	920演唱会DVD	333	10
5	李小葱专辑	28888	10
6	周木人专辑	778	10
7	国产E601	2478	12
8	920演唱会DVD	6666	11
9	920演唱会DVD	8888	11
10	李小葱专辑	9999	11

图10-8 sp表

	商品名称	月份	total
1	李小葱	9	888
2	周木人专辑	9	777
3	920演唱会DVD	10	333
4	李小葱专辑	10	28888
5	周木人专辑	10	778
6	920演唱会DVD	11	15554
7	国产E601	11	564
8	李小葱专辑	11	9999
9	国产E601	12	2478

图10-9 sp表经过分组汇总后的结果

（2）PIVOT根据“for 月份 in”指定的值9、10、11、12在结果集中建立名为9、10、11、12的列，然后在中间结果集从月份列中取出相符合的值，分别放置到9、10、11、12列。此时得到别名为a（见语句中AS a的指定）的结果集，如图10-10所示。

（3）最后根据“select 商品名称。a.[9] as [九月],a.[10] as [十月],a.[11] as [十一月],a.[12] as [十二月] from”的指定，从别名是aa的结果集中检索数据，并分别将名为9，10，11，12的列在最终结果集中重新命名为：九月、十月、十一月、十二月。这里需要注意的是FROM的含义，其表示在通过PIVOT关系运算符得到的a结果集中检索数据，而不是从sp表中检索数据。最终得到的结果集如图10-11所示。

	商品名称	九月	十月	十一月	十二月
1	920演唱会DVD	NULL	333	15554	NULL
2	国产E601	NULL	NULL	564	2478
3	李小葱专辑	888	28888	9999	NULL
4	周木人专辑	777	778	NULL	NULL

图10-10 使用“for 月份 in([9] , [10], [11] , [12])”后得到的结果集

	商品名称	九月	十月	十一月	十二月
1	920演唱会DVD	NULL	333	15554	NULL
2	国产E601	NULL	NULL	564	2478
3	李小葱专辑	888	28888	9999	NULL
4	周木人专辑	777	778	NULL	NULL

图10-11 由sp表经行转列得到的最终结果集

UNPIVOT与PIVOT执行几乎完全相反的操作，将列转换为行。假设图10-11所示的结果集存储在一个名为temp的表中，现在需要将列标识符“九月”、“十月”、“十一月”和“十二月”转换到对应于相应商品名称的行值中。这意味着必须另外标识两个列，一个用于存储月份，一个用于存储销售数量。为了便于理解，仍旧将这两个列命名为月份和销售数量。SQL语句如下：

```
use student
select * from temp
unpivot(销售数量
for 月份 in([九月],[十月],[十一月],[十二月])) as b
```

运行上述SQL语句后的结果集如图10-12所示。

	商品名称	销售数量	月份
1	920演唱会DVD	333	十月
2	920演唱会DVD	15554	十一月
3	国产E601	564	十一月
4	国产E601	2478	十二月
5	李小葱专辑	888	九月
6	李小葱专辑	28888	十月
7	李小葱专辑	9999	十一月
8	周木人专辑	777	九月
9	周木人专辑	778	十月

图10-12　使用UNPIVOT得到的结果集

但是，UNPIVOT并不完全是PIVOT的逆操作，由于在执行PIVOT过程中，数据已经被进行了分组汇总，所以使用UNPIVOT有时并不会重现原始表值表达式的结果。

1. PIVOT应用举例

【例10-2】使用PIVOT运算符实现交叉表查询。

在sp表中，按“商品名称”实现交叉表查询。结果表显示各商品在各月的销售情况。SQL语句如下：

```
use student
select * from sp pivot(sum(销售数量) for 商品名称 in([李小葱专辑],[周木人专辑],[国产E601],[920演唱会DVD] ))
as 统计
```

实现的过程如图10-13所示。

	月份	李小葱专辑	周木人专辑	国产E601	920演唱会DVD
1	9	888	777	NULL	NULL
2	10	28888	778	NULL	333
3	11	9999	NULL	564	15554
4	12	NULL	NULL	2478	NULL

图10-13　sp表按商品名称交叉查询

有时还需要根据表的其他字段进行交叉查询。例如，在sp表中，按“月份”交叉查询。逐月进行聚合计算。SQL语句如下：

```
use student
select 商品名称,a.[9] as [九月],a.[10] as [十月],a.[11] as [十一月],a.[12] as [十二月] from sp pivot(sum(销售数量)
for 月份 in([9],[10],[11],[12] )) as a
```

实现的过程如图10-14所示。

	商品名称	九月	十月	十一月	十二月
1	920演唱会DVD	NULL	333	15554	NULL
2	国产E601	NULL	NULL	564	2478
3	李小葱专辑	888	28888	9999	NULL
4	周木人专辑	777	778	NULL	NULL

图10-14　sp表按月份交叉查询

2. UNPIVOT应用举例

UNPIVOT作为PIVOT的逆操作的应用。

【例10-3】使用UNPIVOT运算符实现交叉表查询。

用UNPIVOT实现把temp1表中的列标识（李小葱专辑、周木人专辑、国产E601和920演唱会DVD）转换到商品名称的行值中。相当于示例PIVOT的逆操作。SQL语句如下：

```
use student
```

```
select * from temp1 unpivot(销售数量 for 商品名称 in([李小葱专辑],[周木人专辑],[国产E601],[920演唱会DVD] )) as a
```

实现的过程如图10-15所示。

用UNPIVOT实现把temp2中的列标识9月份、10月份、11月份和12月份列标识名称的行值中。相当于把示例的PIVOT实现逆操作。SQL语句如下：

```
use student
select * from temp2 unpivot(销售数量 for 月份 in([九月],[十月],[十一月],[十二月] )) as a
```

实现的操作如图10-16所示。

	月份	销售数量	商品名称
1	9	888	李小葱专辑
2	9	777	周木人专辑
3	10	28888	李小葱专辑
4	10	778	周木人专辑
5	10	333	920演唱会DVD
6	11	9999	李小葱专辑
7	11	564	国产E601
8	11	15554	920演唱会DVD
9	12	2478	国产E601

图10-15　UNPIVOT对temp1表实现逆操作

	商品名称	销售数量	月份
1	920演唱会DVD	333	十月
2	920演唱会DVD	15554	十一月
3	国产E601	564	十一月
4	国产E601	2478	十二月
5	李小葱专辑	888	九月
6	李小葱专辑	28888	十月
7	李小葱专辑	9999	十一月
8	周木人专辑	777	九月
9	周木人专辑	778	十月

图10-16　UNPIVOT对temp2实现逆操作

10.3.2　使用CASE实现交叉表查询

使用CASE实现交叉表查询

利用CASE语句可以返回多个可能结果的表达式。CASE具有简单CASE和CASE查询2种函数格式。下面介绍简单CASE语句的语法。

简单CASE语句：将某个表达式与一组简单表达式进行比较以确定结果。

其语法形式如下：

```
CASE input_expression
    WHEN when_expression THEN result_expression
        [ ...n ]
    [
        ELSE else_result_expression
    END
```

参数说明如下。

- input_expression：是使用简单CASE格式时所计算的表达式。Input_expression是任何有效的 SQL Server表达式。
- WHEN when_expression：使用简单CASE格式时input_expression所比较的简单表达式。when_expression是任意有效的SQL Server表达式。input_expression和每个when_expression的数据类型必须相同，或者是隐性转换。
- n：占位符，表明可以使用多个WHEN when_expression THEN result_expression子句或WHEN Boolean_expression THEN result_expression子句。
- THEN result_expression：当input_expression=when_expression取值为TRUE时，或者Boolean_expression取值为TRUE时返回的表达式。result expression是任意有效的SQL Server表达式。
- ELSE else_result_expression：当比较运算取值不为TRUE时返回的表达式。如果省略此参数并且比较运算取值不为TRUE，CASE将返回NULL值。else_result_expression是任意有效的SQL

Server表达式。else_result_expression和所有result_expression的数据类型必须相同，或者必须是隐性转换。

- WHEN boolean_expression：使用CASE搜索格式时所计算的布尔表达式。boolean_expression是任意有效的布尔表达式。

【例10-4】使用CASE语句实现交叉表查询。

在sp表中，按照“商品名称”进行交叉表查询。结果表显示各商品各月的销售情况。SQL语句如下：

```
use student
SELECT 月份,SUM(CASE 商品名称 WHEN '李小葱专辑' THEN 销售数量 ELSE NULL END)AS [李小葱专辑],SUM(CASE 商品名称 WHEN '周木人专辑' THEN 销售数量 ELSE NULL END)as [周木人专辑] ,SUM(CASE 商品名称 WHEN '国产E601' THEN 销售数量 ELSE NULL END)AS [E601],SUM(CASE 商品名称 WHEN '920演唱会DVD' THEN 销售数量 ELSE NULL END)AS [920演唱会DVD] FROM sp group by 月份
```

实现的过程如图10-17所示。

	月份	李小葱专辑	周木人专辑	E601	920演唱会DVD
1	9	888	777	NULL	NULL
2	10	28888	778	NULL	333
3	11	9999	NULL	564	15554
4	12	NULL	NULL	2478	NULL

图10-17　sp表按照商品名称交叉表查询

在sp表中，按照“月份”进行交叉表查询。SQL语句如下：

```
Use student
SELECT 商品名称,SUM(CASE 月份 WHEN '9' THEN 销售数量 ELSE NULL END)AS [9月份],SUM(CASE 月份 WHEN '10' THEN 销售数量 ELSE NULL END) as [10月份] ,SUM(CASE 月份 WHEN '11' THEN 销售数量 ELSE NULL END)AS [11月份],SUM(CASE 月份 WHEN '12' THEN 销售数量 ELSE NULL END)AS [12月份] FROM sp GROUP BY 商品名称
```

实现的过程如图10-18所示。

	商品名称	9月份	10月份	11月份	12月份
1	920演唱会DVD	NULL	333	15554	NULL
2	国产E601	NULL	NULL	564	2478
3	李小葱专辑	888	28888	9999	NULL
4	周木人专辑	777	778	NULL	NULL

图10-18　sp表按照月份交叉表查询

10.4　事务处理

10.4.1　事务简介

1. 事务概念

事务简介

事务（Transaction）的作用是在对数据进行操作的过程中保证数据的完整性，防止出现数据操作完成一半的未完成现象。事务作为一个逻辑单元，它必须具备以下4个属性。

（1）原子性（Atomicity）：事务必须是原子性的工作单元，对于事务里的操作，要么全部执行，要么全都不执行。

（2）一致性（Consistency）：事务完成时，必须使所有数据都保持一致状态。在相关数据库中，所有规则都必须应用于事务的修改，以保持所有数据的完整性。

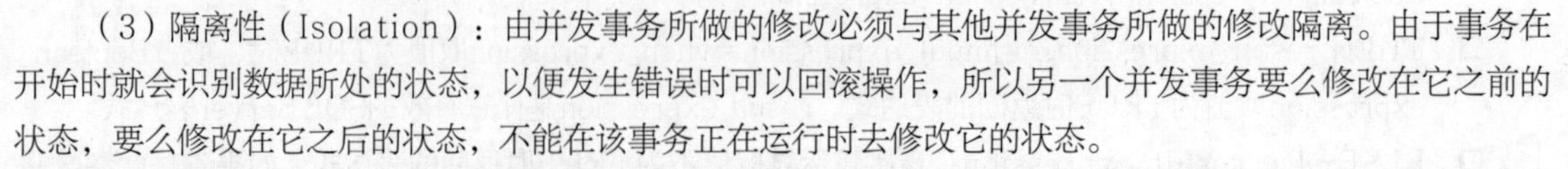

（3）隔离性（Isolation）：由并发事务所做的修改必须与其他并发事务所做的修改隔离。由于事务在开始时就会识别数据所处的状态，以便发生错误时可以回滚操作，所以另一个并发事务要么修改在它之前的状态，要么修改在它之后的状态，不能在该事务正在运行时去修改它的状态。

（4）持久性（Durability）：在事务完成后，其操作结果对于系统的影响应该是永久的。也就是说只要事务成功提交之后，就不能再次回滚到提交前的状态了。

2. 事务类型

根据系统的设置，可以把事务分成两种类型。一种是系统提供的事务，另一种是用户定义的事务。系统提供的事务是指在执行某些语句时，一条语句就是一个事务。这时要知道，一条语句的对象既可能是表中的一行数据，也可能是表中的多行数据，甚至是表中的全部数据。因此，只有一条语句构成的事务也可能包含了对多行数据的处理。

事务运行的3种模式如下。

（1）自动提交事务：每条单独的语句都是一个事务。每个语句后都隐含一个COMMIT。

（2）显式事务：以BEGIN TRANSACTION显式开始，以COMMIT或ROLLBACK显式结束。

（3）隐性事务：在前一个事务完成时，新事务隐式启动，但每个事务仍以COMMIT或ROLLBACK显式结束。

10.4.2 事务处理

1. 事务的起点

事务以BEGIN TRANSACTION语句开始。BEGIN TRANSACTION语句使全局变量@@TRANCOUNT按1递增。语法如下：

事务处理

```
BEGIN { TRAN | TRANSACTION }
    [ { transaction_name | @tran_name_variable }
     [ WITH MARK [ 'description' ] ]
    ]
[ ; ]
```

参数如表10-2所示。

表10-2 BEGIN TRANSACTION语句参数说明

参 数	说 明
transaction_name	分配给事务的名称。transaction_name 必须符合标识符规则，但标识符所包含的字符数不能大于32。仅在最外面的 BEGIN…COMMIT或BEGIN…ROLLBACK嵌套语句对中使用事务名
@tran_name_variable	用户定义的、含有有效事务名称的变量名称。必须用char、varchar、nchar或nvarchar数据类型声明变量。如果传递给该变量的字符多于32个，则仅使用前32个字符，其余字符将被截断
WITH MARK ['description']	指定在日志中标记事务。description是描述该标记的字符串。如果description是Unicode字符串，那么在将长于255个字符的值存储到msdb.dbo.logmarkhistory表之前，先将其截断为255个字符。如果description为非Unicode字符串，则长于510个字符的值将被截断为510个字符。如果使用了 WITH MARK，则必须指定事务名。WITH MARK允许将事务日志还原到命名标记

2. 事务的终点

事务以COMMIT TRANSACTION作为隐性事务或显式事务成功结束的标志。语法如下：

```
COMMIT { TRAN | TRANSACTION } [ transaction_name | @tran_name_variable ] ]
[ ; ]
```

如果 @@TRANCOUNT为1，COMMIT TRANSACTION使得自从事务开始以来所执行的所有数据修改成为数据库的永久部分，释放事务所占用的资源，并将 @@TRANCOUNT 减少到0。如果@@

TRANCOUNT大于1，则COMMITTRANSACTION使 @@TRANCOUNT按1递减并且事务将保持活动状态。

参数说明如表10-3所示。

表10-3 COMMIT TRANSACTION语句参数说明

参　数	说　明
transaction_name	SQL Server Database Engine忽略此参数。transaction_name指定由前面的BEGIN TRANSACTION分配的事务名称。transaction_name必须符合标识符规则，且不能超过32个字符。transaction_name向程序员指明COMMIT TRANSACTION与哪些BEGIN TRANSACTION相关联，可作为帮助阅读的一种方法
@tran_name_variable	用户定义的、含有有效事务名称的变量名称。必须用char、varchar、nchar或nvarchar数据类型声明变量。如果传递给该变量的字符数超过32，则只使用32个字符，其余的字符将被截断

3. 数据回滚

使用ROLLBACK TRANSACTION语句可以将显式事务或隐性事务回滚到事务的起点或事务内的某个保存点。语法如下：

```
ROLLBACK { TRAN | TRANSACTION }
        [ transaction_name | @tran_name_variable
        | savepoint_name | @savepoint_variable ]
[ ; ]
```

参数说明如表10-4所示。

表10-4 ROLLBACK TRANSACTION语句参数说明

参　数	说　明
transaction_name	是为BEGIN TRANSACTION上事务分配的名称。transaction_name必须符合标识符规则，但只使用事务名称的前32个字符。嵌套事务时，transaction_name必须是最外面的BEGIN TRANSACTION语句中的名称
@tran_name_variable	用户定义的、包含有效事务名称的变量名称。必须用char、varchar、nchar或nvarchar数据类型声明变量
savepoint_name	SAVE TRANSACTION语句中的savepoint_name。savepoint_name必须符合标识符规则。当条件回滚只影响事务的一部分时，可使用savepoint_name
@savepoint_variable	用户定义的、包含有效保存点名称的变量名称。必须用char、varchar、nchar或nvarchar数据类型声明变量

4. 事务保存点

使用SAVE TRANSACTION语句在事务内设置保存点。语法如下：

```
SAVE { TRAN | TRANSACTION } { savepoint_name | @savepoint_variable }
[ ; ]
```

5. 事务的应用

（1）常用事务。

例如，对数据表（TABLE_1）进行插入记录的工作，遇到错误时回滚到插入数据前的状态。代码如下：

```
BEGIN
    set nocount on
```

```
BEGIN TRAN
SAVE TRAN ABC
    INSERT INTO TABLE_1(NAME) VALUES('AAA')
    if @@error<>0
        begin
            print '遇到错误正准备回滚'
            waitfor delay '0:00:30'
            ROLLBACK TRAN ABC
        end
    else
        begin
            print '操作完毕'
        end
COMMIT TRAN
```

（2）隐式事务。

开启隐式事务的语法如下：

```
SET IMPLICIT_TRANSACTIONS { ON | OFF }
```

如果设置为ON，SET IMPLICIT_TRANSACTIONS将连接设置为隐式事务模式；如果设置为OFF，则使连接恢复为自动提交事务模式。

如果连接处于隐式事务模式，并且当前不在事务中，则执行表10-5中任一语句都可启动事务。

表10-5 启动隐式声明的语句

语　句		
ALTER TABLE	FETCH	REVOKE
CREATE	GRANT	SELECT
DELETE	INSERT	TRUNCATE TABLE
DROP	OPEN	UPDATE

如果连接已经在打开的事务中，则执行上述语句不会启动新事务。

对于因为此设置为ON而自动打开的事务，用户必须在该事务结束时将其显式提交或回滚。否则，当用户断开连接时，事务及其包含的所有数据更改将被回滚。事务提交后，执行上述任一语句即可启动一个新事务。

隐式事务模式将始终生效，直到执行SET IMPLICIT_TRANSACTIONS OFF语句使连接恢复为自动提交模式。在自动提交模式下，所有单个语句在成功完成时将被提交。

进行连接时，SQL Server的SQL Native Client OLE DB访问接口和SQL Native Client ODBC驱动程序会自动将IMPLICIT_TRANSACTIONS设置为OFF。对于SQL Client托管提供的程序连接以及通过HTTP端点接收的SOAP请求，SET IMPLICIT_TRANSACTIONS默认为OFF。

如果SET ANSI_DEFAULTS为ON，则SET IMPLICIT_TRANSACTIONS也为ON。

SET IMPLICIT_TRANSACTIONS的设置是在执行或运行时设置的，而不是在分析时设置的。

执行以下代码创建一个表，检验是否已启动事务：

```
CREATE TABLE Table_1 (i int)
```

用@@TRANCOUNT来测试是否已经打开一个事务。执行如下所示的SELECT语句：

```
SELECT @@TRANCOUNT AS 事务总数
```

结果是1，意思是当前连接已经打开了一个事务。0的意思是当前没有事务，一个大于1的数的意思是有嵌套事务。

现在执行以下语句回滚这个事务，并再次检查@@TRANCOUNT。可以看出，在ROLLBACK TRAN语句执行之后，@@TRANCOUNT 的值变成了0。

```
ROLLBACK TRAN
SELECT @@TRANCOUNT AS事务总数
```

尝试对表Table_1执行SELECT语句：

```
SELECT * FROM Table_1
```

由于表不复存在，所以会得到一个错误信息。这个隐式事务起始于CREATE TABLE语句，并且ROLLBACK TRAN语句取消了第一个语句后所做的所有工作。

执行以下代码关闭隐式事务：

```
SET IMPLICIT_TRANSACTIONS OFF
```

10.5 锁

10.5.1 锁简介

1. 锁的概念

锁是保护事务和数据的方式，这种保护方式类似于日常生活中使用的锁。锁是防止其他事务访问指定资源的手段，是实现并发控制的主要方法，是多个用户能够同时操纵同一个数据库中的数据而不发生数据不一致现象的重要保障。

锁简介

在SQL Server 2012中可以锁定的资源有多种，这些可以锁定的资源分别是行、页、Extent、表和数据库，它们对应的锁分别是行级锁、页级锁、Extent级锁、表级锁和数据库级锁。数据行存放在页上，页存放在Extent上，一个表由若干个Extent组成，而若干个表组成了数据库。

在这些可以锁定的资源中，最基本的资源是行、页和表，而Extent和数据库是特殊的可以锁定的资源。

2. 锁的类型

锁定资源的方式有2种基本形式，一种形式是读操作要求的共享锁，另一种形式是写操作要求的排它锁。除了这两种基本类型的锁，还有一些特殊情况的锁，例如意图锁、修改锁和模式锁。在各种类型的锁中，某些类型的锁之间是可以兼容的，但多数类型的锁是不兼容的。

（1）共享锁：用于不更改或不更新数据的选取操作。当资源上设置共享锁时，任何其他事务都不能修改数据，只能读取资源。

（2）更新锁：用于可更新的数据中，防止当多个事务在读取、锁定以及随后可能进行的数据源更新时发生常见形式的死锁。

【例10-5】使用更新锁阻止其他用户对数据表进行修改，但可以查询。代码如下：

```
begin tran
save tran aaa
select * from table_1 with (UPDLOCK)
```

```
rollback tran aaa
commit tran
```

（3）排它锁：用于数据修改操作，确保不会同时对同一数据进行不同的更新。在使用排它锁时，其他任何事务都无法修改数据。

【例10-6】使用排它锁阻止其他用户对数据表table_1进行访问，代码如下：

```
begin tran
save tran aaa
select * from table_1 with (tablockx xlock)
rollback tran aaa
commit tran
```

（4）意向锁：用于建立锁的层次结构，通常有2种用途：①防止其他事务以较低级别的锁无效的方式修改较高级别的资源；②提高数据库引擎在较高的粒度级别下检测锁冲突的效率。意向锁又分为意向共享、意向排它和意向排它共享3种模式。

（5）架构锁：通常在执行依赖于表架构的操作（如添加列或删除表等）时使用。架构锁分为架构修改锁和架构稳定性锁两种类型。

执行表的数据定义语言（DDL）操作时使用架构修改锁，在架构修改锁起作用期间，会防止对表的并发访问。这意味着在释放架构修改锁之前，该锁之外的所有操作都将被阻止。

在编译查询时，使用架构稳定性锁。架构稳定性锁不阻塞任何事务锁，包括排它锁。因此在编译查询时，其他事务都能继续运行。但不能在表上执行DDL操作。

（6）大容量更新锁：通常在向表进行大容量数据复制且指定了tablock提示时使用。大容量更新锁允许多个线程将数据并发地大容量加载到同一表。同时防止其他不进行大容量加载数据的进程访问该表。

（7）键范围锁：当使用可序列化事务隔离级别时保护查询读取的行范围。确保再次运行查询时其他事务无法插入符合可序列化事务查询的行。在使用可序列化事务隔离级别时，对于T-SQL语句读取的记录集，键范围锁可以隐式保护该记录集中包含的行范围。键范围锁可防止“幻读”。通过保护行之间键的范围，它还防止对事务访问的记录集进行幻插入或删除。

下面以表格的方式对常用的锁进行介绍，如表10-6所示。

表10-6　锁的描述

锁	描　述
HOLDLOCK	将共享锁保留到事务完成，而不是在相应的表、行或数据页不再需要时就立即释放锁。HOLDLOCK等同于SERIALIZABLE
NOLOCK	不要发出共享锁，并且不要提供排它锁。当此选项生效时，可能会读取未提交的事务或一组在读取中间回滚的页面。有可能发生“脏读”。仅应用于SELECT语句
PAGLOCK	在通常使用单个表锁的地方采用页锁
READPAST	跳过锁定行。此选项导致事务跳过由其他事务锁定的行（这些行平常会显示在结果集内），而不是阻塞该事务，使其等待其他事务释放在这些行上的锁。READPAST锁提示仅适用于运行在提交读隔离级别的事务，并且只在行级锁之后读取。仅适用于SELECT语句
REPEATABLEREAD	用与运行在可重复读隔离级别的事务相同的锁语义执行扫描
ROWLOCK	使用行级锁，而不使用粒度更粗的页级锁和表级锁
SERIALIZABLE	用与运行在可串行读隔离级别的事务相同的锁语义执行扫描。等同于HOLDLOCK

续表

锁	描　述
TABLOCK	使用表锁代替粒度更细的行级锁或页级锁。在语句结束前，SQL Server一直持有该锁。但是，如果同时指定HOLDLOCK，那么在事务结束之前，锁将被一直持有
TABLOCKX	使用表的排它锁。该锁可以防止其他事务读取或更新表，并在语句或事务结束前一直持有
UPDLOCK	读取表时使用更新锁，而不使用共享锁，并将锁一直保留到语句或事务的结束。UPDLOCK的优点是允许用户读取数据（不阻塞其他事务）并在以后更新数据，同时确保自从上次读取数据后数据没有被更改
XLOCK	使用排它锁并一直保持到由语句处理的所有数据上的事务结束。使用PAGLOCK或TABLOCK指定该锁，这种情况下排它锁适用于适当级别的粒度

10.5.2　死锁的产生机制

在事务和锁的使用过程中，死锁是一个不可避免的现象。在2种情况下会发生死锁：第1种情况是当两个事务分别锁定了两个单独的对象，这时每一个事务都要求在另外一个事务锁定的对象上获得一个锁，因此每一个事务都必须等待另外一个事务释放占有的锁，这时就发生了死锁。这是最典型的死锁形式。

死锁的产生机制

第2种情况是在一个数据库中，有若干个长时间运行的事务执行并行操作，当查询分析器处理一种非常复杂的查询，例如连接查询时，由于不能控制处理的顺序，则可能发生死锁现象。

当多个用户同时访问数据库的同一资源时，叫做并发访问。如果并发访问中有用户对数据进行修改，很可能就会对其他访问同一资源的用户产生不利影响。可能产生的并发不利影响有：脏读、不可重复读和幻读，下面分别进行介绍。

1. 脏读（dirty read）

如果一个用户正在更新一条记录，这时第2个用户来读取这条更新了的记录，但是第1个用户在更新了记录后又反悔了，不修改了，则回滚了刚才的更新。这样，导致了第2个用户实际上读取到了一条根本不存在的修改记录。如果第1个用户在修改记录期间，把所修改的记录锁住，并设置在修改完成前其他的用户读取不到记录，就能避免这种情况。

2. 不可重复读（nonrepeatable read）

第1个用户在一次事务中读取同一记录两次，第1次读取一条记录后，又有第2个用户来访问这条记录，并修改了这条记录，第1个用户在第2次读取这条记录时，得到与第1次不同的数据。如果第1个用户在两次读取之间锁住要读取的记录，则其他用户不能去修改相应的记录，就能避免这种情况。

3. 幻读（phantom read）

第1个用户在一次事务中两次读取同样满足条件的一批记录，第1次读取一批记录后，又有第2个用户来访问这个表，并在这个表中插入或者删除了一些记录。第1个用户第2次以同样条件读取这批记录时，可能得到的结果中有些记录在第1次读取时有，第2次的结果中没有了；或者是第2次读取的结果中有的记录在第1次读取的结果中没有。如果第1个用户在两次读取之间锁住要读取的记录，别的用户不能去修改相应的记录，也不能增删记录，就能避免这种情况。

小　结

本章介绍了关于SQL Server 2012的高级应用，如：用户自定义数据类型、用户自定义函数、交叉表查询、事务和锁。读者通过创建用户自定义函数可以实现将代码封装在一个函数体内，以方便调用；可以使用PIVOT、UNPIVOT运算符以及CASE语句实现交叉表查询；应用事务处理保证数据完整性；能使用锁保护数据，并熟悉死锁的产生机制。

习　题

10-1　下面哪两个语句可以调用用户自定义的函数?

（1）Print　　（2）select

（3）create function　　（4）alter function

10-2　下面用于删除用户自定义函数的语句是:

（1）create function　　（2）Delete function

（3）Drop function　　（4）Clear function

10-3　什么是事务？事务有几种类型?

10-4　事务的起点使用的语句是:

（1）BEGIN TRANSACTION　　（2）COMMIT TRANSACTION

（3）ROLLBACK TRANSACTION　　（4）SAVE TRANSACTION

10-5　锁的作用是什么？锁有几种类型？如何处理死锁?

PART11

第11章 SQL Server 2012安全管理

本章要点

- SQL Server身份验证
- 创建删除数据库用户
- SQL Server角色
- 管理SQL Server权限

■ 本章主要介绍SQL Server 2012的安全管理，主要包括SQL Server身份验证、数据库用户、SQL Server角色和管理SQL Server权限。通过本章的学习，读者能够使用SQL Server的安全管理工具构造灵活、安全的管理机制。

11.1 SQL Server身份验证

11.1.1 验 证 模 式

验证模式

验证模式指数据库服务器如何处理用户名与密码。SQL Server 2012的验证模式包括Windows验证模式与混合验证模式。

1. Windows验证模式

Windows验证模式是SQL Server 2012使用Windows操作系统中的信息验证账户名和密码。这是默认的身份验证模式，比混合模式安全。Windows验证使用Kerberos安全协议，通过强密码的复杂性验证提供密码策略强制，提供账户锁定与密码过期功能。

2. 混合模式

允许用户使用Windows身份验证或SQL Server身份验证进行连接。通过Windows用户账户连接的用户可以使用Windows验证的受信任连接。

11.1.2 配置SQL Server的身份验证模式

配置SQL Server的身份验证模式

SQL Server 2012的验证方式可以通过“SQL Server Management Studio”工具进行设置。具体设置步骤如下。

（1）通过【开始】→【程序】→【Microsoft SQL Server 2012】→【SQL Server Management Studio】菜单打开“SQL Server Management Studio”工具。

（2）打开“SQL Server Management Studio”后，弹出“连接到服务器”窗口。输入服务器名称，并选择登录服务器使用的身份验证模式，输入用户名与密码，如图11-1所示，单击【连接】按钮连接到服务器中。

（3）服务器连接完成后，用鼠标右键单击“对象资源管理器”中的服务器，选择弹出菜单中的【属性】命令，如图11-2所示。

图11-1 “连接到服务器”窗口

图11-2 选择【属性】

（4）通过选择图11-2中的【属性】命令，打开“服务器属性”窗口。选择该窗口中的“安全性”页面，如图11-3所示。

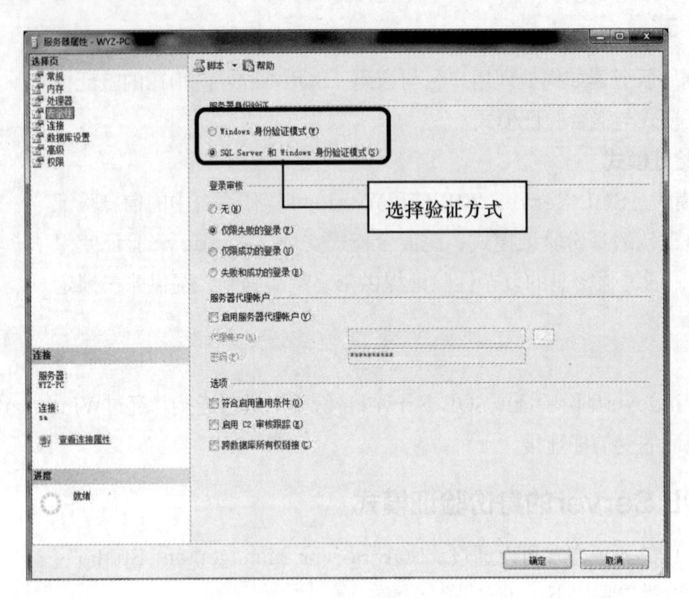

图11-3 “服务器属性”窗口

（5）在“服务器属性”窗口的“安全性”页面中设置SQL Server的验证模式。单击【确定】按钮，即可更改验证模式。

11.1.3 管理登录账号

在SQL Server 2012中有2个登录账户：一个是登录服务器的登录名；另外一个是使用数据库的用户账号。登录名是指能登录到SQL Server的账号，它属于服务器的层面，本身并不能让用户访问服务器中的数据库；而登录者要使用服务器中的数据库时，必须要有用户账号才能存取数据库。本节介绍如何创建、修改和删除服务器登录名。

管理登录账号

管理员可以通过“SQL Server Management Studio”工具对SQL Server 2012中的登录名进行创建、修改、删除等管理操作。

1. 创建登录名

创建登录名可以通过手动创建或执行SQL语句实现，手动创建登录名要比执行SQL语句创建更直观、简单，建议初学SQL Server的人员采用该种方法。下面分别介绍使用这两种方法创建登录名的方法，具体步骤如下。

（1）手动创建登录名。

① 通过【开始】→【程序】→【Microsoft SQL Server 2012】→【SQL Server Management Studio】菜单启动“SQL Server Management Studio”工具。

② 在弹出的“连接到服务器”窗口，输入服务器名称，并选择登录服务器使用的身份验证模式，输入用户名与密码，单击【连接】按钮连接到服务器中。

③ 单击“对象资源管理器”中的⊞号，依次展开【服务器名称】→【安全性】→【登录名】，并在“登录名”上单击鼠标右键，选择弹出菜单中的【新建登录名】命令，如图11-4所示。

④打开“登录名-新建”窗口，如图11-5所示。

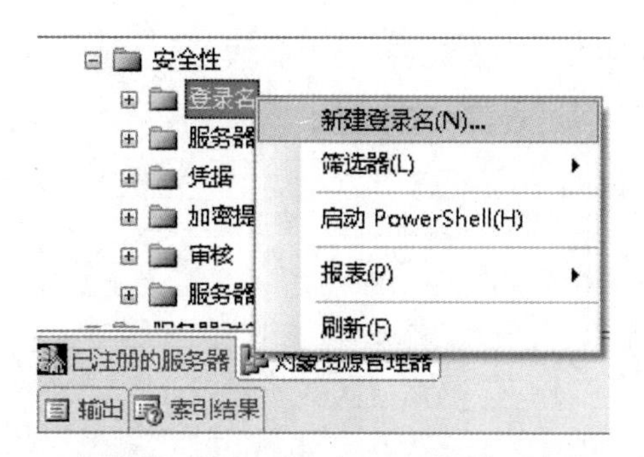

图11-4　选择【新建登录名】命令

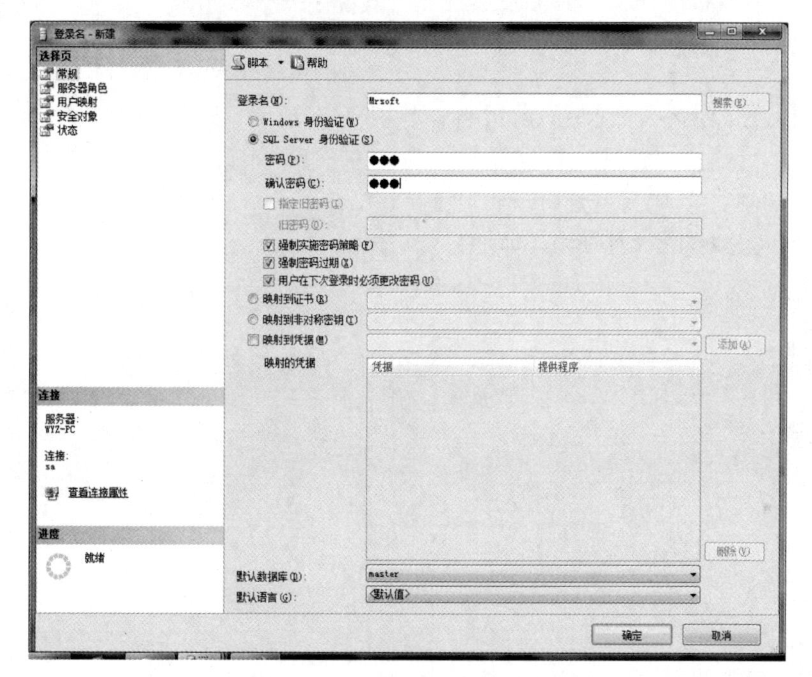

图11-5　“登录名-新建”窗口

⑤ 在“登录名”文本框中输入所创建登录名的名称。若选择【Windows身份验证】，可通过单击【搜索】按钮，查找并添加Windows操作系统中的用户名称；若选择【SQL Server身份验证】，则需在“密码”与“确认密码”文本框输入登录时采用的密码。

⑥ 在“默认数据库”与“默认语言”中选择该登录名登录SQL Server 2012后默认使用的数据库与语言。

⑦ 单击【确定】按钮，即可完成创建SQL Server登录名的操作。

（2）执行SQL语句创建登录名。

在“SQL Server Management Studio”工具中也可通过执行CREATE LOGIN语句创建登录名。语法如下：

```
CREATE LOGIN login_name
  {
    WITH
      <
```

```
        PASSWORD = 'password'
        [ HASHED ]
        [ MUST_CHANGE ]
        [
         ,
         <
            SID = sid
            |
            DEFAULT_DATABASE = database
            |
            DEFAULT_LANGUAGE = language
            |
            CHECK_EXPIRATION = { ON | OFF}
            |
            CHECK_POLICY = { ON | OFF}
            [ CREDENTIAL = credential_name ]
         >
         [ ,... ]
       ]
   >
  |
  FROM
  <
   WINDOWS
      [
       WITH
         <
            DEFAULT_DATABASE = database
            |
            DEFAULT_LANGUAGE = language
         >
        [ ,... ]
      ]
   |
   CERTIFICATE certname
   |
   ASYMMETRIC KEY asym_key_name
   >
 }
```

参数的说明如表11-1所示。

表11-1　CREATE LOGIN语句语法中参数的说明

参　数	说　明
login_name	指定创建的登录名。有4种类型的登录名：SQL Server登录名、Windows登录名、证书映射登录名和非对称密钥映射登录名。如果从Windows域账户映射login_name，则login_name必须用方括号（[]）括起来
PASSWORD = 'password'	仅适用于SQL Server登录名。指定正在创建的登录名的密码。此值提供时可能已经过哈希运算
HASHED	仅适用于SQL Server登录名。指定在PASSWORD参数后输入的密码已经过哈希运算。如果未选择此选项，则在将作为密码输入的字符串存储到数据库之前，对其进行哈希运算
MUST_CHANGE	仅适用于SQL Server登录名。如果包括此选项，则SQL Server将在首次使用新登录名时提示用户输入新密码
SID = sid	仅适用于SQL Server登录名。指定新SQL Server登录名的GUID。如果未选择此选项，则SQL Server将自动指派GUID
DEFAULT_DATABASE = database	指定将指派给登录名的默认数据库。默认设置为master数据库
DEFAULT_LANGUAGE = language	指定将指派给登录名的默认语言，默认语言设置为服务器的当前默认语言。即使服务器的默认语言发生更改，登录名的默认语言仍保持不变
CHECK_EXPIRATION = { ON | OFF }	仅适用于SQL Server登录名。指定是否对此登录名强制实施密码过期策略。默认值为OFF
CHECK_POLICY = { ON | OFF }	仅适用于SQL Server登录名。指定应对此登录名强制实施运行SQL Server的计算机的Windows密码策略。默认值为ON
CREDENTIAL = credential_name	将映射到新SQL Server登录名的凭据名称。该凭据必须已存在于服务器中
WINDOWS	指定将登录名映射到Windows登录名
CERTIFICATE certname	指定将与此登录名关联的证书名称。此证书必须已存在于master数据库中
ASYMMETRIC KEY asym_key_name	指定将与此登录名关联的非对称密钥的名称。此密钥必须已存在于master数据库中

例如，使用该语句创建以SQL Server方式登录的登录名，代码如下：

```
CREATE LOGIN Mr WITH PASSWORD = 'MrSoft'
```

执行SQL语句创建登录名具体步骤如下。

① 通过【开始】→【程序】→【Microsoft SQL Server 2012】→【SQL Server Management Studio】菜单启动“SQL Server Management Studio”工具。

② 在弹出的“连接到服务器”窗口中输入服务器名称，并选择登录服务器使用的身份验证模式，输入用户名与密码，单击【连接】按钮连接到服务器中。

③ 单击工具栏中的 新建查询(N) 按钮，打开“Transact-SQL查询编辑器”。该编辑器可以用来创建和运行Transact-SQL脚本，如图11-6所示。

④ 在“Transact-SQL查询编辑器”内编辑创建登录名的SQL语句。通过键盘上<F5>键执行编辑的SQL语句，完成创建登录名操作，如图11-7所示。

2. 修改登录名

（1）手动修改登录名。

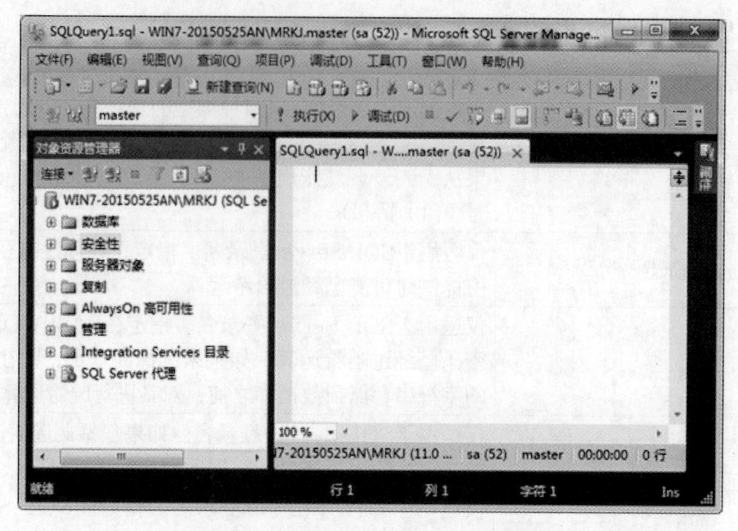

图11-6 Transact-SQL 查询编辑器

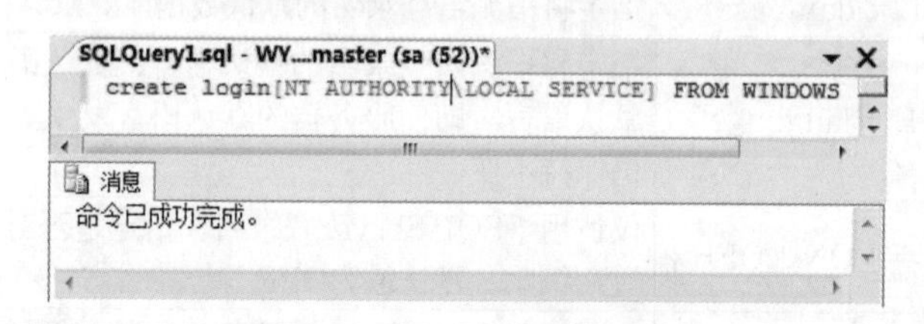

图11-7 执行SQL语句创建登录名

① 通过【开始】→【程序】→【Microsoft SQL Server 2012】→【SQL Server Management Studio】菜单启动“SQL Server Management Studio”工具。

② 在弹出的“连接到服务器”窗口中输入服务器名称，并选择登录服务器使用的身份验证模式，输入用户名与密码，单击【连接】按钮连接到服务器中。

③ 单击“对象资源管理器”中的⊞号，依次展开【服务器名称】→【安全性】→【登录名】。

④ 选择“登录名”下需要修改的登录名，单击鼠标右键，在弹出的菜单中选择【属性】命令，如图11-8所示。

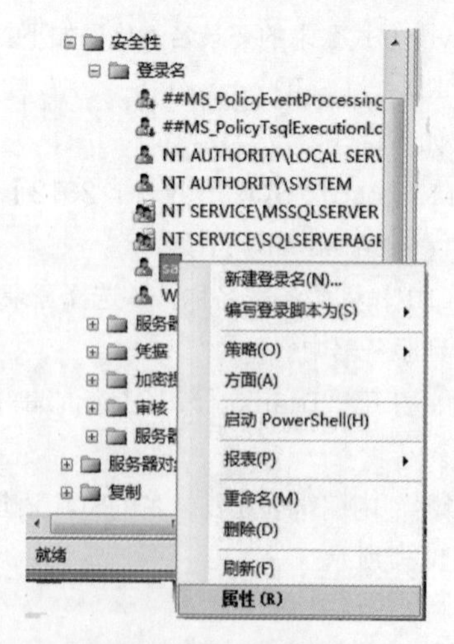

图11-8 修改登录名

⑤ 在弹出的“登录属性”窗口中修改有关该登录名的信息，如图11-9所示，单击【确定】按钮即可完成修改。

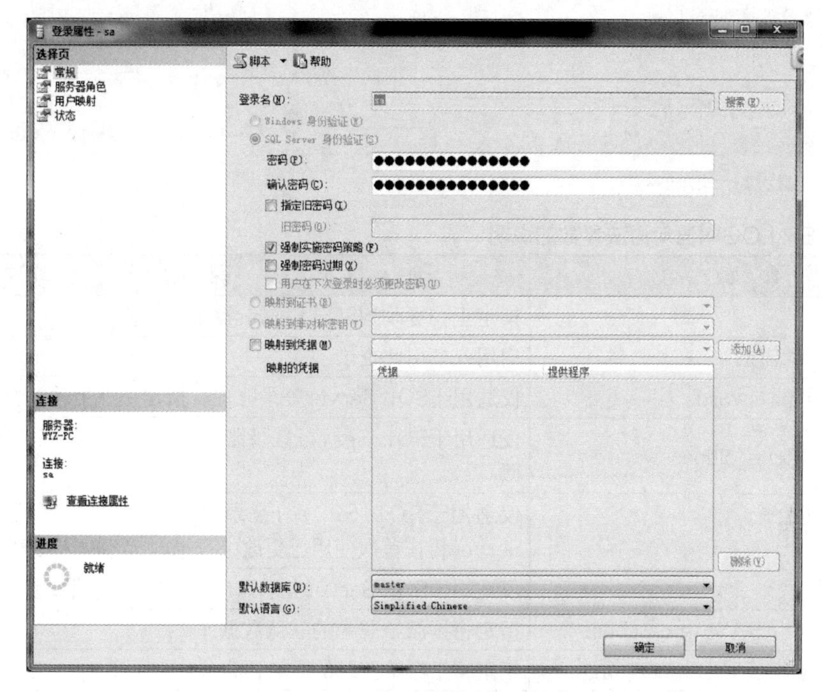

图11-9 “登录属性”窗口

（2）执行SQL语句修改登录名。

通过执行ALTER LOGIN语句，也可以修改SQL Server登录名的属性。语法如下：

```
ALTER LOGIN login_name
  {
   <
     ENABLE | DISABLE
   >
   |
   WITH
     <
       PASSWORD = 'password'
       [
         OLD_PASSWORD = 'oldpassword'
         | <MUST_CHANGE | UNLOCK>
         [ <MUST_CHANGE | UNLOCK> ]
       ]
       | DEFAULT_DATABASE = database
       | DEFAULT_LANGUAGE = language
       | NAME = login_name
       | CHECK_POLICY = { ON | OFF }
```

```
        | CHECK_EXPIRATION = { ON | OFF }
        | CREDENTIAL = credential_name
        | NO CREDENTIAL
    >
    [ ,... ]
}
```

参数的说明如表11-2所示。

表11-2 ALTER LOGIN语句语法参数的说明

参　数	说　明
login_name	指定正在更改的SQL Server登录的名称
ENABLE | DISABLE	启用或禁用此登录
PASSWORD = 'password'	仅适用于SQL Server登录账户。指定正在更改的登录的密码
OLD_PASSWORD = 'oldpassword'	仅适用于SQL Server登录账户。要指派新密码的登录的当前密码
MUST_CHANGE	仅适用于SQL Server登录账户。如果包括此选项，则SQL Server将在首次使用已更改的登录时提示输入更新的密码
UNLOCK	仅适用于SQL Server登录账户。指定应解锁被锁定的登录
DEFAULT_DATABASE = database	指定将指派给登录的默认数据库
DEFAULT_LANGUAGE = language	指定将指派给登录的默认语言
NAME = login_name	正在重命名的登录的新名称。如果是Windows登录，则与新名称对应的Windows主体的SID必须与SQL Server中的登录相关联的SID匹配。SQL Server登录的新名称不能包含反斜杠字符（\）
CHECK_POLICY = { ON | OFF }	仅适用于SQL Server登录账户。指定应对此登录账户强制实施运行SQL Server的计算机的Windows密码策略。默认值为ON
CHECK_EXPIRATION = { ON | OFF }	仅适用于SQL Server登录账户。指定是否对此登录账户强制实施密码过期策略。默认值为OFF
CREDENTIAL = credential_name	将映射到SQL Server登录的凭据的名称。该凭据必须已存在于服务器中
NO CREDENTIAL	删除登录到服务器凭据的当前所有映射

例如，使用该语句更改SQL Server登录方式的登录名密码，代码如下：

```
ALTER LOGIN sa WITH PASSWORD = ''
```

执行SQL语句修改登录名属性的具体步骤如下。

① 通过【开始】→【程序】→【Microsoft SQL Server 2012】→【SQL Server Management Studio】菜单启动“SQL Server Management Studio”工具。

② 在弹出的“连接到服务器”窗口中输入服务器名称，并选择登录服务器使用的身份验证模式，输入用户名与密码，单击【连接】按钮连接到服务器中。

③ 单击工具栏中的 新建查询(N) 按钮，打开“Transact-SQL查询编辑器”。

④ 在“Transact-SQL查询编辑器”内编辑修改登录名的SQL语句。通过按键盘上的<F5>键执行编辑的SQL语句，完成修改登录名的操作，如图11-10所示。

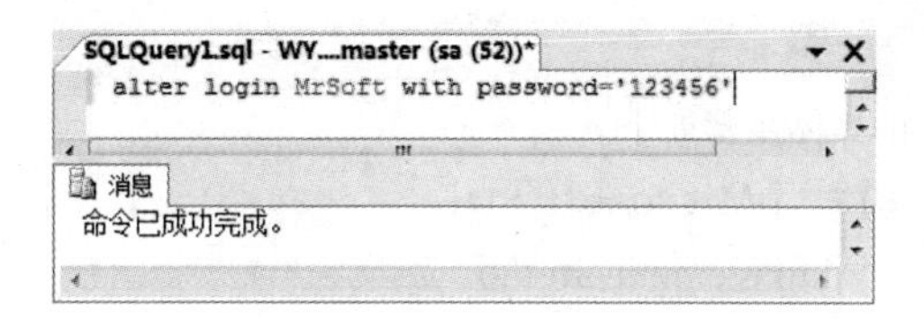

11-10　执行SQL语句修改登录名属性

3. 删除登录名

当SQL Server 2012中的登录名不再使用时，就可以将其删除。与创建、修改登录名相同，删除登录名也可以通过手动及执行SQL语句来实现。

（1）手动删除登录名。

① 通过【开始】→【程序】→【Microsoft SQL Server 2012】→【SQL Server Management Studio】菜单启动“SQL Server Management Studio”工具。

② 在弹出的“连接到服务器”窗口，输入服务器名称，并选择登录服务器使用的身份验证模式，输入用户名与密码，单击【连接】按钮连接到服务器中。

③ 单击“对象资源管理器”中的⊞号，依次展开【服务器名称】→【安全性】→【登录名】。

④ 选择“登录名”下需要修改的登录名，单击鼠标右键，选择弹出菜单中的【删除】命令，如图11-11所示。

⑤ 打开“删除对象”窗口，在该窗口中确认删除的登录名。确认后单击【确定】按钮，将该登录名删除。“删除对象”窗口如图11-12所示。

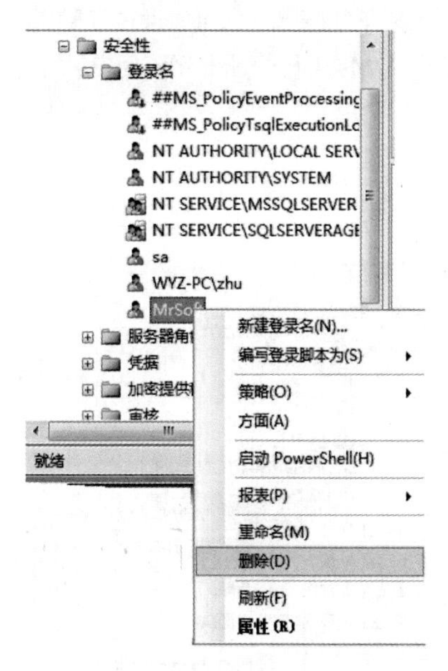

图11-11　选择【删除】菜单命令

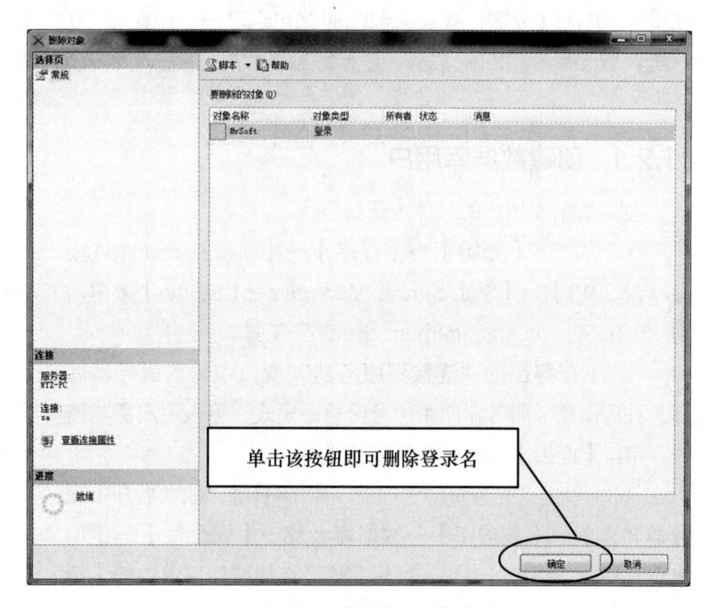

图11-12　“删除对象”窗口

（2）执行SQL语句删除登录名。

通过执行DROP LOGIN语句可以将SQL Server 2012中的登录名删除。语法如下：

```
DROP LOGIN login_name
```

其中，login_name为指定要删除的登录名。

例如，使用该语句删除“MrSoft”登录名，代码如下：

```
DROP LOGIN MrSoft
```

执行SQL语句删除登录名的具体步骤如下。

① 通过【开始】→【程序】→【Microsoft SQL Server 2012】→【SQL Server Management Studio】菜单启动“SQL Server Management Studio”工具。

② 在弹出的“连接到服务器”窗口，输入服务器名称，并选择登录服务器使用的身份验证模式，输入用户名与密码，单击【连接】按钮连接到服务器中。

③ 单击工具栏中的 新建查询(N) 按钮，打开“Transact-SQL 查询编辑器”。

④ 在“Transact-SQL查询编辑器”内编辑删除登录名的SQL语句。通过按键盘上的<F5>键执行编辑的SQL语句，完成删除登录名的操作，如图11-13所示。

图11-13 执行SQL语句删除登录名

11.2 数据库用户

数据库用户

创建登录名之后，用户只能通过该登录名访问整个SQL Server 2012，而不是SQL Server 2012当中的某个数据库。若要使用户能够访问SQL Server 2012当中的某个数据库，还需要给这个用户授予访问某个数据库的权限，也就是在所要访问的数据库中为该用户创建一个数据库用户账户。

默认情况下，数据库创建时就包含了一个guest用户。guest用户不能删除，但可以通过在除master和temp以外的任何数据库中执行REVOKECONNECT FROM GUEST来禁用该用户。

11.2.1 创建数据库用户

创建数据库用户的具体步骤如下。

（1）通过【开始】→【程序】→【Microsoft SQL Server 2012】→【SQL Server Management Studio】菜单启动“SQL Server Management Studio”工具。

（2）在弹出的“连接到服务器”窗口中输入服务器名称，并选择登录服务器使用的身份验证模式，输入用户名与密码，单击【连接】按钮连接到服务器中。

（3）单击“对象资源管理器”中的⊞号，依次展开【服务器名称】→【数据库】→数据库名称→【安全性】→【用户】，并在“用户”上单击鼠标右键，选择快捷菜单中的【新建用户】命令，如图11-14所示。

（4）打开“数据库用户”窗口，通过该窗口输入要创建的用户名，并选择使用的登录名。设置该用户拥有的架构与数据库角色成员。单击【确定】按钮即可创建该用户。“数据库用户”窗口如图11-15所示。

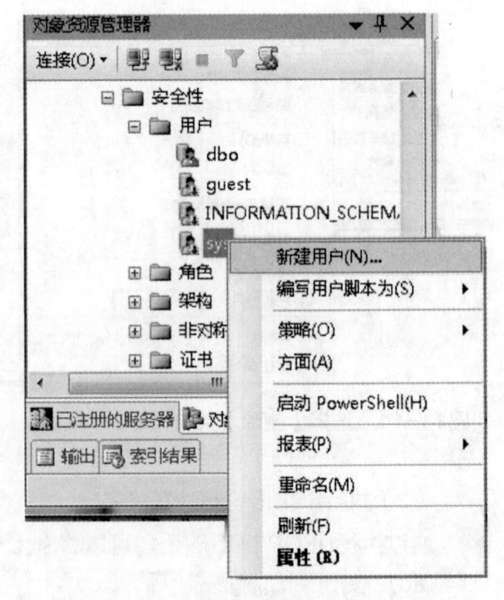

图11-14 选择【新建用户】菜单命令

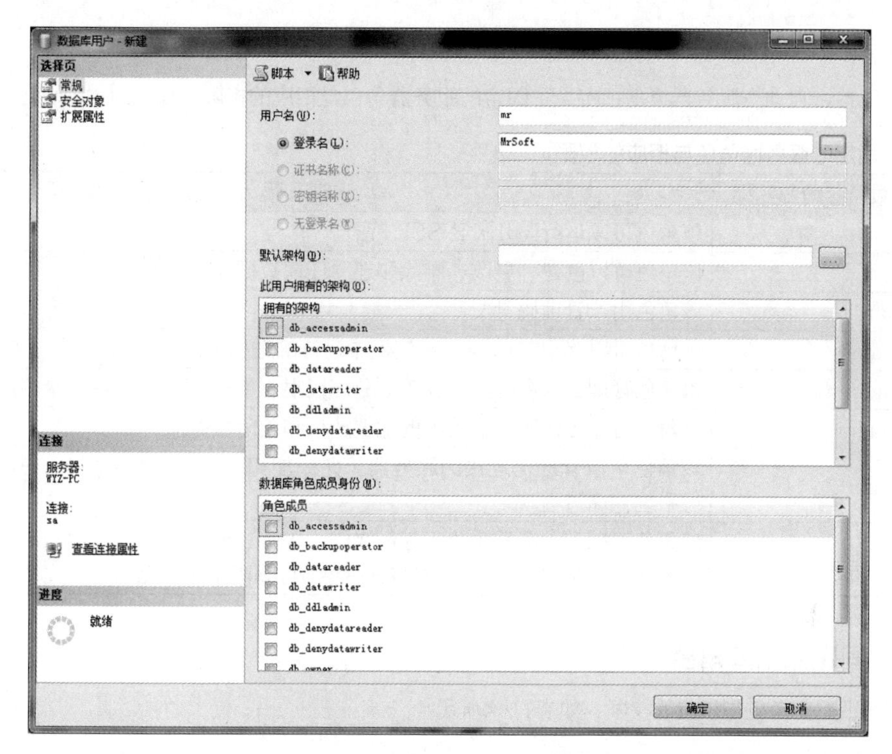

图11-15 “数据库用户”窗口

11.2.2 删除数据库用户

删除数据库用户的具体步骤如下。

（1）通过【开始】→【程序】→【Microsoft SQL Server 2012】→【SQL Server Management Studio】菜单启动“SQL Server Management Studio”工具。

（2）在弹出的“连接到服务器”窗口中输入服务器名称，并选择登录服务器使用的身份验证模式，输入用户名与密码，单击【连接】按钮连接到服务器中。

（3）单击“对象资源管理器”中的田号，依次展开【服务器名称】→【数据库】→数据库名称→【安全性】→【用户】，在“用户”上单击鼠标右键，选择快捷菜单中的【删除】命令，如图11-16所示。

（4）打开“删除对象”窗口，在“删除对象”窗口中确认删除的用户名称，单击【确定】按钮即可将该用户删除。

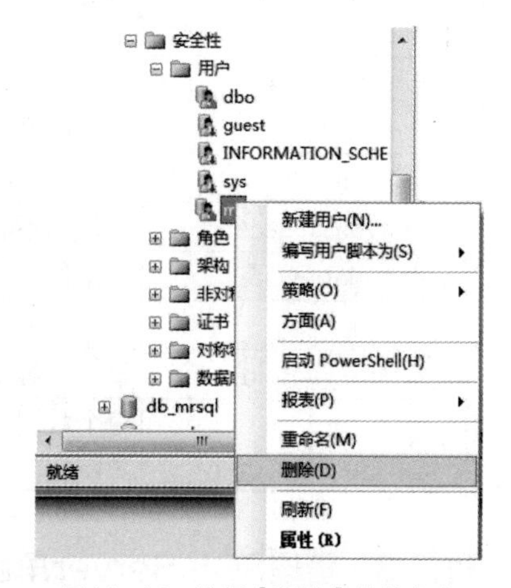

图11-16 选择【删除】菜单命令

11.3 SQL Server角色

当几个用户需要在某个特定的数据库中执行类似的动作时，就可以向该数据库中添加一个角色，数据库角色指定了可以访问相同数据库对象的一组数据库用户。角色根据权限的划分可以分为固定的服务器角色与固定的数据库角色。

SQL Server角色

11.3.1 固定服务器角色

SQL Server自动在服务器级别预定义了固定的服务器角色与相应的权限，如表11-3所示。

表11-3 固定的服务器角色与相应的权限

固定的服务器角色名称	权 限
bulkadmin	该角色可以运行BULK INSERT语句
dbcreator	该角色可以创建、更改、删除和还原任何数据库
diskadmin	该角色用于管理磁盘文件
processadmin	该角色可以终止SQL Server实例中运行的进程（结束进程）
securityadmin	该角色管理登录名及其属性（如分配权限、重置SQL Server登录名的密码）
serveradmin	该角色可以更改服务器范围的配置选项和关闭服务器
setupadmin	该角色可以管理已连接的服务器（如添加和删除连接服务器），并且也可以执行系统存储过程
sysadmin	该角色可以在服务器中执行任何操作。Windows BUILTIN\Administrators组（本地管理员组）的所有成员都是sysadmin固定服务器角色的成员

11.3.2 固定数据库角色

固定的数据库角色与相应的权限，如表11-4所示。

表11-4 固定的数据库角色与相应的权限

固定的数据库角色名称	数据库级权限
db_accessadmin	该角色可以为Windows登录账户、Windows组和SQL Server登录账户设置访问权限
db_backupoperator	该角色可以备份该数据库
db_datareader	该角色可以读取所有用户表中的所有数据
db_datawriter	该角色可以在所有用户表中添加、删除或更改数据
db_ddladmin	该角色可以在数据库中运行任何数据定义语言（DDL）命令
db_denydatareader	该角色不能读取数据库中用户表的任何数据
db_denydatawriter	该角色不能在数据库内的用户表中添加、修改或删除任何数据
db_owner	该角色可以执行数据库的所有配置和维护活动
db_securityadmin	该角色可以修改角色成员身份和管理权限
public	每个数据库用户都属于public数据库角色。当尚未对某个用户授予特定权限或角色时，则该用户将继承public角色的权限

11.3.3 管理SQL Server角色

为角色添加与删除用户，分为服务器角色与数据库角色两种，这两种的操作方法大致相同。下面分别介绍为服务器角色添加、删除用户，以及为数据库角色添加、删除用户的操作步骤。

1. 为服务器角色添加、删除用户

（1）通过【开始】→【程序】→【Microsoft SQL Server 2012】→【SQL Server Management Studio】菜单启动“SQL Server Management Studio”工具。

（2）在弹出的“连接到服务器”窗口中输入服务器名称，并选择登录服务器使用的身份验证模式，输入用户名与密码，单击【连接】按钮连接到服务器中。

（3）单击“对象资源管理器”中的⊞号，依次展开【服务器名称】→【安全性】→【服务器角色】，在“服务器角色”中选择需要设置的角色，单击鼠标右键，选择快捷菜单中的【属性】命令，如图11-17所示。

（4）通过选择【属性】命令打开“服务器角色属性”窗口，单击【添加】按钮为服务器角色添加用户成员，单击【删除】按钮可以将选中的用户从该角色中删除。单击【确定】按钮即可完成对服务器角色所做的修改。“服务器角色属性”窗口如图11-18所示。

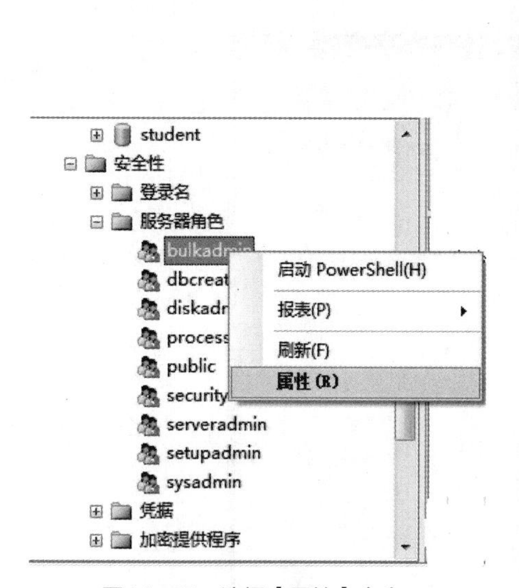

图11-17　选择【属性】命令

图11-18　“服务器角色属性”窗口

2. 为数据库角色添加、删除用户

（1）通过【开始】→【程序】→【“Microsoft SQL Server 2012】→【SQL Server Management Studio】菜单启动“SQL Server Management Studio”工具。

（2）在弹出的“连接到服务器”窗口中输入服务器名称，并选择登录服务器使用的身份验证模式，输入用户名与密码，单击【连接】按钮连接到服务器中。

（3）单击“对象资源管理器”中的⊞号，依次展开【服务器名称】→【数据库】→数据库名称→【安全性】→【角色】→【数据库角色】，在“数据库角色”中选择需要设置的角色，单击鼠标右键，选择快捷菜单中的【属性】命令。

（4）通过选择【属性】命令打开“数据库角色属性”窗口，单击【添加】按钮为数据库角色添加用户成员，单击【删除】按钮可以将选中的用户从该角色中删除。单击【确定】按钮即可完成对数据库角色所做的修改。

11.4　管理SQL Server权限

权限用来控制用户对数据库的访问与操作，可以通过“SQL Server Management Studio”工具对数据库中用户授予或删除访问与操作此数据库的权限。

管理SQL Server权限

1. 授予权限

授予用户权限的具体操作步骤如下。

（1）通过【开始】→【程序】→【Microsoft SQL Server 2012】→【SQL

Server Management Studio】菜单启动“SQL Server Management Studio”工具。

（2）在弹出的“连接到服务器”窗口，输入服务器名称，并选择登录服务器使用的身份验证模式，输入用户名与密码，单击【连接】按钮连接到服务器中。

（3）单击“对象资源管理器”中的⊞号，依次展开【服务器名称】→【数据库】→数据库名称→【安全性】→【用户】，在“用户”上单击鼠标右键，选择快捷菜单中的【属性】命令。

（4）通过选择【属性】菜单命令打开“数据库用户”窗口，并在该窗口中“选择页”中单击【安全对象】，如图11-19所示。

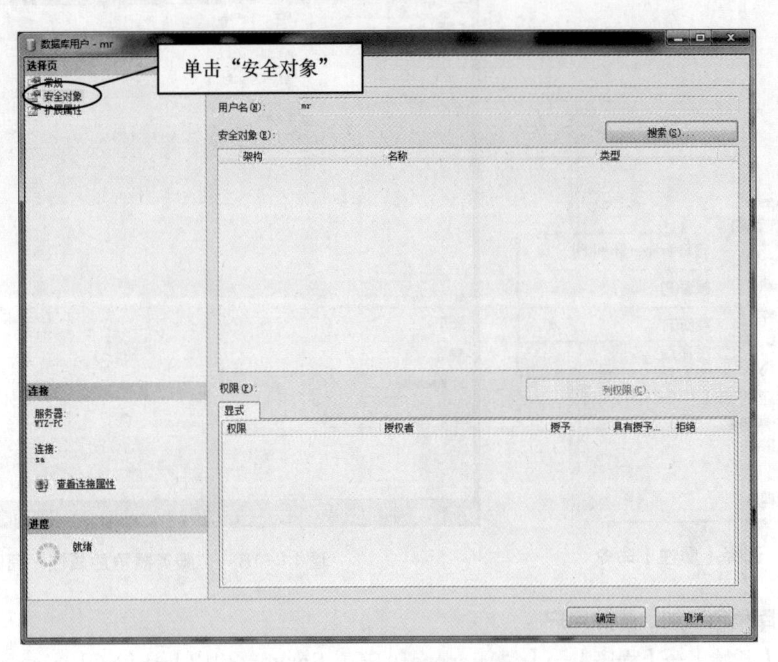

图11-19 “数据库用户”窗口

（5）单击【添加】按钮，弹出“添加对象”对话框，通过该窗口选择对象类型限制。这里选择【特定类型的所有对象】单选项，如图11-20所示，单击【确定】按钮。

设置不同的操作，可以选择不同的对象。特定对象可以进一步定义对象搜索；特定类型的所有对象可以指定应包含在基础列表中的对象类型；属于该架构的所有对象用于添加到“架构名称”框中指定架构拥有的所有对象。

（6）打开“选择对象类型”对话框，如图11-21所示，在此选择访问及操作的对象类型。

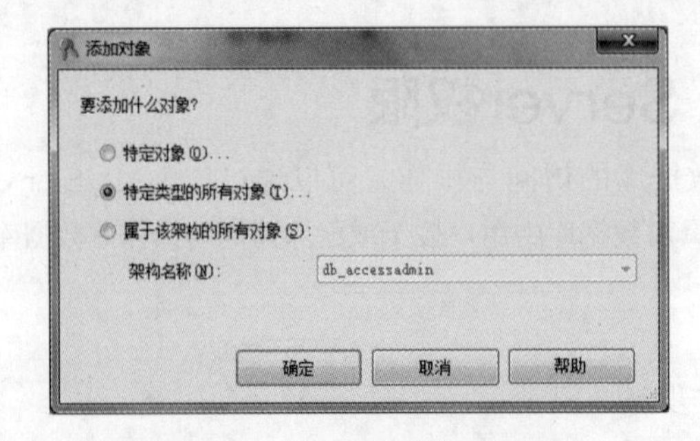

图11-20 “添加对象”对话框

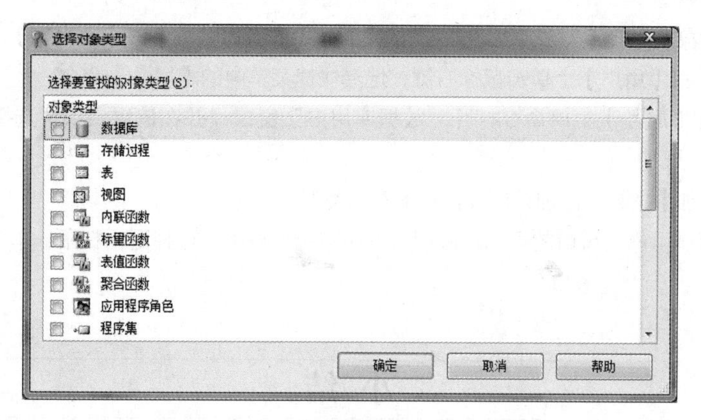

图11-21　“选择对象类型”对话框

（7）选择“选择对象类型”对话框中的“数据库”，单击【确定】按钮返回“数据库用户”窗口，如图11-22所示。

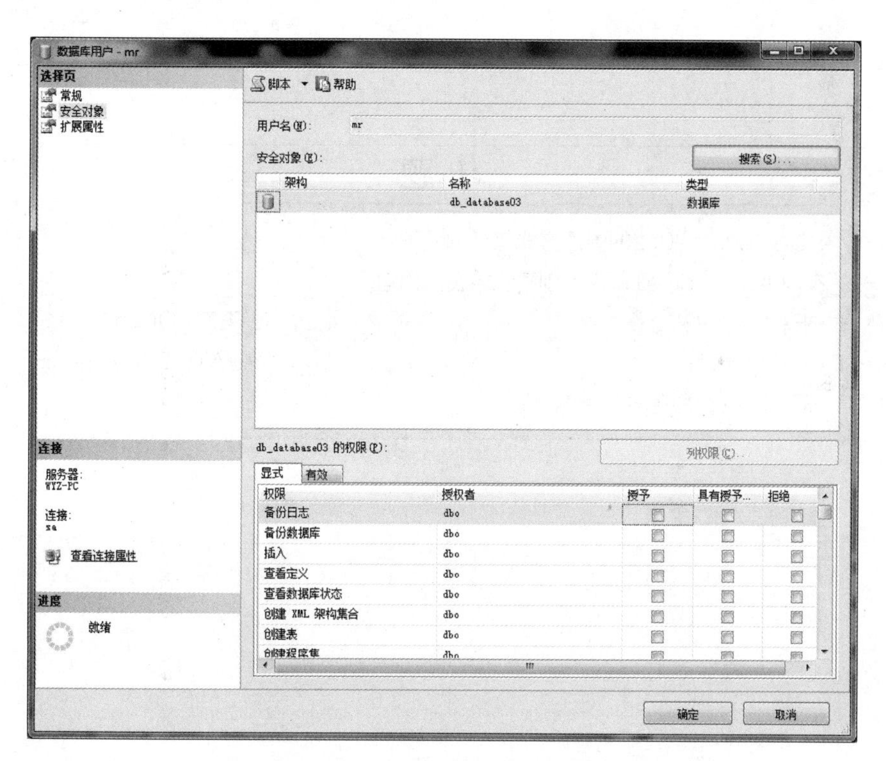

图11-22　返回“数据库用户”窗口

（8）在显示权限列表框中为该用户选择所需权限，单击【确定】按钮即可将所选权限授予该用户。

2. 删除权限

删除权限的操作与授予权限的操作基本相同。主要步骤如下。

（1）通过【开始】→【程序】→【Microsoft SQL Server 2012】→【SQL Server Management Studio】菜单启动“SQL Server Management Studio”工具。

（2）在弹出的“连接到服务器”窗口中输入服务器名称，并选择登录服务器使用的身份验证模式，输入用户名与密码，单击【连接】按钮连接到服务器中。

（3）单击“对象资源管理器”中的⊞号，依次展开【服务器名称】→【数据库】→数据库名称→【安全性】→【用户】，在【用户】上单击鼠标右键，选择快捷菜单中的【属性】命令。

（4）通过选择【属性】菜单命令打开“数据库用户”窗口，并在该窗口的“选择页”中单击【安全对象】。

（5）单击【添加】按钮，添加访问及操作的对象类型。

（6）在“数据库用户”窗口的显示权限列表框中勾选掉该用户选择所需权限，单击【确定】按钮即可将权限从该用户删除。

小结

本章介绍了SQL Server 2012安全管理的知识。例如，SQL Server身份验证、管理数据库用户、SQL Server角色和SQL Server权限。读者应熟悉两种SQL Server身份验证模式，并能够创建和管理登录账户，为数据库指定用户，为SQL Server角色添加或删除用户；授予或删除用户操作权限。

习题

11-1　SQL Server 2012的验证方式包括哪两种？

11-2　在SQL Server 2012中，创建登录名的语句是：

（1）CREATE LOGIN　　（2）ALTER LOGIN

（3）DROP LOGIN　　（4）CREATE DATABASE

11-3　SQL Server角色分为哪两类？

PART 12

第12章 SQL Server 2012维护管理

本章要点

- 脱机与联机数据库
- 分离和附加数据库
- 导入和导出数据库
- 备份和恢复数据库

■ 本章主要介绍SQL Server 2012维护管理的相关知识，主要包括脱机与联机数据库、分离和附加数据库、导入和导出数据表、备份和恢复数据库、脚本和数据库维护计划。通过本章的学习，读者能够对数据库和数据表有一个系统的维护概念，并能够实施维护策略。

12.1 脱机与联机数据库

脱机与联机
数据库

如果需要暂时关闭某个数据库的服务，用户可以通过选择脱机的方式来实现。脱机后，在需要时可以对暂时关闭的数据库通过联机操作的方式重新启动服务。下面分别介绍如何实现数据库的脱机与联机操作。

12.1.1 脱机数据库

实现数据库脱机的具体操作步骤如下。

（1）启动“SQL Server Management Studio”工具，并连接到SQL Server 2012中的数据库。在“对象资源管理器”中展开“数据库”节点。

（2）鼠标右键单击要脱机的数据库“MR_KFGL”，在弹出的快捷菜单中选择【任务】→【脱机】命令，进入“使数据库脱机”对话框，如图12-1和图12-2所示。

图12-1 选择【脱机】

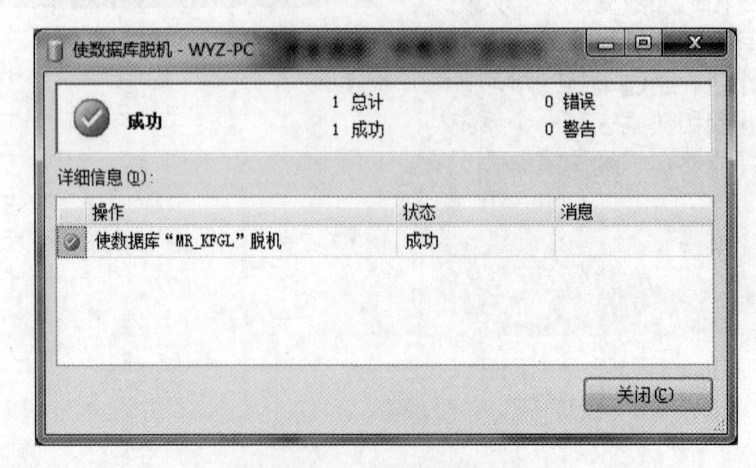

图12-2 使数据库脱机

（3）脱机完成后，单击【关闭】按钮即可。

12.1.2 联机数据库

实现数据库联机的具体操作步骤如下。

（1）启动“SQL Server Management Studio”工具，并连接到SQL Server 2012中的数据库。在“对象资源管理器”中展开“数据库”节点。

（2）鼠标右键单击要联机的数据库“MR_KFGL”，在弹出的快捷菜单中选择【任务】→【联机】命令，进入“使数据库联机”对话框，如图12-3和图12-4所示。

图12-3 选择【联机】

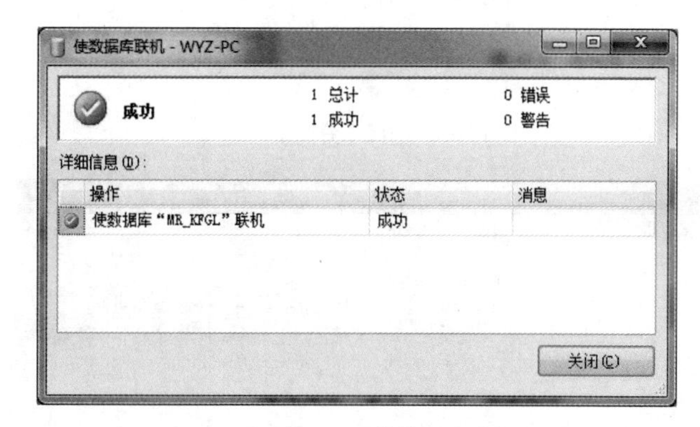

图12-4 使数据库联机

（3）联机完成后，单击【关闭】按钮即可。

12.2 分离和附加数据库

分离和附加数据库的操作可以将数据库从一台计算机移到另一台计算机，而不必重新创建数据库。

除了系统数据库以外，其他数据库都可以从服务器的管理中分离出来，脱离服务器管理的同时又保持了数据文件和日志文件的完整性和一致性。分离后的数据库也可以根据需要重新附加到数据库服务器中。本节主要介绍如何分离与附加数据库。

12.2.1 分离数据库

分离数据库不是删除数据库，它只是将数据库从服务器中分离出去。下面介绍如何分离数据库“MR_KFGL”。具体操作步骤如下。

（1）启动“SQL Server Management Studio”工具，并连接到SQL Server 2012中的数据库。在“对象资源管理器”中展开“数据库”节点。

（2）鼠标右键单击要分离的数据库“MR_KFGL”，在弹出的快捷菜单中选择【任务】→【分离】命令，如图12-5所示。

（3）进入“分离数据库”对话框，如图12-6所示，在“要分离的数据库”列表中选择可以分离的数据库选项。其中，“删除链接”表示是否断开与指定数据库的连接；“更新统计信息”表示在分离数据库之前是否更新过时的优化统计信息；“保留全文目录”表示是否保留与数据库相关联的所有全文目录，以用于全文索引；在此选择“删除链接”、“更新统计信息”和“保留全文目录”选项。

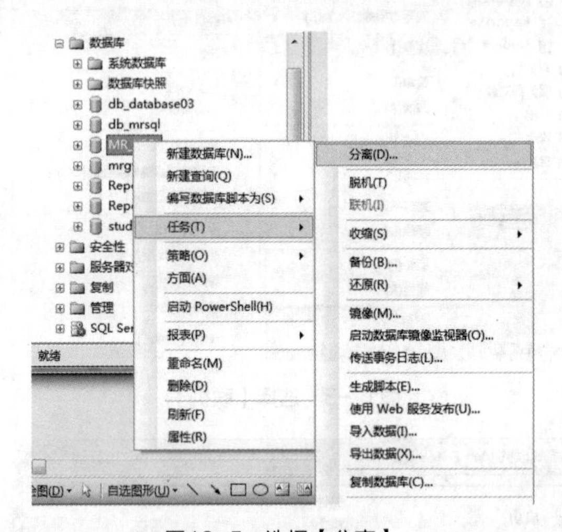

图12-5 选择【分离】

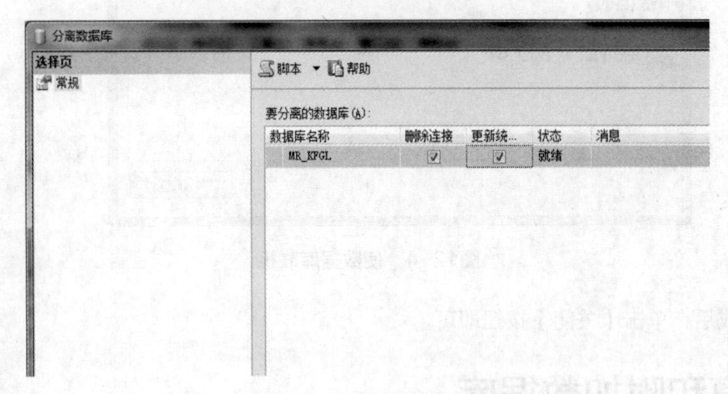

图12-6 “分离数据库”窗体

（4）单击【确定】按钮完成数据库的分离操作。

12.2.2 附加数据库

与分离操作相对应的就是附加操作，它可以将分离的数据库重新附加到服务器中，也可以附加其他服务器组中分离的数据库。但在附加数据库时必须指定主数据文件（MDF文件）的名称和物理位置。

下面附加数据库“MR_KFGL”，具体操作步骤如下。

（1）启动“SQL Server Management Studio”工具，并连接到SQL Server 2012中的数据库。在“对象资源管理器”中展开“数据库”节点。

（2）鼠标右键单击“数据库”选项，在弹出的快捷菜单中选择【附加】命令，如图12-7所示。

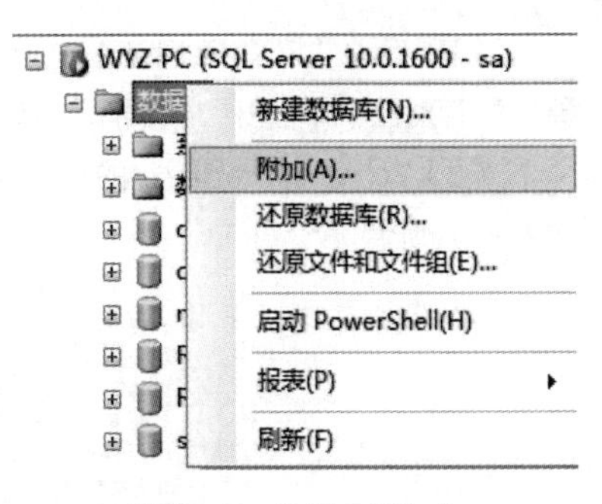

图12-7　选择【附加】

（3）进入“附加数据库”对话框，如图12-8所示。单击【添加】按钮，在弹出的“定位数据库文件”对话框中选择要附加的扩展名为.MDF的数据库文件，单击【确定】按钮后，数据库文件及数据库日志文件将自动添加到列表框中。最后单击【确定】按钮完成数据库附加操作。

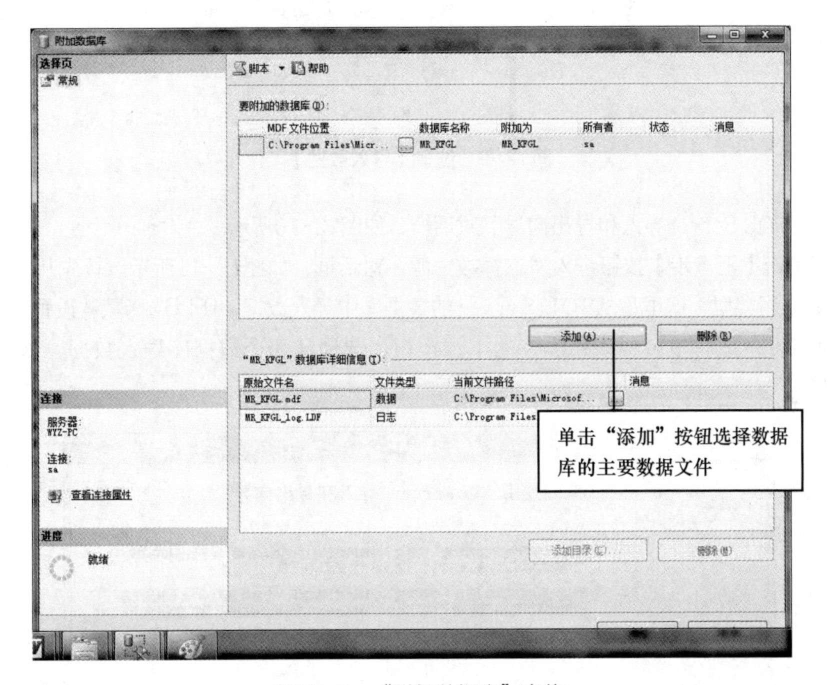

图12-8　“附加数据库”窗体

12.3　导入和导出数据表

SQL Server 2012提供了强大的数据导入导出功能，使用它可以在多种常用数据格式（数据库、电子表格和文本文件）之间导入和导出数据，为不同数据源间的数据转换提供了方便。本节主要介绍如何导入导出数据表。

12.3.1　导入SQL Server数据表

导入SQL Server数据表

导入数据是从Microsoft SQL Server的外部数据源中检索数据，然后将数据插入到SQL Server表的过程。下面主要介绍通过导入导出向导将SQL Server数据库“student”中的部分数据表导入到SQL Server数据库“MR_KFGL”中。具体操作步骤如下。

（1）启动“SQL Server Management Studio”工具，并连接到SQL Server 2012中的数据库。在“对象资源管理器”中展开“数据库”节点。

（2）鼠标右键单击指定的数据库“MR_KFGL”选项，在弹出的快捷菜单中选择【导入数据】命令，如图12-9所示。

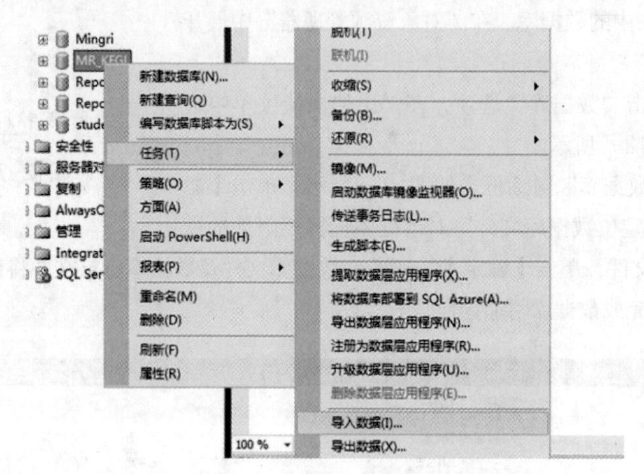

图12-9　选择【导入数据】

（3）进入“SQL Server导入和导出向导”对话框，如图12-10所示。

（4）直接单击【下一步】按钮进入“选择数据源”对话框，如图12-11所示。首先从“数据源”的浮动列表中选择数据库类型，这里是从SQL Server的数据库中导入数据，所以选择默认设置“SQL Native Client”选项即可；然后单击“数据库”的下拉按钮，选择从哪个数据库导入数据，这里选择数据库“student”。

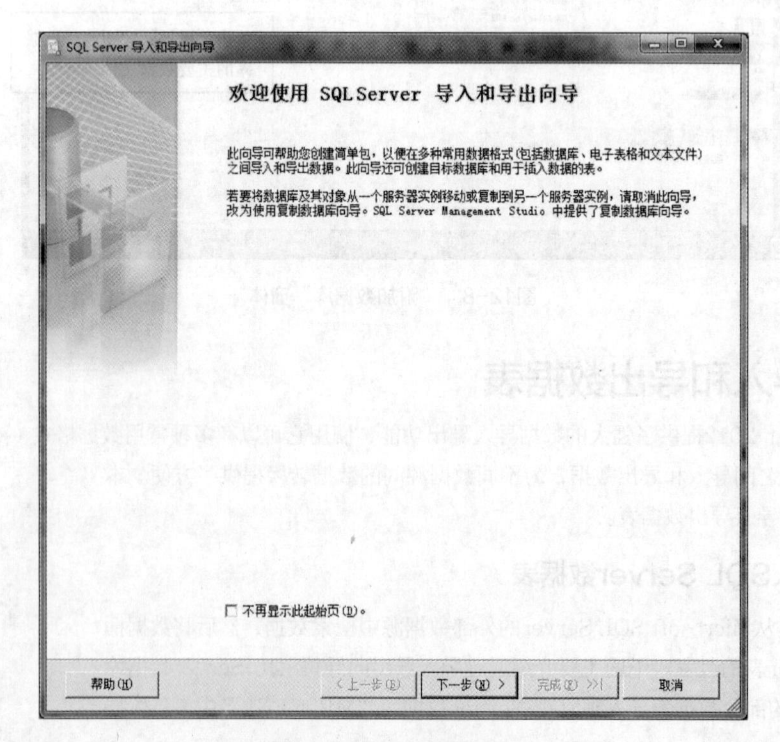

图12-10　导入导出向导

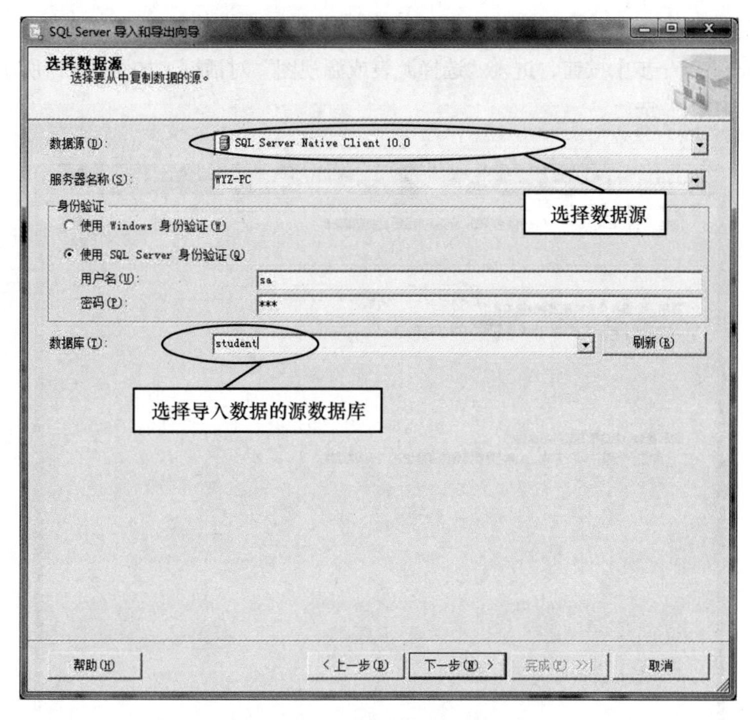

图12-11 “选择数据源”窗体

（5）单击【下一步】按钮，进入“选择目标”对话框，如图12-12所示。这里是将数据导入到SQL Server数据库，所以在“目的”列表中选择默认设置“SQL Native Client”选项即可，要导入的目标数据库是“MR_KFGL”，所以在“数据库”的浮动列表中选择数据库“MR_KFGL”。

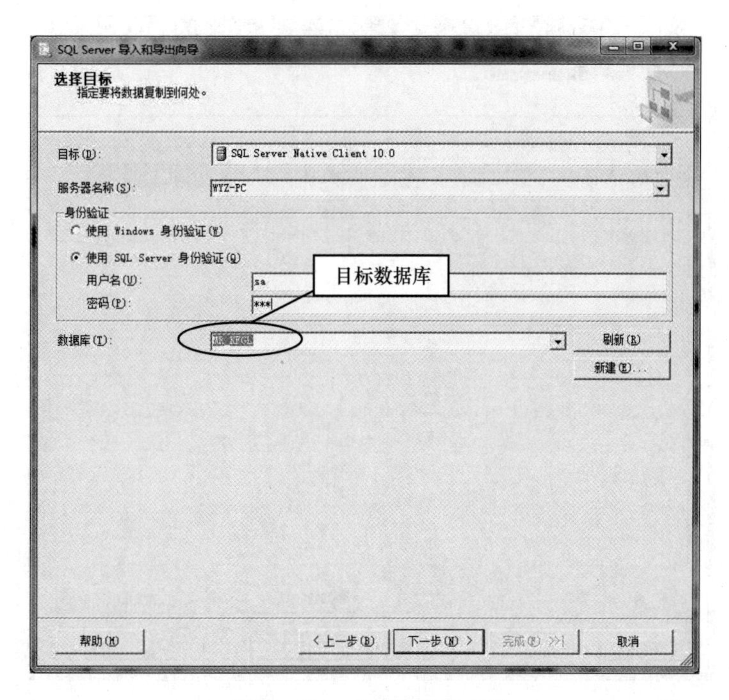

图12-12 “选择目标”窗体

（6）单击【下一步】按钮，进入“指定表复制或查询”对话框，如图12-13所示。

（7）直接单击【下一步】按钮，进入“选择源表或源视图”对话框，如图12-14所示。这里选择复制商品信息表“MR_SBXX”选项。

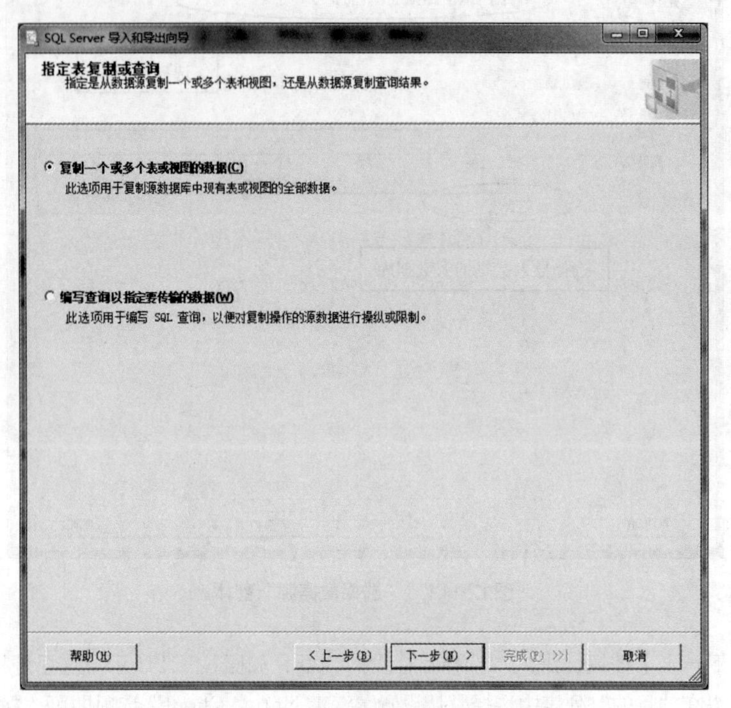

图12-13　“指定表复制或查询”窗体

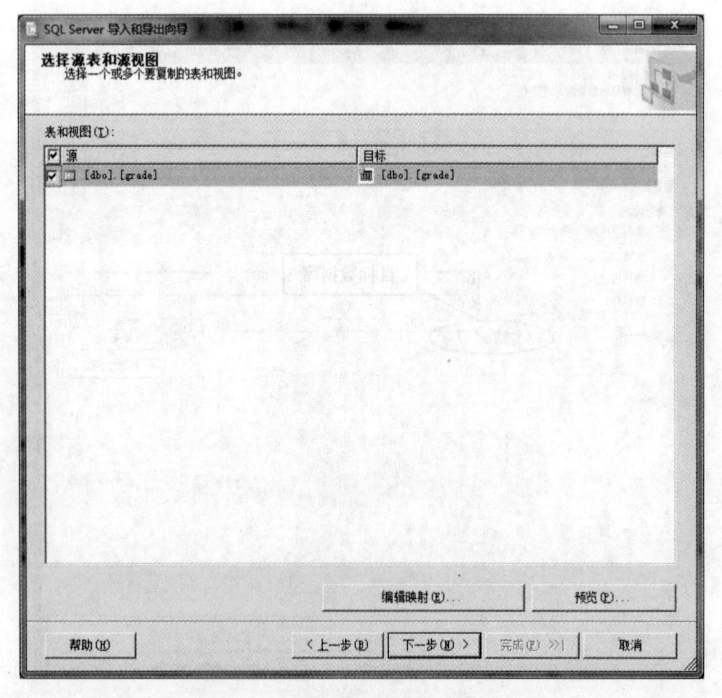

图12-14　“选择源表和源视图”窗体

注意：单击【全选】按钮可以复制所有的表和视图。

（8）单击【下一步】按钮，进入“保存并运行包”对话框，如图12-15所示。

（9）单击【下一步】按钮，进入“完成该向导”对话框，如图12-16所示。

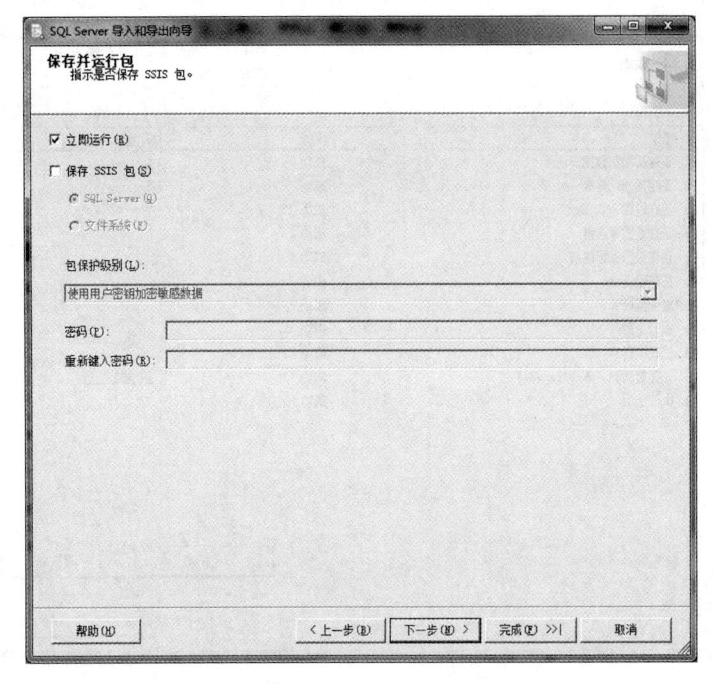

图12-15　“保存并运行包”窗体

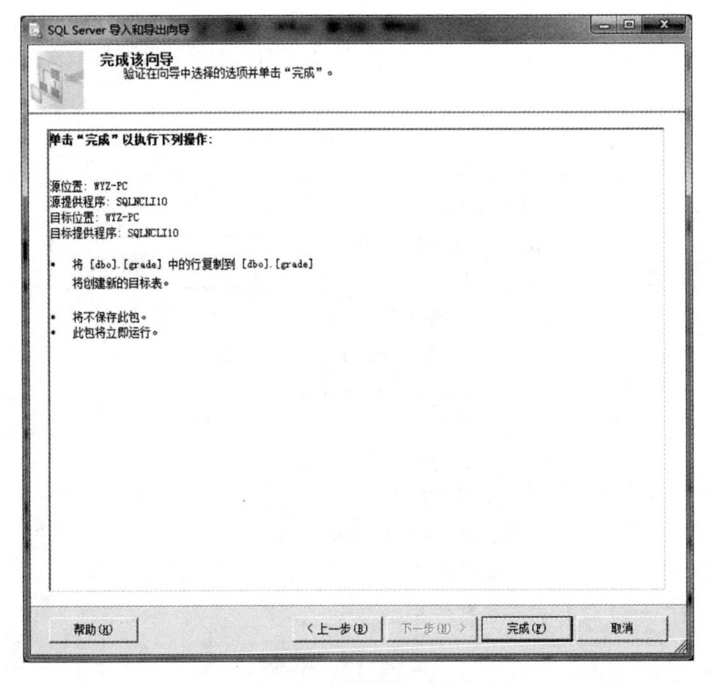

图12-16　“完成该向导”窗体

（10）单击【完成】按钮开始执行复制，如图12-17所示。最后单击【关闭】按钮完成数据表的导入操作。

图12-17 复制成功

（11）展开数据库“MR_KFGL”，单击“表”选项，即可查看从数据库“student”中导入的数据表，如图12-18所示。

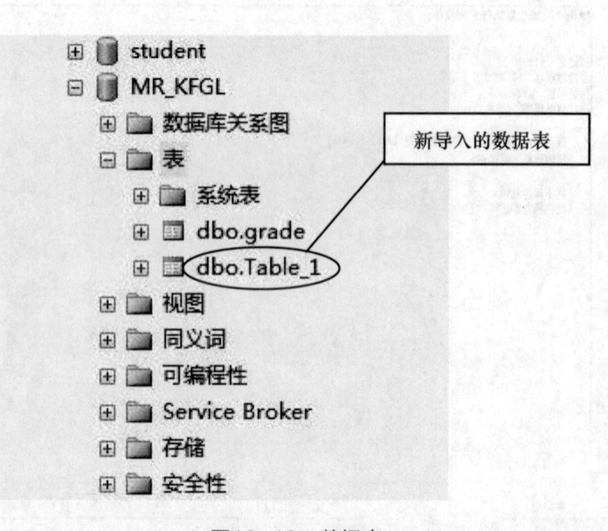

图12-18 数据表

12.3.2 导出SQL Server数据表

导出数据是将SQL Server实例中的数据摄取为某些用户指定格式的过程，如将SQL Server表的内容复制到Excel表格中。

下面主要介绍通过导入导出向导将SQL Server数据库“MR_KFGL”中的部分数据表导出到Excel表格中。具体操作步骤如下。

（1）启动SQL Server Management Studio，并连接到SQL Server2012中的数据库。在“对象资源管理器”中展开“数据库”节点。

（2）鼠标右键单击数据库“MR_KFGL”，在弹出的快捷菜单中选择【任务】→【导出数据】命令，如图12-19所示，此时将弹出“选择数据源”窗体，在该窗体中选择要从中复制数据的源，如图12-20所示。

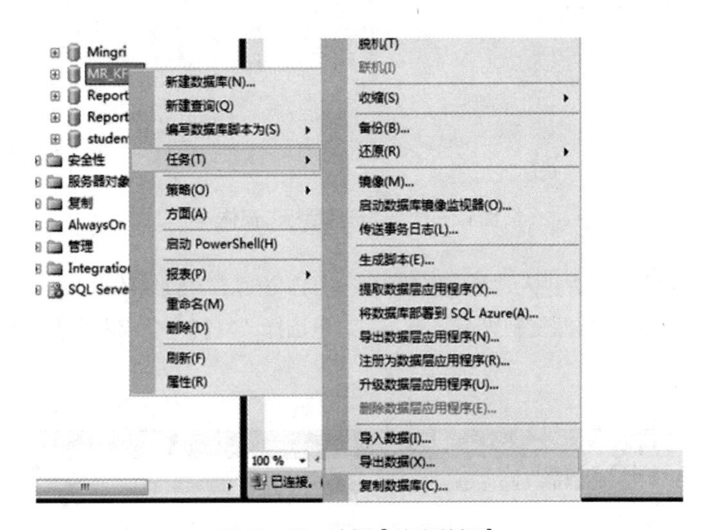

图12-19　选择【导出数据】

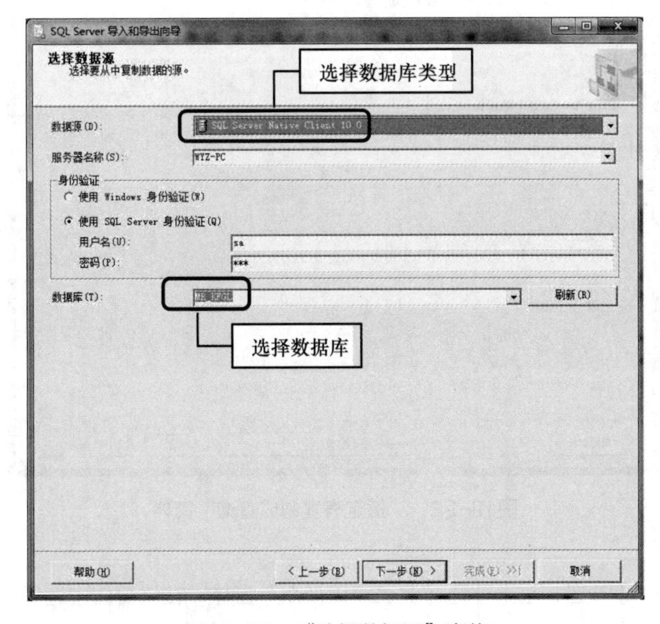

图12-20　“选择数据源”窗体

（3）单击【下一步】按钮，进入到“选择目标”窗体，在该窗体中选择要将数据库复制到何处，在该窗体中分别选择数据源类型和Excel文件的位置，如图12-21所示。

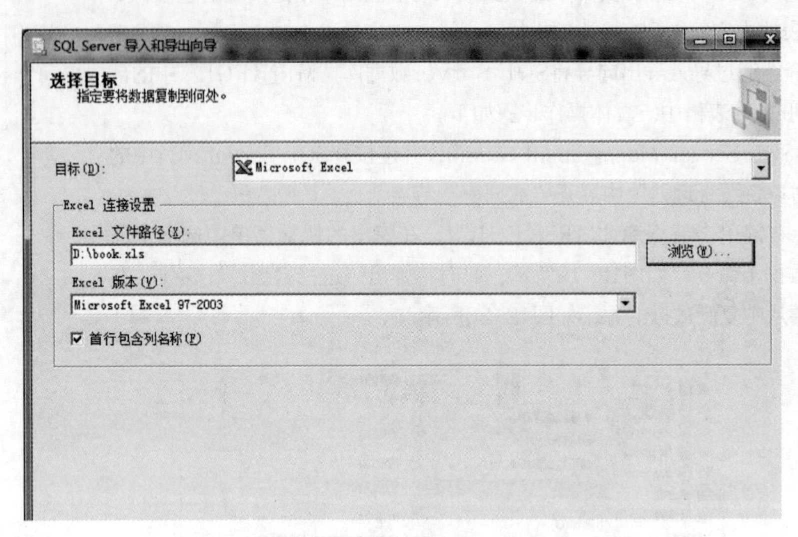

图12-21 “选择目标”窗体

（4）单击【下一步】按钮，进入“指定表复制或查询”窗体，在该窗体中选择是从指定数据源复制一个或多个表和视图，还是从数据源复制查询结果，在这里选择“复制一个或多个表或视图的数据”，如图12-22所示。

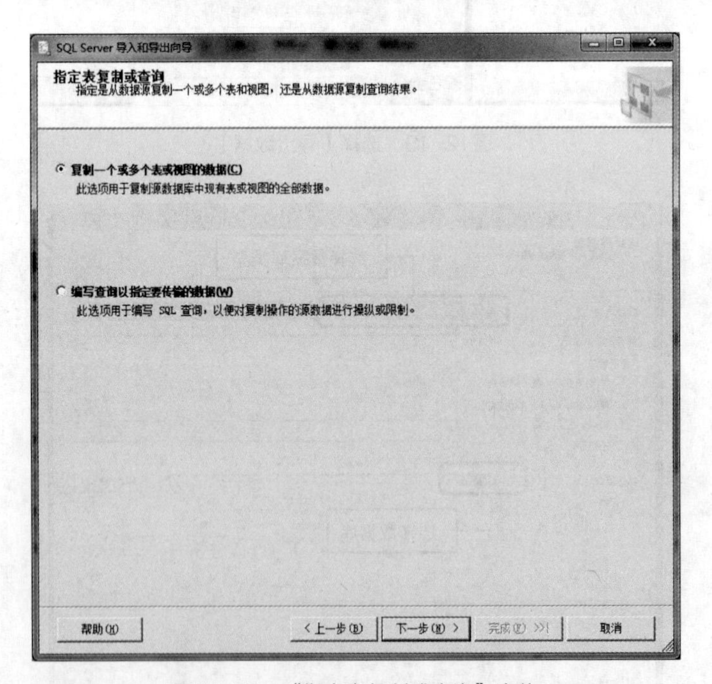

图12-22 “指定表复制或查询”窗体

（5）单击【下一步】按钮，进入“选择源表和源视图”窗体，在该窗体中选择一个或多个要复制的表或视图，这里选择“grade表”，如图12-23所示。

图12-23 “选择源表和源视图”窗体

（6）单击【下一步】按钮，进入“保存并运行包”窗体，该窗体用于提示是否选择SSIS包，如图12-24所示。

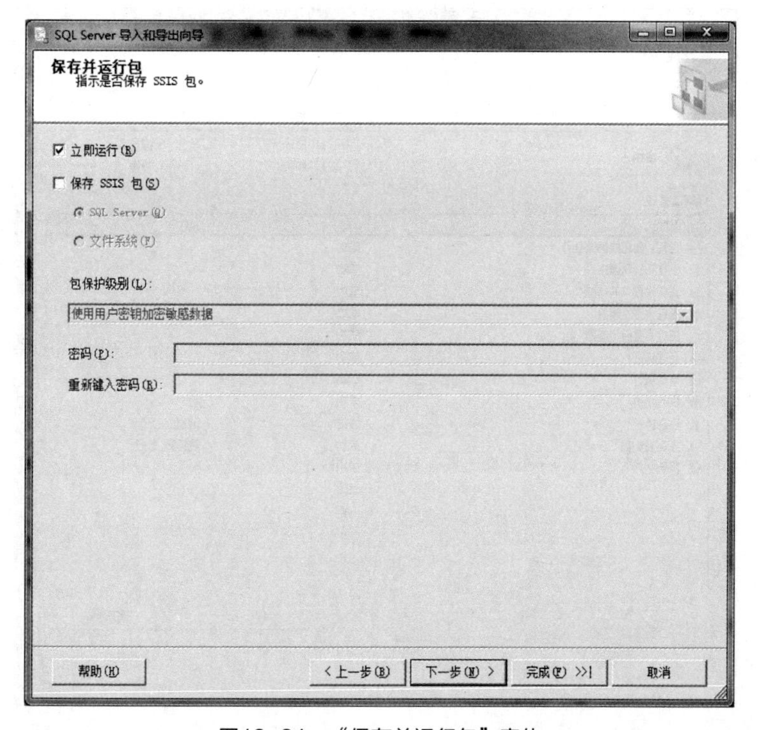

图12-24 “保存并运行包”窗体

（7）单击【下一步】按钮，进入“完成该向导”窗体，如图12-25所示。

（8）单击【完成】按钮开始执行复制操作，进入“执行成功”窗体，如图12-26所示。

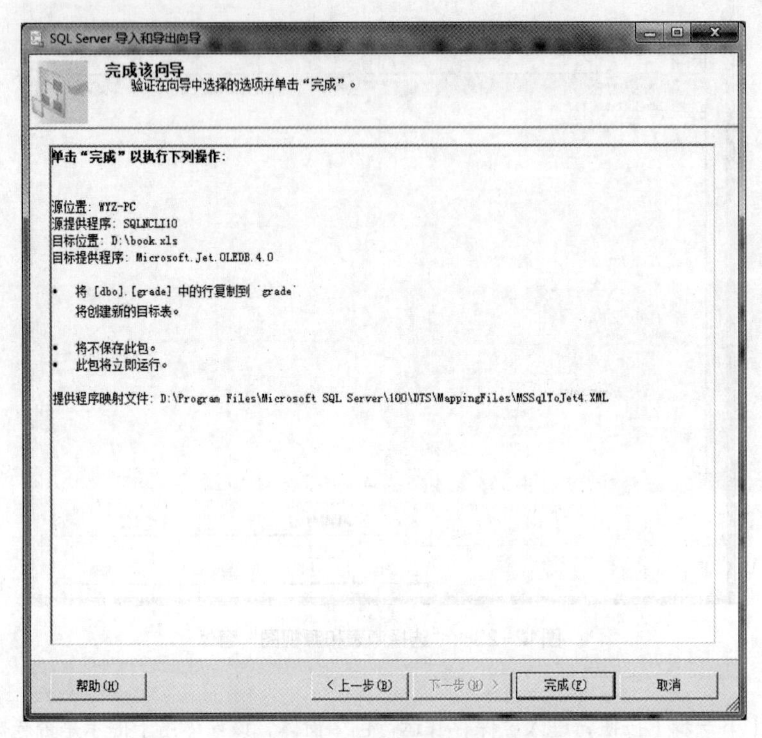

图12-25　“完成该向导”窗体

图12-26　“执行成功”窗体

（9）最后单击【关闭】按钮，完成数据表的导出操作。

（10）打开book.Excel，即可查看从数据库“MR_KFGL”中导入的数据表中的内容，如图12-27所示。图12-28所示为原student表中的内容。

	A	B	C	D
1	学号	课程代号	课程成绩	学期
2	B005	K02	93.2	2
3	B003	K03	98.3	1
4	B001	K01	96.7	1
5				

图12-27 Excel文件中的内容

	学号	课程代号	课程成绩	学期
▶	B005	K02	93.2	2
	B003	K03	98.3	1
	B001	K01	96.7	1
*	NULL	NULL	NULL	NULL

图12-28 原student表中的内容

12.4 备份和恢复数据库

对于数据库管理员来说，备份和恢复数据库是保证数据库安全性的一项重要工作。Microsoft SQL Server 2012提供了高性能的备份和恢复功能，它可以实现多种方式的数据库备份和恢复操作，避免了由于各种故障造成的数据损坏或丢失。本节主要介绍如何实现数据库的备份与恢复操作。

12.4.1 备份类型

“备份”是数据的副本，用于在系统发生故障后还原和恢复数据。SQL Server 2012提供了3种常用的备份类型：数据库备份、差异数据库备份和事务日志备份，下面分别对其进行介绍。

备份类型

1. 数据库备份

数据库备份包括完整备份和完整差异备份。它简单、易用，适用于所有数据库，与事务日志备份和差异数据库备份相比，数据库备份中的每个备份使用的存储空间更多。

（1）完整备份：完整备份包含数据库中的所有数据，可以用作完整差异备份所基于的“基准备份”。

（2）完整差异备份：完整差异备份仅记录自前一完整备份后发生更改的数据。相比之下，完整差异备份速度快，便于进行频繁备份，使丢失数据的风险降低。

2. 差异数据库备份

差异数据库备份只记录自上次数据库备份后发生更改的数据。其比数据库备份小，并且备份速度快，可以进行经常的备份。

在下列情况中，建议使用差异数据库备份。

（1）自上次数据库备份后，数据库中只有相对较少的数据发生了更改；

（2）使用的是简单恢复模型，希望进行更频繁的备份，但不希望进行频繁的完整数据库备份；

（3）使用的是完全恢复模型或大容量日志记录恢复模型，希望在还原数据库时前滚事务日志备份的时间最少。

3. 事务日志备份

事务日志是自上次备份事务日志后对数据库执行的所有事务的一系列记录。使用事务日志备份可以将数据库恢复到故障点或特定的即时点。一般情况下，事务日志备份比数据库备份使用的资源少。可以经常地创建事务日志备份，以减小丢失数据的危险。

若要使用事务日志备份，必须满足下列要求。

（1）必须先还原前一个完整备份或完整差异备份。

（2）必须按时间顺序还原完整备份或完整差异备份之后创建的所有事务日志。如果此事务日志链中的事务日志备份丢失或损坏，则用户只能还原丢失的事务日志之前的事务日志。

（3）数据库尚未恢复。直到应用完最后一个事务日志之后，才能恢复数据库。如果在还原其中一个中间事务日志备份（日志链结束之前的备份）后恢复数据库，则除非从完整备份开始重新启动整个还原顺序，否则不能还原该备份点之后的数据库。建议用户在恢复数据库之前还原所有的事务日志，然后再另行恢复数据库。

12.4.2 恢复类型

恢复类型

SQL Server提供了3种恢复类型，用户可以根据数据库的可用性和恢复要求选择适合的恢复类型。

（1）简单恢复：允许将数据库恢复到最新的备份。

简单恢复仅用于测试和开发数据库或包含的大部分数据为只读的数据库。简单恢复所需的管理最少，数据只能恢复到最近的完整备份或差异备份，不备份事务日志，且使用的事务日志空间最小。

与以下两种恢复类型相比，简单恢复更容易管理，但如果数据文件损坏，出现数据丢失的风险系数会更高。

（2）完全恢复：允许将数据库恢复到故障点状态。

完全恢复提供了最大的灵活性，使数据库可以恢复到早期时间点，在最大范围内防止出现故障时丢失数据。与简单恢复类型相比，完全恢复模式和大容量日志恢复模式会向数据提供更多的保护。

（3）大容量日志记录恢复：允许大容量日志记录操作。

大容量日志恢复模式是对完全恢复模式的补充。对某些大规模操作（例如创建索引或大容量复制），它比完全恢复模式性能更高，占用的日志空间会更少。不过，大容量日志恢复模式会降低时点恢复的灵活性。

12.4.3 备份数据库

备份数据库

“备份数据库”任务可执行不同类型的SQL Server数据库备份（完整备份、差异备份和事务日志备份）。

下面以备份数据库“Mingri”为例介绍如何备份数据库。具体操作步骤如下。

（1）启动“SQL Server Management Studio”工具，并连接到SQL Server 2012中的数据库。在“对象资源管理器”中展开“数据库”节点。

（2）鼠标右键单击要备份的数据库“Mingri”选项，在弹出的快捷菜单中选择【任务】→【备份】命令（如图12-29所示），进入“备份数据库”选项，如图12-30所示。

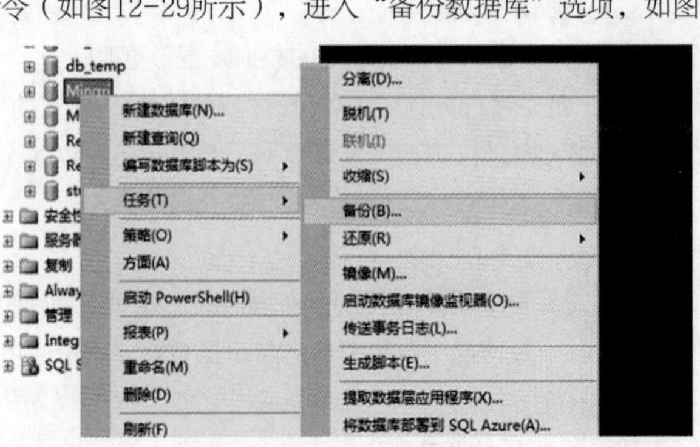

图12-29 选择【备份】

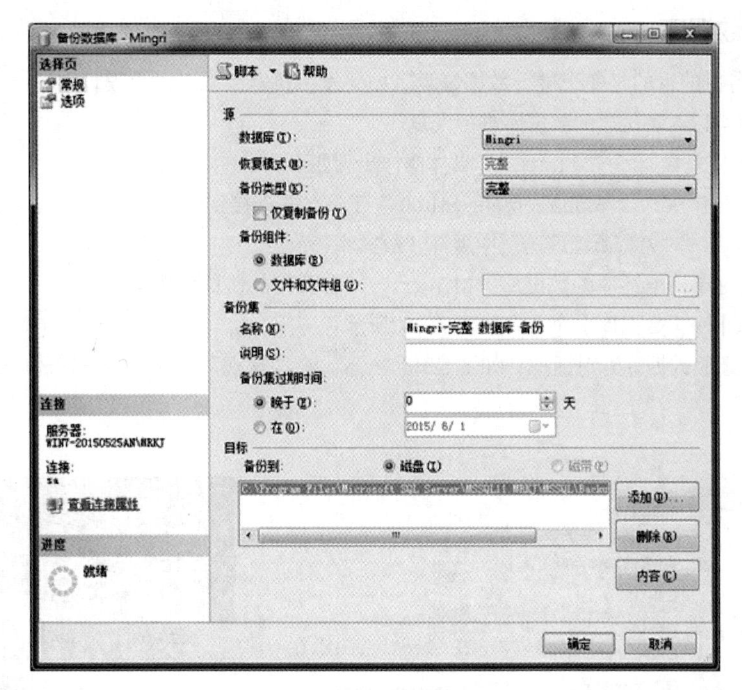

图12-30 “备份数据库”窗体

（3）可以单击【确定】按钮，直接完成备份（本书是直接单击【确定】按钮完成备份的）；也可以在“目标”面板中更改备份文件的保存位置。单击【添加】按钮，弹出“选择备份目标”对话框，如图12-31所示，这里选择【文件名】选项，单击其后的浏览按钮 ... ，设置文件名及其路径。然后单击【确定】按钮。

（4）系统提示备份成功的提示信息，如图12-32所示。单击【确定】按钮后即可完成数据库的完整备份。

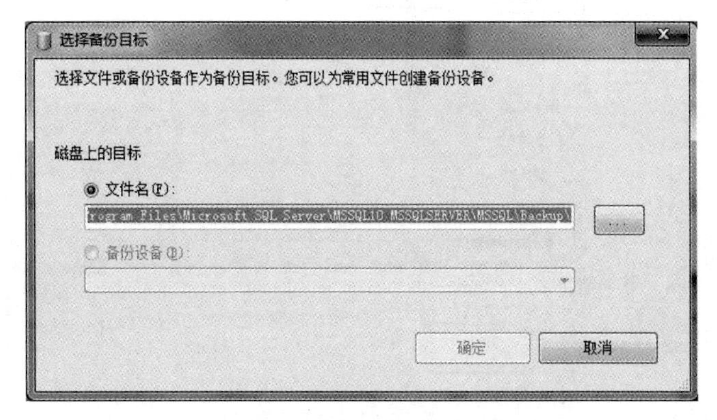

图12-31 “选择备份目标”窗体

图12-32 提示信息

12.4.4 恢复数据库

执行数据库备份的目的是便于进行数据恢复。如果发生机器故障、用户误操作等情况，用户就可以对备份过的数据库进行恢复。

下面介绍如何恢复数据库“Mingri”。具体操作步骤如下。

（1）启动“SQL Server Management Studio”工具，并连接到SQL Server 2012中的数据库。在“对象资源管理器”中展开“数据库”节点。

（2）鼠标右键单击要还原的数据库“Mingri”，在弹出的快捷菜单中选择【任务】→【还原】→【数据库】命令，如图12-33所示。

（3）进入“还原数据库”对话框，如图12-34所示。在“常规”选项卡中设置还原数据库的名称及源数据库。

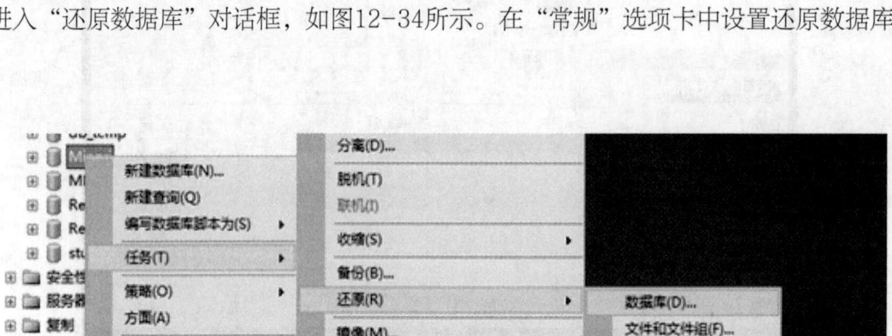

图12-33 还原数据库

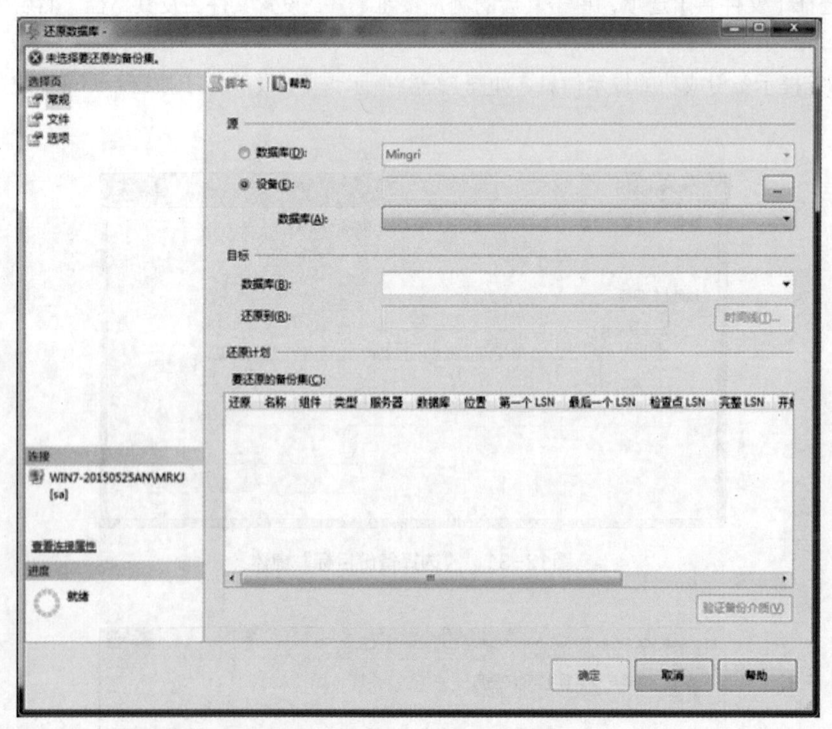

图12-34 “还原数据库”窗体

（4）在源面板中选择【设备】，然后单击后面的浏览按钮 ，这时弹出“选择备份设备”对话框，如图12-35所示。

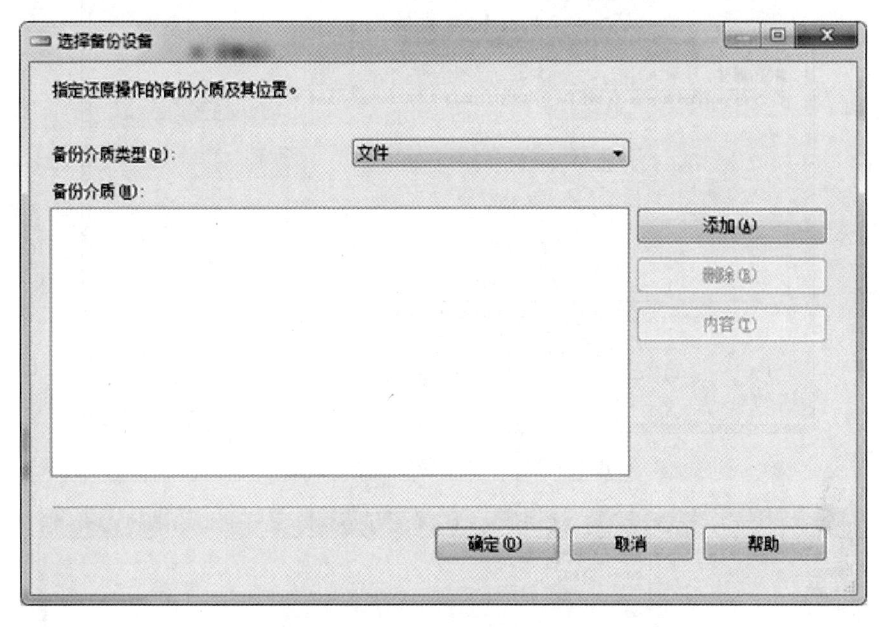

图12-35　“选择备份设备”窗体

（5）备份介质类型选择“文件”，单击【添加】按钮，在弹出的“定位备份文件”窗体中选择要恢复的数据库备份文件，然后单击【确定】按钮，如图12-36所示。

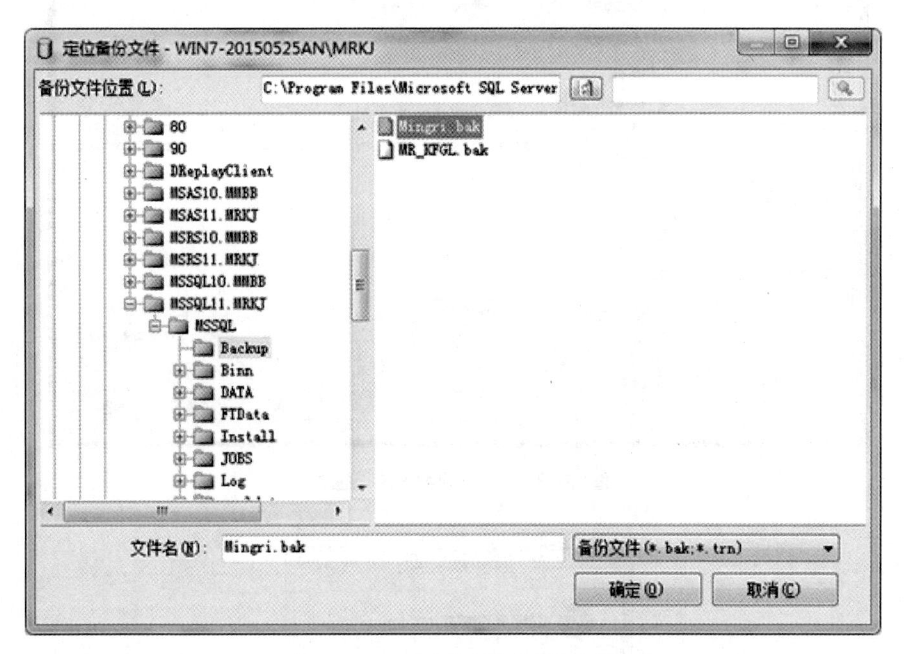

图12-36　“定位备份文件”窗体

（6）回到“选择备份设备”对话框，如图12-37所示，单击【确定】按钮，在“还原数据库”对话框中单击【确定】按钮，如图12-38所示。最后数据库还原成功，如图12-39所示。

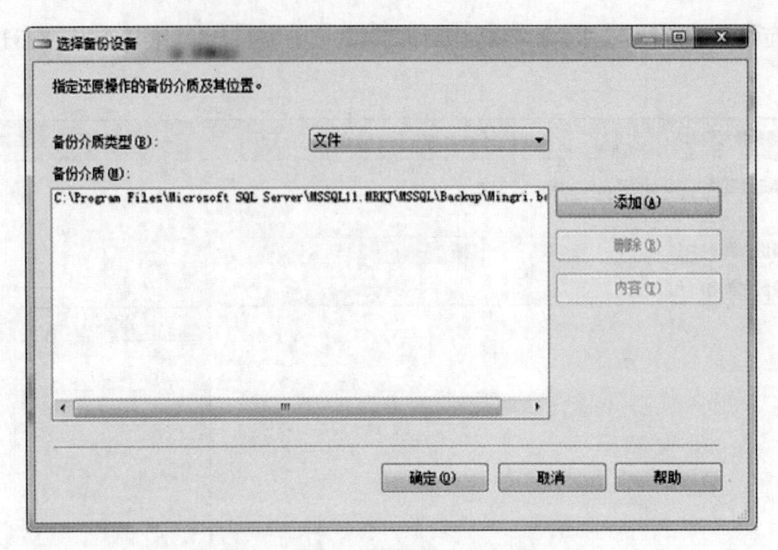

图12-37 “选择备份设备”窗体

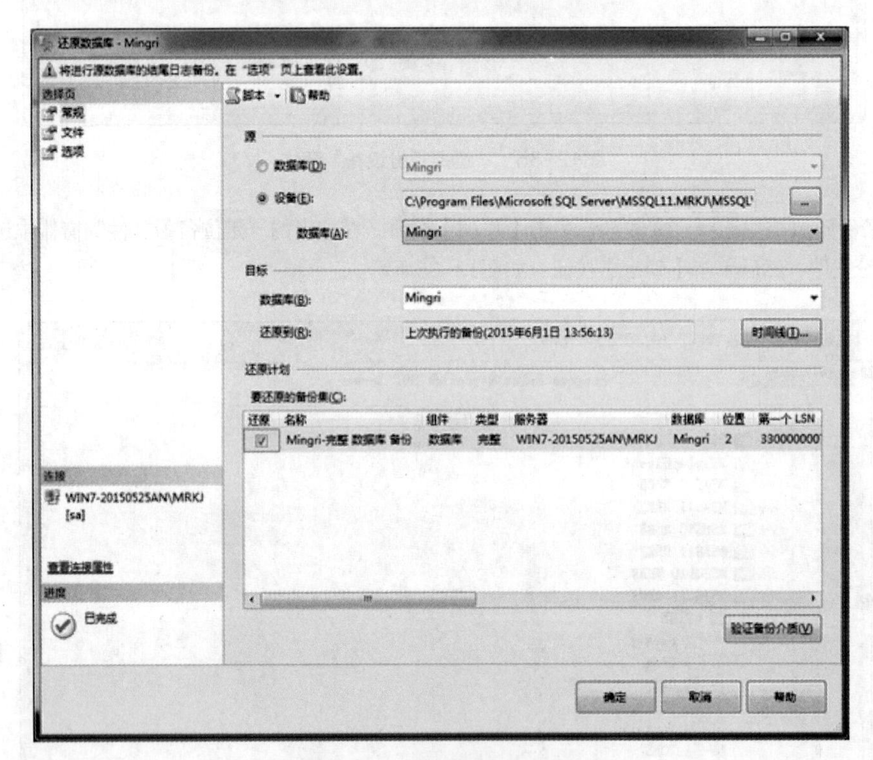

图12-38 “还原数据库”窗体

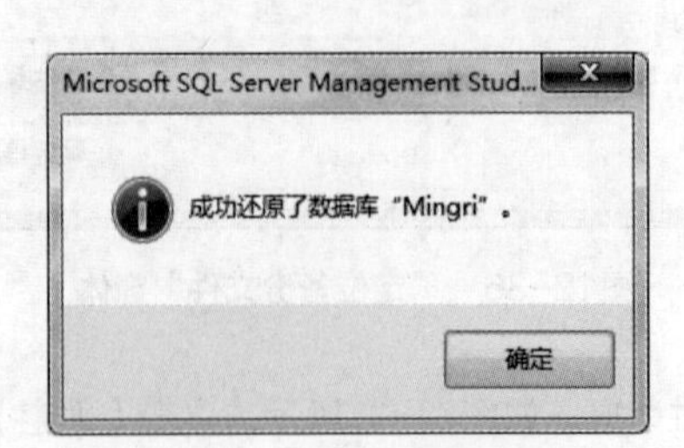

图12-39 完成还原数据库

12.5 脚　本

脚本是存储在文件中的一系列SQL语句，是可再用的模块化代码。用户通过“SQL Server Management Studio”工具可以对指定文件中的脚本进行修改、分析和执行。

本节主要介绍如何将数据库、数据表生成脚本，以及如何执行脚本。

12.5.1 将数据库生成脚本

数据库在生成脚本文件后，可以在不同的计算机之间传送。下面将数据库“MR_KFGL”生成脚本文件。具体操作步骤如下。

将数据库生成脚本

（1）启动“SQL Server Management Studio”工具，并连接到SQL Server 2012中的数据库。在“对象资源管理器”中展开“数据库”节点。

（2）鼠标右键单击指定的数据库“MR_KFGL”，在弹出的快捷菜单中选择【编写数据库脚本为】→【CREATE到】→【文件】命令，如图12-40所示。

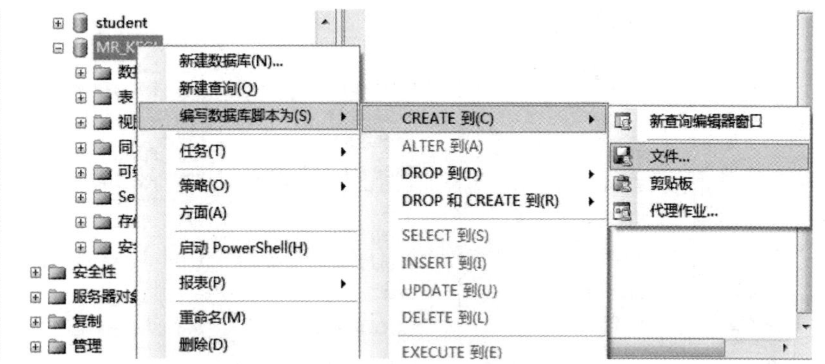

图12-40　编写脚本模式

（3）进入“选择文件”对话框，如图12-41所示。单击“保存在”的下拉按钮，在弹出的浮动列表框中选择保存位置，在“文件名”文本框中写入相应的脚本名称。单击【保存】按钮，开始编写SQL脚本。

图12-41　生成脚本

12.5.2 将数据表生成脚本

将数据表生成脚本

除了将数据库生成脚本文件以外，用户还可以根据需要将指定的数据表生成脚本文件。下面将数据库“MR_KFGL”中的数据表“KH_XXB”生成脚本文件。具体操作步骤如下。

（1）启动“SQL Server Management Studio”工具，并连接到SQL Server 2012中的数据库。在“对象资源管理器”中展开“数据库”节点。

（2）展开指定的数据库【MR_KFGL】→【表】选项。

（3）鼠标右键单击数据表“KH_XXB”选项，在弹出的快捷菜单中选择【编写表脚本为】→【CREATE到】→【文件】命令，如图12-42所示。

（4）进入“选择文件”对话框，单击【保存在】的下拉按钮，在弹出的浮动列表框中选择保存位置，在“文件名”文本框中写入相应的脚本名称，如图12-43所示。单击【保存】按钮，开始编写SQL脚本。

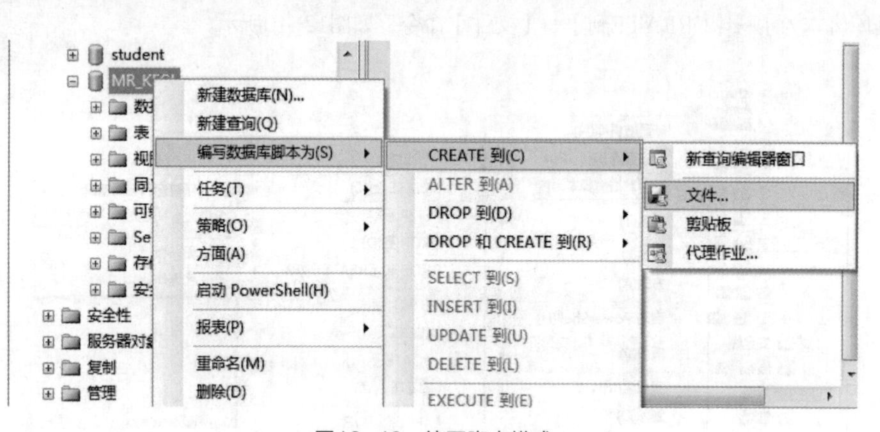

图12-42 编写脚本模式

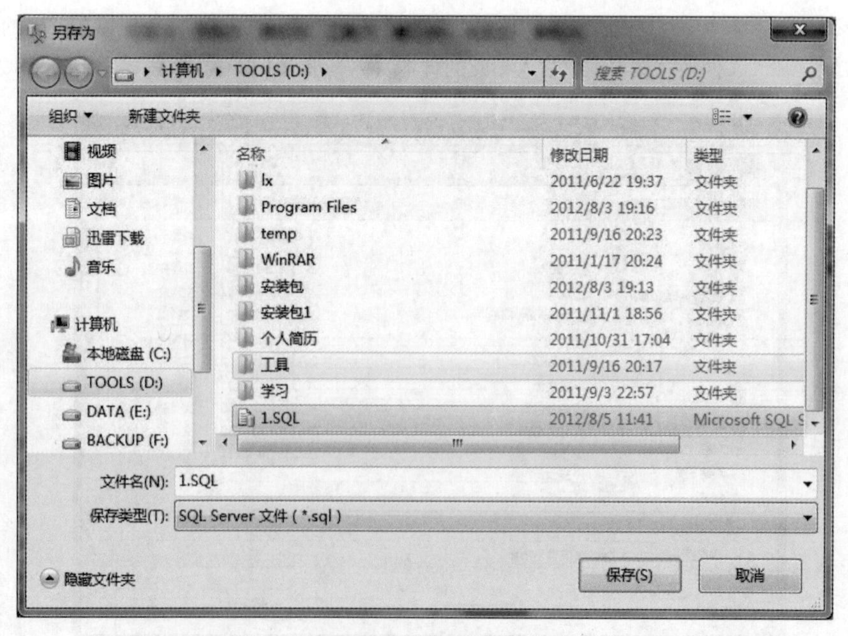

图12-43 生成脚本

12.5.3 执行脚本

执行脚本

脚本文件生成以后，用户可以通过“SQL Server Management Studio”工具对指定的脚本文件进行修改，然后执行该脚本文件。具体操作步骤如下。

（1）启动“SQL Server Management Studio”工具，并连接到SQL Server 2012中的数据库。在“对象资源管理器”中展开“数据库”节点。

（2）单击【文件】→【打开】→【文件】菜单命令，弹出“打开文件”对话框，从中选择保存过的脚本文件，单击【打开】按钮。脚本文件就被加载到“SQL Server Management Studio”工具中了，如图12-44所示。

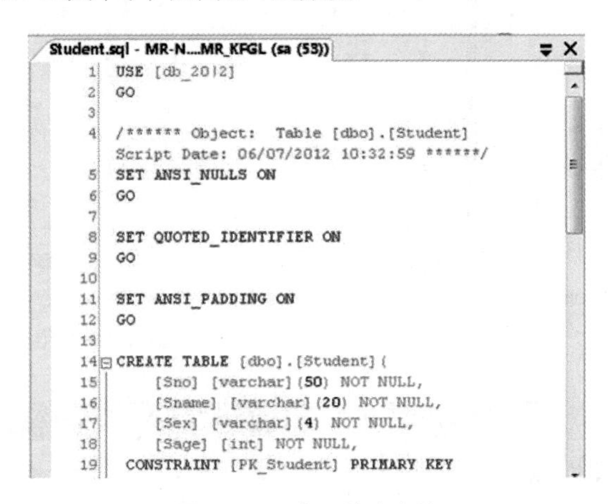

```
Student.sql - MR-N....MR_KFGL (sa (53))
1  USE [db_2012]
2  GO
3
4  /****** Object:  Table [dbo].[Student]
   Script Date: 06/07/2012 10:32:59 ******/
5  SET ANSI_NULLS ON
6  GO
7
8  SET QUOTED_IDENTIFIER ON
9  GO
10
11 SET ANSI_PADDING ON
12 GO
13
14 CREATE TABLE [dbo].[Student](
15     [Sno] [varchar](50) NOT NULL,
16     [Sname] [varchar](20) NOT NULL,
17     [Sex] [varchar](4) NOT NULL,
18     [Sage] [int] NOT NULL,
19  CONSTRAINT [PK_Student] PRIMARY KEY
```

图12-44　打开脚本文件

（3）在打开的脚本文件中可以对代码进行修改。修改完成后，可以按<Ctrl+F5>组合键或 ✓ 按钮键首先对脚本语言进行分析，然后使用<F5>键或 ! 执行(X) 按钮执行脚本。

12.6 数据库维护计划

数据库维护计划

数据库在使用的过程中必须进行定期维护，如更新数据库统计信息，执行数据库备份等，以确保数据库一直处于最佳的运行状态。SQL Server 2012提供了维护计划向导，通过它读者可以根据需要创建一个维护计划，生成的数据库维护计划将对从列表中选择的数据库按计划的间隔定期运行维护任务。

下面将通过维护计划向导创建一个维护计划，名为“MR维护计划”，完成对数据库“books”“MR_KFGL”和“MR_Buyer”的维护任务（包括检查数据库完整性及更新统计信息）。具体操作步骤如下。

（1）启动“SQL Server Management Studio”工具，并连接到SQL Server 2012中的数据库。在“对象资源管理器”中展开“管理”节点。

（2）鼠标右键单击“维护计划”选项，在弹出的快捷菜单中选择【维护计划向导】命令，如图12-45所示。

（3）进入“SQL Server维护计划向导”对话框，如图12-46所示。

（4）直接单击【下一步】按钮进入“选择目标服务器”对话框，如图12-47所示。通过该对话框设置维护计划的名称及服务器。

① 在“名称”文本框内输入维护计划的名称“MR维护计划”。

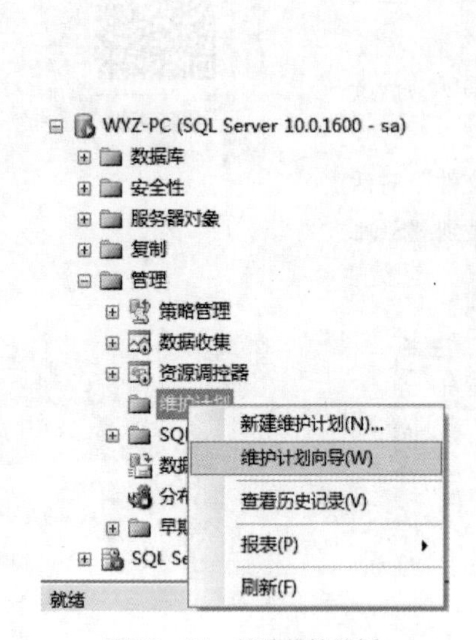

图12-45　新建维护计划

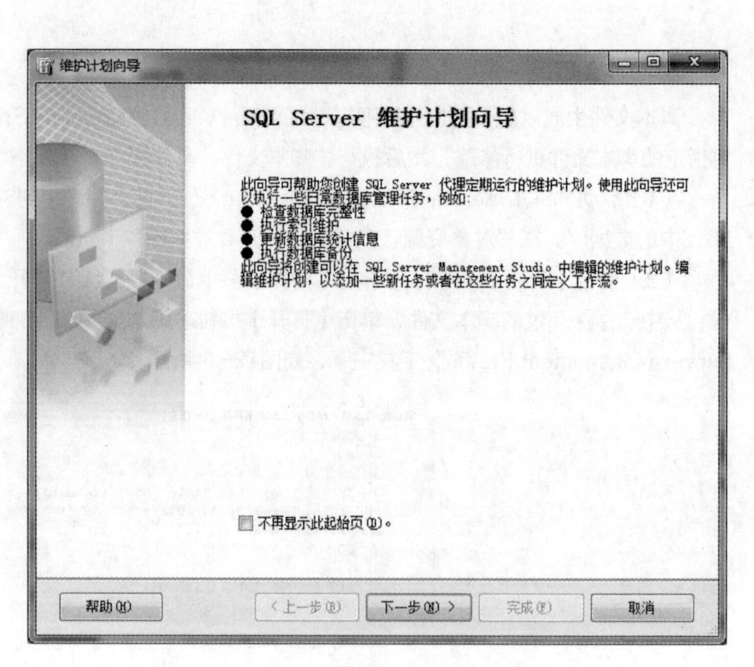

图12-46　“SQL Server维护计划向导”窗体

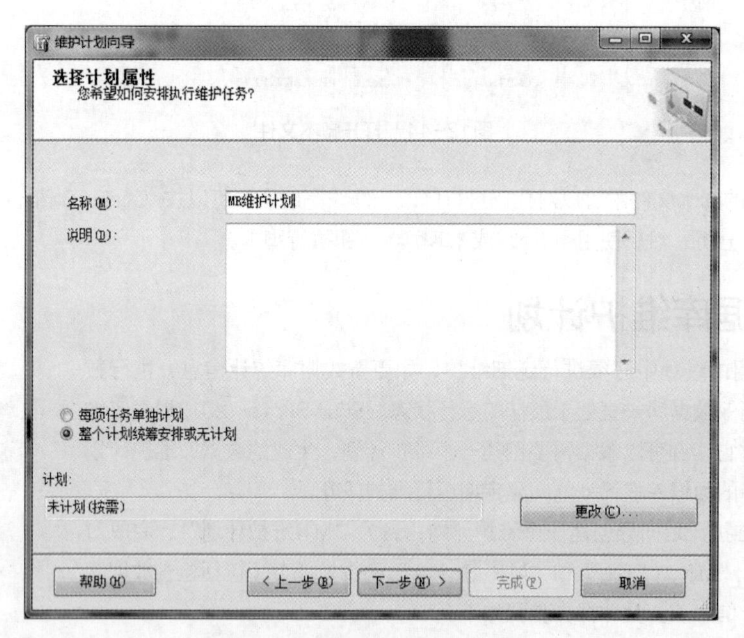

图12-47　“选择目标服务器”窗体

② 单击【服务器】下拉按钮，选择要使用的服务器。这里选择服务器“SXP”。

③ 选择服务器的身份验证模式为“使用Windows身份验证”。

（5）单击【下一步】按钮，进入“选择维护任务”对话框，如图12-48所示。从列表框中选择一项或多项维护任务。这里选择“检查数据库完整性”和“更新统计信息”选项。

（6）单击【下一步】按钮，进入“选择维护任务顺序”对话框，如图12-49所示。在该对话框中选择维护任务，通过单击“上移”和“下移”按钮可以调整执行任务的顺序。

（7）单击【下一步】按钮，进入“配置维护任务”对话框，这里要配置的维护任务是“数据库检查完

图12-48 “选择维护任务”窗体

整性”。单击“数据库”下拉按钮，在弹出的浮动列表中（如图12-50所示）选择任意一种数据库对其进行维护。这里选择“以下数据库”单选按钮，从中选择数据库“books”“MR_Buyer”和“MR_KFGL”。

（8）单击【下一步】按钮，进入“配置维护任务”对话框，这里要配置的维护任务是“更新统计信息”，按照同样的操作选择特定的数据库“books”“MR_Buyer”和“MR_KFGL”进行维护。

（9）单击【下一步】按钮，进入“选择计划属性”对话框。

图12-49 “选择维护任务顺序”窗体

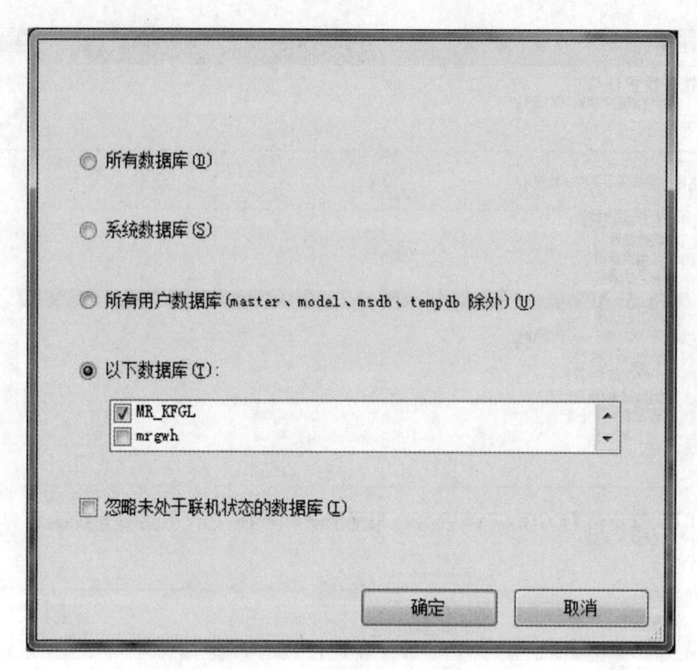

图12-50 “配置维护任务”窗体

（10）单击【确定】按钮，进入“维护计划向导”对话框，如图12-51所示。

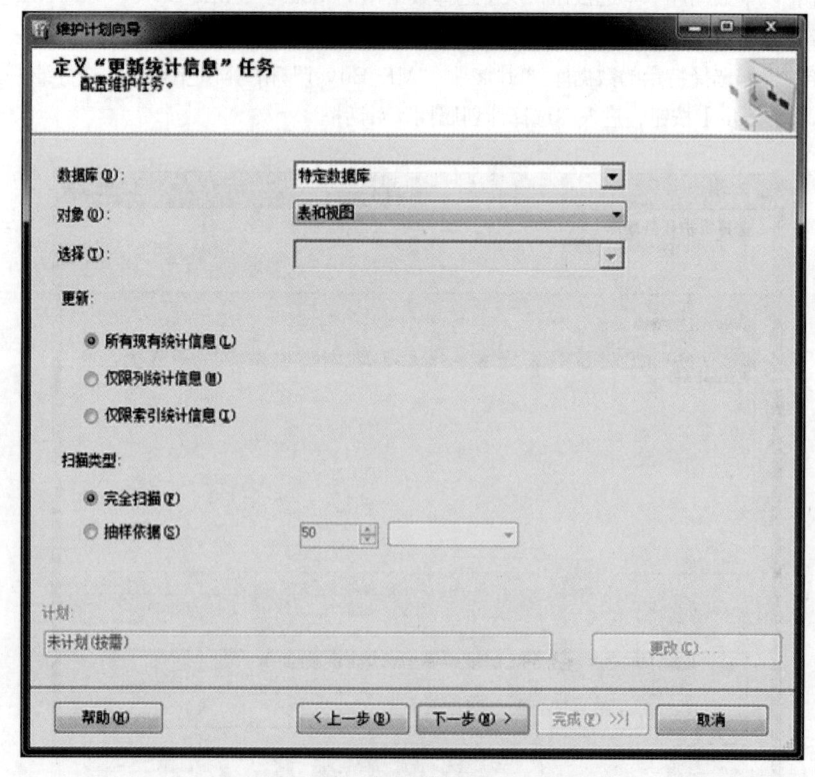

图12-51 “维护计划向导”窗体

（11）单击【下一步】按钮，进入“选择报告选项”对话框，如图12-52所示。通过该对话框对维护计划选择一种方式进行保存或分发。这里选择“将报告写入文本文件”选项，单击其后的浏览按钮 ...，选择保存位置。

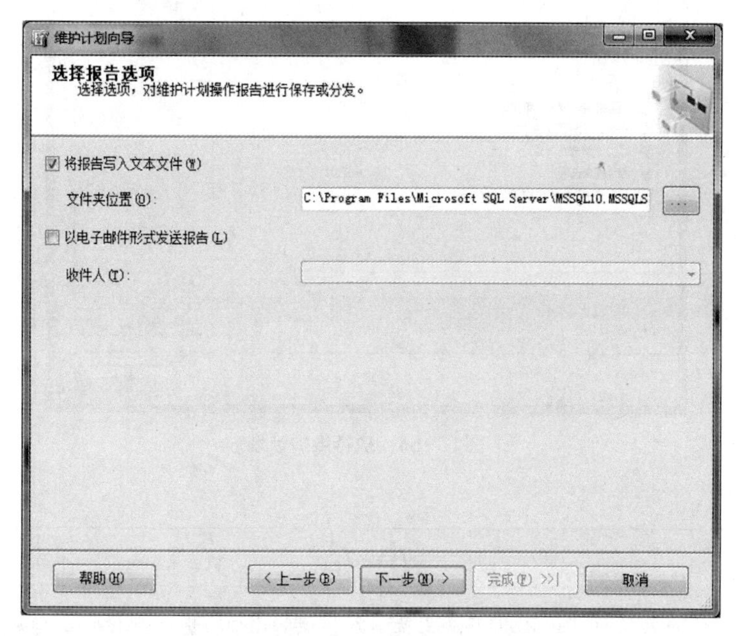

图12-52 “选择报告选项”窗体

（12）单击【下一步】按钮，进入“完成该向导”对话框，如图12-53所示。该对话框列出了维护计划中创建的相关选项。

（13）单击【完成】按钮，维护计划向导开始执行，执行成功后单击【关闭】按钮即可，如图12-54所示。

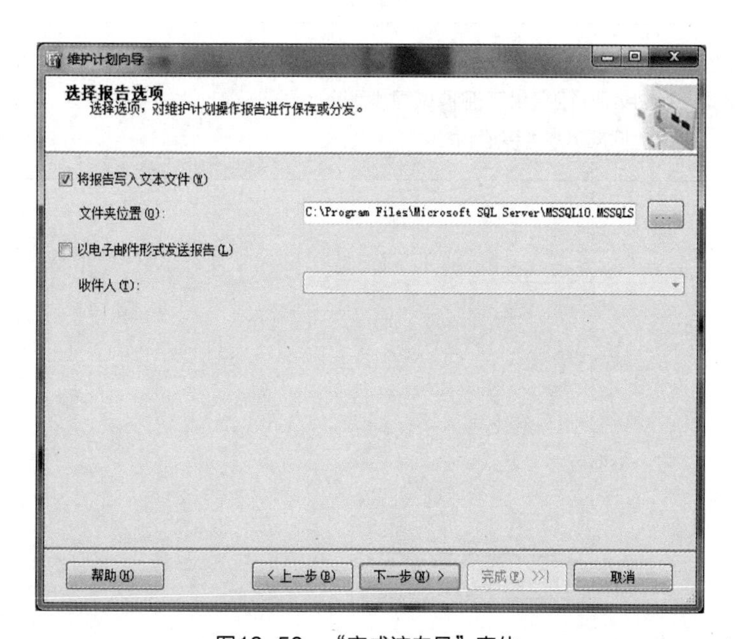

图12-53 “完成该向导”窗体

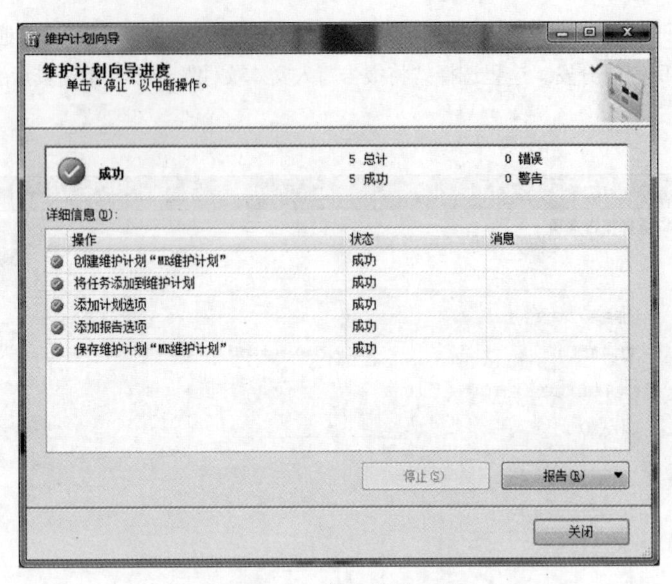

图12-54 执行维护计划

小结

本章介绍了在SQL Server 2012中对数据库及数据表进行维护管理的方法。读者应熟练掌握脱机与联机数据库、分离和附加数据库、导入和导出数据表、备份和恢复数据库等操作，能够执行将数据库或数据表生成脚本的操作，了解数据库维护计划。

习题

12-1 什么是数据库备份？SQL Server 2012数据库有几种备份类型？

12-2 SQL Server 2012提供了哪种恢复类型？

12-3 如何获得数据库、数据表的脚本？

PART13

第13章

综合案例——腾龙进销存管理系统

本章要点

- 软件的基本开发流程
- 系统的功能结构及业务流程
- 设计系统数据库
- 设计数据操作层类
- 设计业务逻辑层类
- 系统主窗体的实现
- 商品库存管理的实现
- 商品进货管理的实现
- 商品销售数据排行的实现

■ 本章通过SQL Server 2012数据库，结合C#语言设计一个综合的应用案例——腾龙进销存管理系统，该系统能够为使用者提供进货管理、销售管理、往来对账管理、库存管理、基础数据管理等功能；另外，还可以为使用者提供系统维护、辅助工具和系统信息等辅助功能。通过学习该案例，读者重点要掌握数据库的设计过程，并熟悉实际项目的开发过程。

13.1 需求分析

腾龙进销存管理系统使用说明

目前市场上的进销存管理系统很多，但企业很难找到一款真正称心、符合自身实际情况的进销存管理软件。由于存在这样那样的不足，企业在选择进销存管理系统时倍感困惑，主要集中在以下方面。

（1）大多数自称为进销存管理系统的软件其实只是简单的库存管理系统，难以真正让企业提高工作效率，其降低管理成本的效果也不明显。

（2）系统功能不切实际，大多是互相模仿，不是应企业实际需求开发出来的。

（3）大部分系统安装、部署、管理极不方便，或者选用的是小型数据库，不能满足企业海量数据存取的需要。

（4）系统操作不方便，界面设计不美观、不标准、不专业、不统一，用户实施及学习费时费力。

13.2 总体设计

13.2.1 系统目标

本系统属于中小型的数据库系统，可以对中小型企业进销存进行有效管理。通过本系统可以达到以下目标。

- 灵活地运用表格进行批量数据录入，使信息的传递更加快捷；
- 系统采用人机对话方式，界面美观友好，信息查询灵活、方便，数据存储安全可靠；
- 与供应商和代理商的账目清晰明白；
- 拥有功能强大的月营业额分析功能；
- 实现各种查询（如定位查询、模糊查询等）；
- 实现商品进货分析与统计、销售分析与统计、商品销售成本明细等功能；
- 拥有强大的库存预警功能，尽可能地减少商家不必要的损失；
- 实现灵活的打印功能（如单页、多页和复杂打印等）；
- 系统对用户输入的数据进行严格的数据检验，尽可能排除人为的错误；
- 系统最大限度地实现易安装性、易维护性和易操作性。

13.2.2 构建开发环境

- 系统开发平台：Microsoft Visual Studio 2015。
- 系统开发语言：C#。
- 数据库管理软件：Microsoft SQL Server 2012。
- 运行平台：Windows 7（SP1）/ Windows 8 / Windows 8.1 / Windows 10。
- 运行环境：Microsoft .NET Framework SDK v4.6。

13.2.3 系统功能结构

腾龙进销存管理系统是一个典型的数据库开发应用程序，主要由进货管理、销售管理、库存管理、基础数据管理、系统维护和辅助工具等模块组成，具体规划如下。

1. 进货管理模块

进货管理模块主要负责商品的进货数据录入、进货退货数据录入、进货分析、进货统计（不包含退货）、与供应商往来对账。

2. 销售管理模块

销售管理模块主要负责商品的销售数据录入、销售退货数据录入、销售统计（不含退货）、月销售状况（销售分析、明细账本）、商品销售排行、往来分析（与代理商对账）、商品销售成本表。

3. 库存管理模块

库存管理模块主要负责库存状况、库存商品数量上限报警、库存商品数量下限报警、商品进销存变动表、库存盘点（自动盘赢盘亏）。

4. 基础数据管理模块

基础数据管理模块主要负责对系统基本数据进行录入（基础数据包括库存商品、往来单位、内部职员）。

5. 系统维护模块

系统维护模块主要负责本单位信息、操作员设置、操作权限设置、数据备份和数据库恢复、数据清理。

6. 辅助工具模块

辅助工具模块的功能有：登录Internet、启动Word、启动Excel和计算器等。

腾龙进销存管理系统功能结构如图13-1所示。

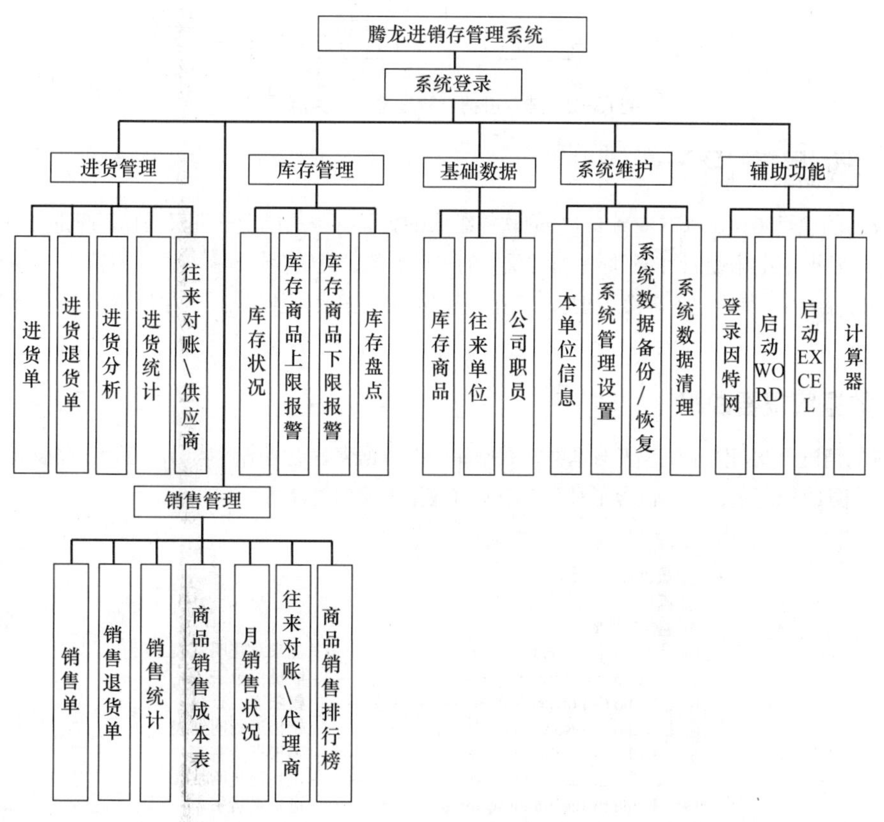

图13-1　系统功能结构

13.2.4　业务流程图

腾龙进销存管理系统的业务流程图如图13-2所示。

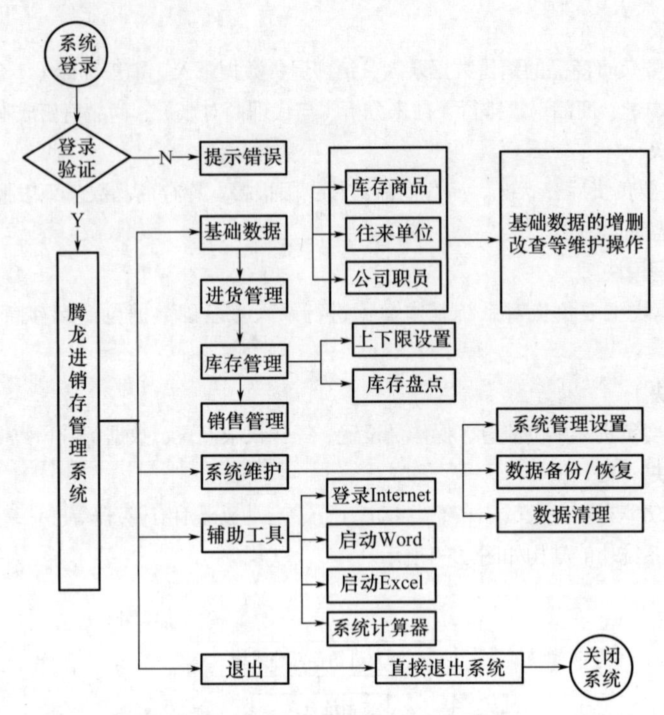

图13-2 腾龙进销存管理系统业务流程图

13.3 数据库设计

一个成功的项目是由50%的业务+50%的软件组成的，而50%的成功软件又是由25%的数据库+25%的程序组成的，因此，数据库设计的好坏是非常重要的一环。腾龙进销存管理系统采用SQL Server 2012数据库，名称为db_EMS，其中包含14张数据表。下面分别给出数据表概要说明、数据库E-R图分析及主要数据表的结构。

13.3.1 数据库概要说明

从读者的角度出发，为了使读者对本网站数据库中的数据表有更清晰的认识，笔者在此设计了数据表树形结构图，如图13-3所示，其中包含了对系统中所有数据表的相关描述。

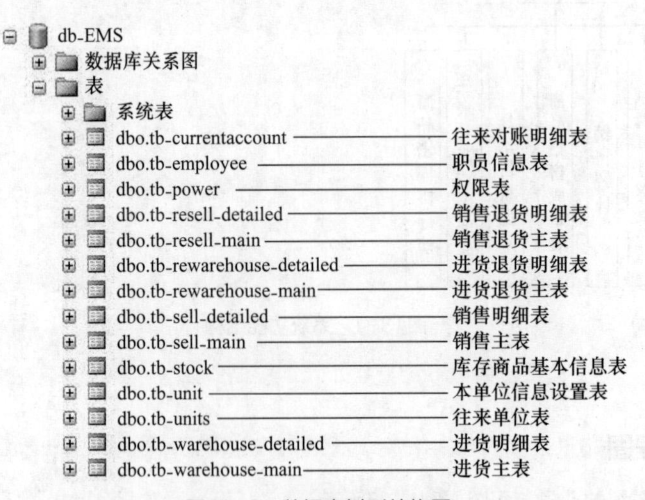

图13-3 数据表树形结构图

13.3.2 数据库E-R图

通过对系统进行的需求分析、业务流程设计以及功能结构的确定，规划出系统中使用的数据库实体对象及实体E-R图。

腾龙进销存管理系统的主要功能是商品的入库、出库管理，因此需要规划库存商品基本信息实体，包括商品编号、商品全称、商品简称、商品型号、商品规格、单位、产地、库存数量、最后一次进价、加权平均价、最后一次销价、盘点数量、存货报警上限和存货报警下限等属性。库存商品基本信息实体E-R图如图13-4所示。

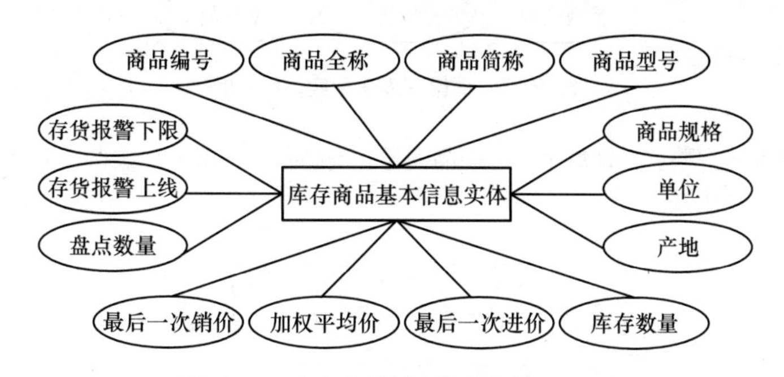

图13-4　库存商品基本信息实体E-R图

腾龙进销存管理系统中，对库存信息进行管理时，涉及到库存商品的各个方面，比如进货信息、销售信息、往来对账信息和盘点信息等，因此在规划数据库实体时，应该规划出相应的实体。下面介绍几个重要的库存商品相关实体。进货主表信息实体主要包括录单日期、进货编号、供货单位、经手人、摘要、应付金额和实付金额等属性，其E-R图如图13-5所示。

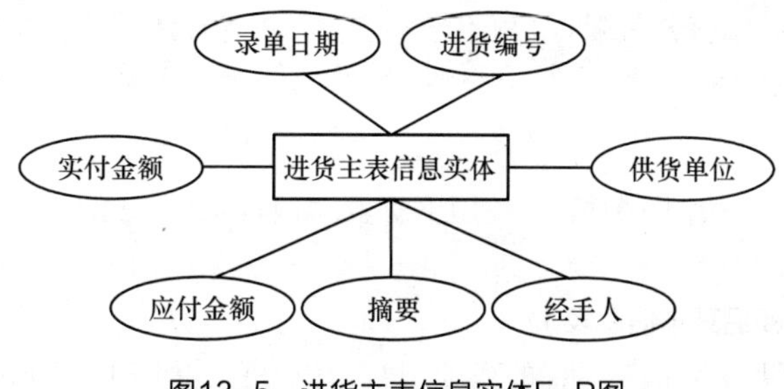

图13-5　进货主表信息实体E-R图

进货明细表信息实体主要包括进货编号、商品编号、商品名称、单位、数量、进价、金额和录单日期等属性，其E-R图如图13-6所示。

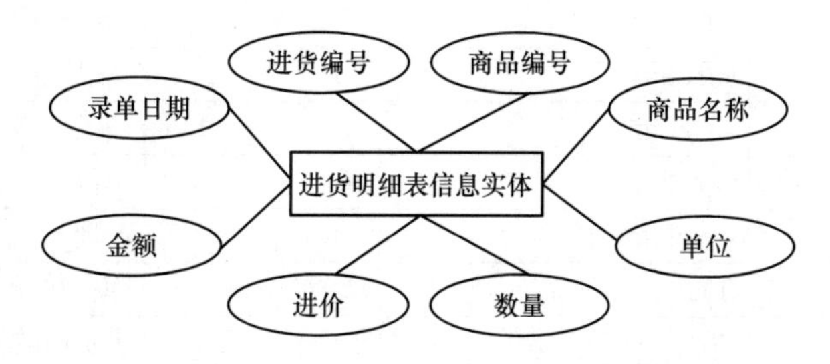

图13-6　进货明细表信息实体E-R图

销售主表信息实体主要包括录单日期、销售编号、购货单位、经手人、摘要、应收金额和实收金额等属性，其E-R图如图13-7所示。

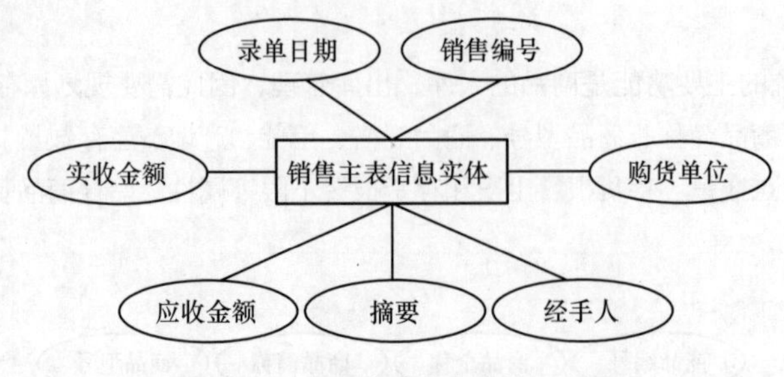

图13-7　销售主表信息实体E-R图

销售明细表信息实体主要包括销售编号、商品编号、商品名称、单位、数量、单价、金额和录单日期等属性，其E-R图如图13-8所示。

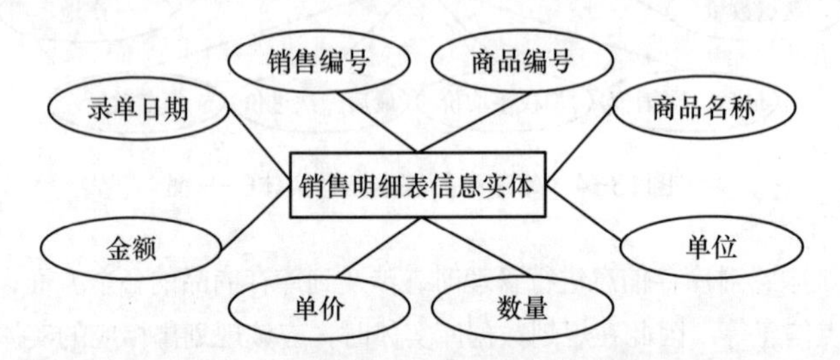

图13-8　销售明细表信息实体E-R图

腾龙进销存管理系统中还有很多信息实体，比如职员信息实体、往来对账明细信息实体、往来单位信息实体等，这里由于篇幅限制，就不再一一介绍，详情请参见本书配套资源中的数据库。

13.3.3　数据表结构

接下来要根据设计好的E-R图在数据库中创建数据表，下面给出比较重要的数据表结构，其他数据表结构可参见本书配套资源。

1. tb_stock（库存商品基本信息表）

库存商品基本信息表用于存储库存商品的基础信息，该表的结构如表13-1所示。

表13-1　库存商品基本信息表

字段名称	数据类型	字段大小	说　明
Tradecode	varchar	5	商品编号
fullname	varchar	30	商品全称
type	varchar	10	商品型号
standard	varchar	10	商品规格
unit	varchar	10	单位
produce	varchar	20	产地
qty	float	8	库存数量
price	float	8	进货时的最后一次进价

续表

字段名称	数据类型	字段大小	说　明
averageprice	float	8	加权平均价
saleprice	float	8	销售时的最后一次销价
stockcheck	float	8	盘点数量
upperlimit	int	4	存货报警上限
lowerlimit	int	4	存货报警下限

2. tb_warehouse_main（进货主表）

进货主表用于存储商品进货的主要信息，该表的结构如表13-2所示。

表13-2　进货主表

字段名称	数据类型	字段大小	说　明
billdate	datetime	8	录单日期
billcode	varchar	20	进货编号
units	varchar	30	供货单位
handle	varchar	10	经手人
summary	varchar	100	摘要
fullpayment	float	8	应付金额
payment	float	8	实付金额

3. tb_warehouse_detailed（进货明细表）

进货明细表用于存储进货商品的详细信息，该表的结构如表13-3所示。

表13-3　进货明细表

字段名称	数据类型	字段大小	说　明
billcode	varchar	20	进货编号
tradecode	varchar	20	商品编号
fullname	varchar	20	商品名称
unit	varchar	4	单位
qty	float	8	数量
price	float	8	进价
tsum	float	8	金额
billdate	datetime	8	录单日期

4. tb_sell_main（销售主表）

销售主表用于保存销售商品的主要信息，该表的结构如表13-4所示。

表13-4　销售主表

字段名称	数据类型	字段大小	说　明
billdate	datetime	8	录单日期
billcode	varchar	20	销售编号
units	varchar	30	购货单位
handle	varchar	10	经手人

续表

字段名称	数据类型	字段大小	说　明
summary	varchar	100	摘要
fullgathering	float	8	应收金额
gathering	float	8	实收金额

5. tb_sell_detailed（销售明细表）

销售明细表用于存储销售商品的详细信息，该表的结构如表13-5所示。

表13-5　销售明细表

字段名称	数据类型	字段大小	说　明
billcode	varchar	20	销售编号
tradecode	varchar	20	商品编号
fullname	varchar	20	商品全称
unit	varchar	4	单位
qty	float	8	数量
price	float	8	单价
tsum	float	8	金额
billdate	datetime	8	录单日期

由于篇幅有限，这里只列举了重要的数据表的结构，其他的数据表结构可参见本书配套资源中的数据库文件。

13.4　公共类设计

开发项目时，通过编写公共类可以减少重复代码的编写，有利于代码的重用及维护。腾龙进销存管理系统中创建了两个公共类文件——DataBase.cs（数据库操作类）和BaseInfo.cs（基础功能模块类）。其中，数据库操作类主要用来访问SQL数据库，基础功能模块类主要用于处理业务逻辑功能，透彻地说就是实现功能窗体（陈述层）与数据库操作（数据层）的业务功能。下面分别对以上两个公共类中的方法进行详细介绍。

13.4.1　DataBase公共类

DataBase类中自定义了Open、Close、MakeInParam、MakeParam、RunProc、RunProcReturn、CreateDataAdaper和CreateCommand等多个方法，下面分别对它们进行介绍。

1. Open方法

建立数据的连接主要通过SqlConnection类实现，并初始化数据库连接字符串，然后通过State属性判断连接状态，如果数据库连接状态为关，则打开数据库连接。实现打开数据库连接的Open方法的代码如下：

```
private void Open()
{
    if (con == null)                                        //判断连接对象是否为空
    {
        //创建数据库连接对象
```

```
            con = new SqlConnection("Data Source=MRWXK\\WANGXIAOKE;DataBase=db_EMS;User
ID=sa;PWD=");
        }
        if (con.State == System.Data.ConnectionState.Closed)          //判断数据库连接是否关闭
            con.Open();                                                //打开数据库连接
    }
```

读者在运行本系统时，需要将Open方法中的数据库连接字符串中的Data Source属性修改为本机的SQL Server 2012服务器名，并且将User ID属性和PWD属性分别修改为本机登录SQL Server 2012服务器的用户名和密码。

2. Close方法

关闭数据库连接主要通过SqlConnection对象的Close方法实现。自定义Close方法关闭数据库连接的代码如下：

```
    public void Close()
    {
        if (con != null)                                 //判断连接对象是否不为空
            con.Close();                                 //关闭数据库连接
    }
```

3. MakeInParam和MakeParam方法

本系统向数据库中读写数据是以参数形式实现的。MakeInParam方法用于传入参数，MakeParam方法用于转换参数。实现MakeInParam方法和MakeParam方法的关键代码如下：

```
    //转换参数
    public SqlParameter MakeInParam(string ParamName, SqlDbType DbType, int Size, object Value)
    {
        //创建SQL参数
        return MakeParam(ParamName, DbType, Size, ParameterDirection.Input, Value);
    }
    public SqlParameter MakeParam(string ParamName, SqlDbType DbType, Int32 Size, ParameterDirection
Direction, object Value)                                         //初始化参数值
    {
        SqlParameter param;                                        //声明SQL参数对象
        if (Size > 0)                                              //判断参数字段是否大于0
            param = new SqlParameter(ParamName, DbType, Size);     //根据类型和大小创建SQL参数
        else
            param = new SqlParameter(ParamName, DbType);           //创建SQL参数对象
        param.Direction = Direction;                               //设置SQL参数的类型
        if (!(Direction == ParameterDirection.Output && Value == null))   //判断是否输出参数
            param.Value = Value;                                   //设置参数返回值
        return param;                                              //返回SQL参数
    }
```

4. RunProc方法

RunProc方法为可重载方法，用来执行带SqlParameter参数的命令文本，其中，第1种重载形式主要用于执行添加、修改和删除等操作；第2种重载形式用来直接执行SQL语句，如数据库备份与数据库恢复。实现可重载方法RunProc的关键代码如下：

```
public int RunProc(string procName, SqlParameter[] prams)                    //执行命令
{
    SqlCommand cmd = CreateCommand(procName, prams);                         //创建SqlCommand对象
    cmd.ExecuteNonQuery();                                                   //执行SQL命令
    this.Close();                                                            //关闭数据库连接
    return (int)cmd.Parameters["ReturnValue"].Value;                         //得到执行成功返回值
}
public int RunProc(string procName)                                          //直接执行SQL语句
{
    this.Open();                                                             //打开数据库连接
    SqlCommand cmd = new SqlCommand(procName, con);                          //创建SqlCommand对象
    cmd.ExecuteNonQuery();                                                   //执行SQL命令
    this.Close();                                                            //关闭数据库连接
    return 1;                                                                //返回1，表示执行成功
}
```

5. RunProcReturn方法

RunProcReturn方法为可重载方法，返回值类型DataSet，其中，第1种重载形式主要用于执行带SqlParameter参数的查询命令文本；第2种重载形式用来直接执行查询SQL语句。可重载方法RunProcReturn的关键代码如下：

```
//执行查询命令文本，并且返回DataSet数据集
public DataSet RunProcReturn(string procName, SqlParameter[] prams,string tbName)
{
    SqlDataAdapter dap = CreateDataAdaper(procName, prams);                  //创建桥接器对象
    DataSet ds = new DataSet();                                              //创建数据集对象
    dap.Fill(ds, tbName);                                                    //填充数据集
    this.Close();                                                            //关闭数据库连接
    return ds;                                                               //返回数据集
}
//执行命令文本，并且返回DataSet数据集
public DataSet RunProcReturn(string procName, string tbName)
{
    SqlDataAdapter dap = CreateDataAdaper(procName, null);                   //创建桥接器对象
    DataSet ds = new DataSet();                                              //创建数据集对象
    dap.Fill(ds, tbName);                                                    //填充数据集
    this.Close();                                                            //关闭数据库连接
    return ds;                                                               //返回数据集
}
```

6. CreateDataAdaper方法

CreateDataAdaper方法将带参数SqlParameter的命令文本添加到SqlDataAdapter中，并执行命令文本。CreateDataAdaper方法的关键代码如下：

```
private SqlDataAdapter CreateDataAdaper(string procName, SqlParameter[] prams)
{
    this.Open();                                                    //打开数据库连接
    SqlDataAdapter dap = new SqlDataAdapter(procName, con);         //创建桥接器对象
    dap.SelectCommand.CommandType = CommandType.Text;               //要执行的类型为命令文本
    if (prams != null)                                              //判断SQL参数是否不为空
    {
        foreach (SqlParameter parameter in prams)                   //遍历传递的每个SQL参数
            dap.SelectCommand.Parameters.Add(parameter);            //将参数添加到命令对象中
    }
    //加入返回参数
    dap.SelectCommand.Parameters.Add(new SqlParameter("ReturnValue", SqlDbType.Int,
4,ParameterDirection.ReturnValue, false, 0, 0,string.Empty, DataRowVersion.Default, null));
    return dap;                                                     //返回桥接器对象
}
```

7. CreateCommand方法

CreateCommand方法将带参数SqlParameter的命令文本添加到CreateCommand中，并执行命令文本。CreateCommand方法的关键代码如下：

```
private SqlCommand CreateCommand(string procName, SqlParameter[] prams)
{
    this.Open();                                                    //打开数据库连接
    SqlCommand cmd = new SqlCommand(procName, con);                 //创建SqlCommand对象
    cmd.CommandType = CommandType.Text;                             //要执行的类型为命令文本
    //依次把参数传入命令文本
    if (prams != null)                                              //判断SQL参数是否不为空
    {
        foreach (SqlParameter parameter in prams)                   //遍历传递的每个SQL参数
            cmd.Parameters.Add(parameter);                          //将参数添加到命令对象中
    }
    //加入返回参数
    cmd.Parameters.Add(new SqlParameter("ReturnValue", SqlDbType.Int, 4,
        ParameterDirection.ReturnValue, false, 0, 0,string.Empty, DataRowVersion.Default, null));
    return cmd;                                                     //返回SqlCommand命令对象
}
```

13.4.2 BaseInfo公共类

BaseInfo类是基础功能模块类，它主要用来处理业务逻辑功能。下面对该类中的实体类及相关方法进行详细讲解。

说明 BaseInfo类中包含了库存商品管理、往来单位管理、进货管理、退货管理、职员管理、权限管理等多个模块的业务代码实现，而它们的实现原理是大致相同的。这里由于篇幅限制，在讲解BaseInfo类的实现时，将以库存商品管理为典型进行详细讲解，其他模块的具体业务代码请见本书配套资源中的BaseInfo类源代码文件。

1. CStockInfo实体类

当读取或设置库存商品数据时，都是通过库存商品类cStockInfo实现的。库存商品类cStockInfo的关键代码如下：

```
public class cStockInfo
{
    private string tradecode = "";
    private string fullname = "";
    private string tradetpye = "";
    private string standard = "";
    private string tradeunit = "";
    private string produce = "";
    private float qty = 0;
    private float price = 0;
    private float averageprice = 0;
    private float saleprice = 0;
    private float check = 0;
    private float upperlimit = 0;
    private float lowerlimit = 0;
    /// <summary>
    /// 商品编号
    /// </summary>
    public string TradeCode
    {
        get { return tradecode; }
        set { tradecode = value; }
    }
    /// <summary>
    /// 单位全称
    /// </summary>
    public string FullName
    {
        get { return fullname; }
        set { fullname = value; }
    }
    /// <summary>
```

```
/// 商品型号
/// </summary>
public string TradeType
{
    get { return tradetpye; }
    set { tradetpye = value; }
}
/// <summary>
/// 商品规格
/// </summary>
public string Standard
{
    get { return standard; }
    set { standard = value; }
}
/// <summary>
/// 商品单位
/// </summary>
public string Unit
{
    get { return tradeunit; }
    set { tradeunit = value; }
}
/// <summary>
/// 商品产地
/// </summary>
public string Produce
{
    get { return produce; }
    set { produce = value; }
}
/// <summary>
/// 库存数量
/// </summary>
public float Qty
{
    get { return qty; }
    set { qty = value; }
}
/// <summary>
/// 进货时最后一次价格
```

```
/// </summary>
public float Price
{
    get { return price; }
    set { price = value; }
}
/// <summary>
/// 加权平均价格
/// </summary>
public float AveragePrice
{
    get { return averageprice; }
    set { averageprice = value; }
}
/// <summary>
/// 销售时的最后一次销价
/// </summary>
public float SalePrice
{
    get { return saleprice; }
    set { saleprice = value; }
}
/// <summary>
/// 盘点数量
/// </summary>
public float Check
{
    get { return check; }
    set { check = value; }
}
/// <summary>
/// 库存报警上限
/// </summary>
public float UpperLimit
{
    get { return upperlimit; }
    set { upperlimit = value; }
}
/// <summary>
/// 库存报警下限
/// </summary>
```

```
        public float LowerLimit
        {
            get { return lowerlimit; }
            set { lowerlimit = value; }
        }
    }
```

2. AddStock方法

库存商品数据基本操作主要用于完成对库存商品的添加、修改、删除以及查询等操作，下面对其相关的方法进行详细讲解。

AddStock方法主要用于实现添加库存商品基本信息数据。实现的关键技术为：创建SqlParameter参数数组，通过数据库操作类（DataBase）中MakeInParam方法将参数值转换为SqlParameter类型，储存在数组中，最后调用数据库操作类中RunProc方法执行命令文本。AddStock方法的关键代码如下：

```
    public int AddStock(cStockInfo stock)
    {
        SqlParameter[] prams = {
                    data.MakeInParam("@tradecode", SqlDbType.VarChar, 5, stock.TradeCode),
                data.MakeInParam("@fullname", SqlDbType.VarChar, 30, stock.FullName),
                data.MakeInParam("@type", SqlDbType.VarChar, 10, stock.TradeType),
                data.MakeInParam("@standard", SqlDbType.VarChar, 10, stock.Standard),
                data.MakeInParam("@unit", SqlDbType.VarChar, 4, stock.Unit),
                data.MakeInParam("@produce", SqlDbType.VarChar, 20, stock.Produce),
        };
      return (data.RunProc("INSERT INTO tb_stock (tradecode, fullname, type, standard, unit, produce) VALUES
(@tradecode,@fullname,@type,@standard,@unit,@produce)", prams));
    }
```

3. UpdateStock方法

UpdateStock方法主要用来修改库存商品基本信息。实现代码如下：

```
    public int UpdateStock(cStockInfo stock)
    {
        SqlParameter[] prams = {
                    data.MakeInParam("@tradecode", SqlDbType.VarChar, 5, stock.TradeCode),
                data.MakeInParam("@fullname", SqlDbType.VarChar, 30, stock.FullName),
                data.MakeInParam("@type", SqlDbType.VarChar, 10, stock.TradeType),
                data.MakeInParam("@standard", SqlDbType.VarChar, 10, stock.Standard),
                data.MakeInParam("@unit", SqlDbType.VarChar, 4, stock.Unit),
                data.MakeInParam("@produce", SqlDbType.VarChar, 20, stock.Produce),
        };
        return (data.RunProc("update tb_stock set fullname=@fullname,type=@type,standard=@standard,unit=@
unit,produce=@produce where tradecode=@tradecode", prams));
    }
```

4. DeleteStock方法

DeleteStock方法主要用来删除库存商品信息。实现代码如下：

```
public int DeleteStock(cStockInfo stock)
{
    SqlParameter[] prams = {
                data.MakeInParam("@tradecode", SqlDbType.VarChar, 5, stock.TradeCode),
    };
    return (data.RunProc("delete from tb_stock where tradecode=@tradecode", prams));
}
```

5. FindStockByProduce、FindStockByFullName和GetAllStock方法

本系统中主要根据商品产地和商品名称查询库存商品信息以及所有库存商品信息。FindStockByProduce方法根据“商品产地”得到库存商品信息；FindStockByFullName方法根据“商品名称”得到库存商品信息；GetAllStock方法得到所有库存商品信息。以上3种方法的关键代码如下：

```
//根据--商品产地--得到库存商品信息
public DataSet FindStockByProduce(cStockInfo stock, string tbName)
{
    SqlParameter[] prams = {
                data.MakeInParam("@produce", SqlDbType.VarChar, 5, stock.Produce+"%"),
    };
    return (data.RunProcReturn("select * from tb_stock where produce like @produce", prams, tbName));
}
//根据--商品名称--得到库存商品信息
public DataSet FindStockByFullName(cStockInfo stock, string tbName)
{
    SqlParameter[] prams = {
                data.MakeInParam("@fullname", SqlDbType.VarChar, 30, stock.FullName+"%"),
    };
    return (data.RunProcReturn("select * from tb_stock where fullname like @fullname", prams, tbName));
}
//得到所有--库存商品信息
public DataSet GetAllStock(string tbName)
{
    return (data.RunProcReturn("select * from tb_Stock ORDER BY tradecode", tbName));
}
```

13.5 系统主要模块开发

本节将对腾龙进销存管理系统的几个主要功能模块实现时用到的主要技术及实现过程进行详细讲解。

13.5.1 系统主窗体设计

主窗体是程序操作过程中必不可少的，它是人机交互中的重要环节。通过主窗体，用户可以调用系统相关的各子模块，快速掌握本系统中所实现的各个功能。腾龙进销存管理系统中，当登录窗体验证成功后，用

户将进入主窗体，主窗体中提供了系统菜单栏，可以通过它调用系统中的所有子窗体。主窗体运行效果如图13-9所示。

图13-9　系统主窗体

1. 使用MenuStrip控件设计菜单栏

本系统的菜单栏是通过MenuStrip控件实现的，设计菜单栏的具体步骤如下。

（1）从工具箱中拖放一个MenuStrip控件置于腾龙进销存管理系统的主窗体中，如图13-10所示。

图13-10　拖放MenuStrip控件

（2）为菜单栏中的各个菜单项设置菜单名称，如图13-11所示。在输入菜单名称时，系统会自动产生输入下一个菜单名称的提示。

（3）选中菜单项，单击其“属性”窗口中的DropDownItems属性后面的 按钮，弹出“项集合编辑器”对话框，如图13-12所示。在该对话框中可以为菜单项设置Name名称，也可以继续通过单击其DropDownItems属性后面的 按钮添加子项。

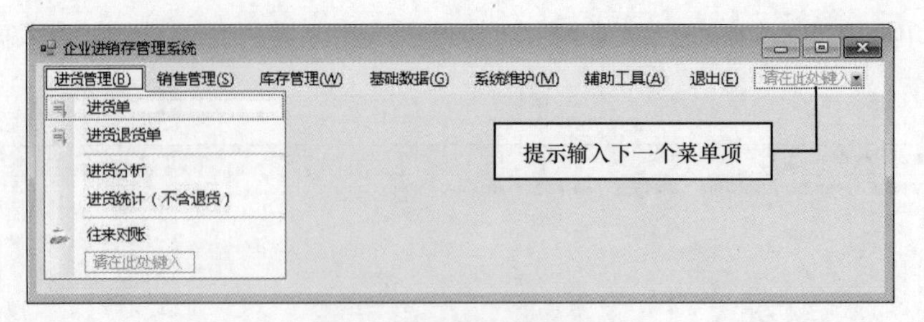

图13-11　为菜单栏添加项

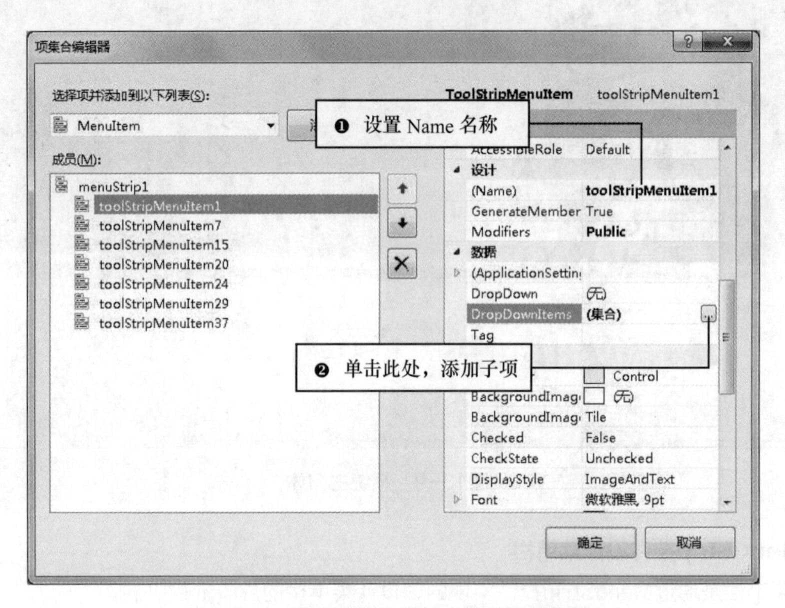

图13-12　为菜单栏中的项命名并添加子项

2. 系统主窗体实现过程

（1）新建一个Windows窗体，命名为frmMain.cs，主要用来作为腾龙进销存管理系统的主窗体。在该窗体中添加一个MenuStrip控件，用来作为窗体的菜单栏。

（2）单击菜单栏中的各菜单项调用相应的子窗体，下面以单击【进货管理】→【进货单】菜单项为例进行说明，代码如下：

```
private void fileBuyStock_Click(object sender, EventArgs e)
{
   new EMS.BuyStock.frmBuyStock().Show();                    //调用进货单窗体
}
```

其他菜单项的Click事件与【进货管理】→【进货单】菜单项的Click事件实现原理一致，都是使用new关键字创建指定的窗体对象，然后使用Show方法显示指定的窗体。

13.5.2　库存商品管理模块设计

库存商品管理模块主要用来添加、编辑、删除和查询库存商品的基本信息，其运行结果如图13-13所示。

图13-13　库存商品管理模块

1. 自动生成库存商品编号

实现库存商品管理模块时，首先需要为每种商品设置一个库存编号，本系统中实现了自动生成商品库存编号的功能，以便能够更好地识别商品。具体实现时，首先需要从库存商品基本信息表（tb_stock）中获取所有商品信息，并按编号降序排序，从而获得已经存在的最大编号；然后根据获得的最大编号，为其数字码加一，从而生成一个最新的编号。关键代码如下：

```
DataSet ds = null;                                              //创建数据集对象
string P_Str_newTradeCode = "";                                 //设置库存商品编号为空
int P_Int_newTradeCode = 0;                                     //初始化商品编号中的数字码
ds = baseinfo.GetAllStock("tb_stock");                          //获取库存商品信息
if (ds.Tables[0].Rows.Count == 0)                               //判断数据集中是否有值
{
    txtTradeCode.Text = "T1001";                                //设置默认商品编号
}
else
{
    //获取已经存在的最大编号
    P_Str_newTradeCode = Convert.ToString(ds.Tables[0].Rows[ds.Tables[0].Rows.Count - 1]["tradecode"]);
    //获取一个最新的数字码
    P_Int_newTradeCode = Convert.ToInt32(P_Str_newTradeCode.Substring(1, 4)) + 1;
    P_Str_newTradeCode = "T" + P_Int_newTradeCode.ToString();   //获取最新商品编号
    txtTradeCode.Text = P_Str_newTradeCode;                     //将商品编号显示在文本框中
}
```

2. 库存商品管理模块实现过程

（1）新建一个Windows窗体，命名为frmStock.cs，主要用来对库存商品信息进行添加、修改、删除和查询等操作。该窗体主要用到的控件如表13-6所示。

表13-6　库存商品管理窗体主要用到的控件

控件类型	控件ID	主要属性设置	用　途
ToolStrip	toolStrip1	在其Items属性中添加相应的工具栏项	作为窗体的工具栏
TextBox	txtTradeCode	无	输入或显示商品编号
	txtFullName	无	输入或显示商品全称
	txtType	无	输入或显示商品型号
	txtStandard	无	输入或显示商品规格
	txtUnit	无	输入或显示商品单位
	txtProduce	无	输入或显示商品产地
DataGridView	dgvStockList	无	显示所有库存商品信息

（2）在frmStock.cs代码文件中，要声明全局业务层BaseInfo类对象、库存商品数据结构BaseInfo类对象和定义全局变量G_Int_addOrUpdate，用来识别添加库存商品信息还是修改库存商品信息。代码如下：

```
BaseClass.BaseInfo baseinfo = new EMS.BaseClass.BaseInfo();  //创建BaseInfo类的对象
//创建cStockInfo类的对象
BaseClass.cStockInfo stockinfo = new EMS.BaseClass.cStockInfo();
int G_Int_addOrUpdate = 0;                                   //定义添加/修改操作标识
```

（3）窗体的Load事件中主要实现检索库存商品所有信息，并使用DataGridView控件进行显示的功能。关键代码如下：

```
private void frmStock_Load(object sender, EventArgs e)
{
  txtTradeCode.ReadOnly = true;                              //设置商品编号文本框只读
  this.cancelEnabled();                                      //设置各按钮的可用状态
  //显示所有库存商品信息
  dgvStockList.DataSource = baseinfo.GetAllStock("tb_stock").Tables[0].DefaultView;
  this.SetdgvStockListHeadText();                            //设置DataGridView控件的列标题
}
```

（4）单击【添加】按钮，实现库存商品自动编号功能，编号格式为T1001，同时将G_Int_addOrUpdate变量设置为0，以标识【添加】按钮的操作为添加数据。【添加】按钮的Click事件代码如下：

```
private void tlBtnAdd_Click(object sender, EventArgs e)
{
  this.editEnabled();                                        //设置各个控件的可用状态
  this.clearText();                                          //清空文本框
  G_Int_addOrUpdate = 0;                                     //等于0为添加数据
  DataSet ds = null;                                         //创建数据集对象
  string P_Str_newTradeCode = "";                            //设置库存商品编号为空
  int P_Int_newTradeCode = 0;                                //初始化商品编号中数字码
  ds = baseinfo.GetAllStock("tb_stock");                     //获取库存商品信息
  if (ds.Tables[0].Rows.Count == 0)                          //判断数据集中是否有值
  {
    txtTradeCode.Text = "T1001";                             //设置默认商品编号
```

```
        }
        else
        {
            //获取已经存在的最大编号
            P_Str_newTradeCode = Convert.ToString(ds.Tables[0].Rows[ds.Tables[0].Rows.Count - 1]["tradecode"]);
            //获取一个最新的数字码
            P_Int_newTradeCode = Convert.ToInt32(P_Str_newTradeCode.Substring(1, 4)) + 1;
            P_Str_newTradeCode = "T" + P_Int_newTradeCode.ToString();       //获取最新商品编号
            txtTradeCode.Text = P_Str_newTradeCode;                          //将商品编号显示在文本框
        }
    }
```

（5）单击【编辑】按钮，将G_Int_addOrUpdate变量设置为1，以标识【编辑】按钮的操作为修改数据，关键代码如下：

```
    private void tlBtnEdit_Click(object sender, EventArgs e)
    {
        this.editEnabled();                                  //设置各个按钮的可用状态
        G_Int_addOrUpdate = 1;                               //等于1为修改数据
    }
```

（6）单击【保存】按钮，保存新增信息或更改库存商品信息，其功能的实现主要是通过全局变量G_Int_addOrUpdate控制。关键代码如下：

```
    private void tlBtnSave_Click(object sender, EventArgs e)
    {
        if (G_Int_addOrUpdate == 0)                          //判断是添加还是修改数据
        {
            try
            {
                //添加数据
                stockinfo.TradeCode = txtTradeCode.Text;
                stockinfo.FullName = txtFullName.Text;
                stockinfo.TradeType = txtType.Text;
                stockinfo.Standard = txtStandard.Text;
                stockinfo.Unit = txtUnit.Text;
                stockinfo.Produce = txtProduce.Text;
                int id = baseinfo.AddStock(stockinfo);       //执行添加操作
                MessageBox.Show("新增--库存商品数据--成功！", "成功提示！", MessageBoxButtons.OK,
MessageBoxIcon.Information);
            }
            catch (Exception ex)
            {
                MessageBox.Show(ex.Message,"错误提示", MessageBoxButtons.OK, MessageBoxIcon.Error);
            }
```

```
    }
    else
    {
        //修改数据
        stockinfo.TradeCode = txtTradeCode.Text;
        stockinfo.FullName = txtFullName.Text;
        stockinfo.TradeType = txtType.Text;
        stockinfo.Standard = txtStandard.Text;
        stockinfo.Unit = txtUnit.Text;
        stockinfo.Produce = txtProduce.Text;
        int id = baseinfo.UpdateStock(stockinfo);                    //执行修改操作
        MessageBox.Show("修改--库存商品数据--成功！", "成功提示！", MessageBoxButtons.OK,
MessageBoxIcon.Information);
    }
        //显示最新的库存商品信息
        dgvStockList.DataSource = baseinfo.GetAllStock("tb_stock").Tables[0].DefaultView;
        this.SetdgvStockListHeadText();                              //设置DataGridView标题
        this.cancelEnabled();                                        //设置各个按钮的可用状态
}
```

（7）单击【删除】按钮，删除选中的库存商品信息。关键代码如下：

```
private void tlBtnDelete_Click(object sender, EventArgs e)
{
    if (txtTradeCode.Text.Trim() == string.Empty)                    //判断是否选择了商品编号
    {
        MessageBox.Show("删除--库存商品数据--失败！", "错误提示！", MessageBoxButtons.OK,
MessageBoxIcon.Error);
        return;
    }
    stockinfo.TradeCode = txtTradeCode.Text;                         //记录商品编号
    int id = baseinfo.DeleteStock(stockinfo);                        //执行删除操作
    MessageBox.Show("删除--库存商品数据--成功！", "成功提示！", MessageBoxButtons.OK,
MessageBoxIcon.Information);
    //显示最新的库存商品信息
    dgvStockList.DataSource = baseinfo.GetAllStock("tb_stock").Tables[0].DefaultView;
    this.SetdgvStockListHeadText();                                  //设置DataGridView标题
    this.clearText();                                                //清空文本框
}
```

（8）单击【查询】按钮，根据设置的查询条件查询库存商品数据信息，并使用DataGridView控件进行显示。关键代码如下：

```
private void tlBtnFind_Click(object sender, EventArgs e)
{
```

```
        if (tlCmbStockType.Text == string.Empty)                    //判断查询类别是否为空
        {
            MessageBox.Show("查询类别不能为空！", "错误提示！", MessageBoxButtons.OK, MessageBoxIcon.
Error);
            tlCmbStockType.Focus();                                  //使查询类别下拉列表获得鼠标焦点
            return;
        }
        else
        {
            if (tlTxtFindStock.Text.Trim() == string.Empty)         //判断查询关键字是否为空
            {
                //显示所有库存商品信息
                dgvStockList.DataSource = baseinfo.GetAllStock("tb_stock").Tables[0].DefaultView;
                this.SetdgvStockListHeadText();                      //设置DataGridView控件的列标题
                return;
            }
        }
        DataSet ds = null;                                           //创建DataSet对象
        if (tlCmbStockType.Text == "商品产地")                        //按商品产地查询
        {
            stockinfo.Produce = tlTxtFindStock.Text;                 //记录商品产地
            ds = baseinfo.FindStockByProduce(stockinfo, "tb_Stock"); //根据商品产地查询
            dgvStockList.DataSource = ds.Tables[0].DefaultView;      //显示查询到的信息
        }
        else                                                         //按商品名称查询
        {
            stockinfo.FullName = tlTxtFindStock.Text;                //记录商品名称
            ds = baseinfo.FindStockByFullName(stockinfo, "tb_stock"); //根据商品名称查询
            dgvStockList.DataSource = ds.Tables[0].DefaultView;      //显示查询到的信息
        }
        this.SetdgvStockListHeadText();                              //设置DataGridView标题
    }
```

13.5.3 进货管理模块概述

进货管理模块主要包括对进货单及进货退货单的管理，由于它们的实现原理是相同的，这里以进货单管理为例来讲解进货管理模块的实现过程。进货单管理窗体主要用来批量添加进货信息，其运行结果如图13-14所示。

1. 向进货单中批量添加商品

进货管理模块实现时，每一个进货单据都会对应多种商品，这样就需要向进货单中批量添加进货信息，那么该功能是如何实现的呢？本系统中通过一个for循环，循环遍历进货单中已经选中的商品，从而实现向进货单中批量添加商品的功能。关键代码如下：

图13-14　进货管理模块

```
for (int i = 0; i < dgvStockList.RowCount - 1; i++)
{
    billinfo.BillCode = txtBillCode.Text;
    billinfo.TradeCode = dgvStockList[0, i].Value.ToString();
    billinfo.FullName = dgvStockList[1, i].Value.ToString();
    billinfo.TradeUnit = dgvStockList[2, i].Value.ToString();
    billinfo.Qty = Convert.ToSingle(dgvStockList[3, i].Value.ToString());
    billinfo.Price = Convert.ToSingle(dgvStockList[4, i].Value.ToString());
    billinfo.TSum = Convert.ToSingle(dgvStockList[5, i].Value.ToString());
    //执行多行录入数据（添加到明细表中）
    baseinfo.AddTableDetailedWarehouse(billinfo, "tb_warehouse_detailed");
    //更改库存数量和加权平均价格
    DataSet ds = null;                                          //创建数据集对象
    stockinfo.TradeCode = dgvStockList[0, i].Value.ToString();
    ds = baseinfo.GetStockByTradeCode(stockinfo, "tb_stock");
    stockinfo.Qty = Convert.ToSingle(ds.Tables[0].Rows[0]["qty"]);
    stockinfo.Price = Convert.ToSingle(ds.Tables[0].Rows[0]["price"]);
    stockinfo.AveragePrice = Convert.ToSingle(ds.Tables[0].Rows[0]["averageprice"]);
    //处理--加权平均价格
    if (stockinfo.Price == 0)
    {
     stockinfo.AveragePrice = billinfo.Price;                  //第一次进货时，加权平均价格等于进货价格
     stockinfo.Price = billinfo.Price;                         //获取单价
    }
    else
```

```
        {
            //加权平均价格=（加权平均价*库存总数量+本次进货价格*本次进货数量）/
            （库存总数量+本次进货数量）
            stockinfo.AveragePrice = ((stockinfo.AveragePrice * stockinfo.Qty + billinfo.Price * billinfo.Qty) /
(stockinfo.Qty + billinfo.Qty));
        }
        stockinfo.Qty = stockinfo.Qty + billinfo.Qty;                              //更新--商品库存数量
        int d = baseinfo.UpdateStock_QtyAndAveragerprice(stockinfo);               //执行更新操作
    }
```

2. 进货管理模块实现过程

（1）新建一个Windows窗体，命名为frmBuyStock.cs，主要用于实现批量进货功能。该窗体主要用到的控件如表13-7所示。

表13-7　进货管理窗体主要用到的控件

控件类型	控件ID	主要属性设置	用　途
TextBox	txtBillCode	ReadOnly属性设置为True	显示单据编号
	txtBillDate	ReadOnly属性设置为True	显示录单日期
	txtHandle	Modifiers属性设置为Public	输入经手人
	txtUnits	Modifiers属性设置为Public	输入供货单位
	txtSummary	无	输入摘要
	txtStockQty	ReadOnly属性设置为True	显示进货数量
	txtFullPayment	ReadOnly属性设置为True，Text属性设置为0	显示应付金额
	txtpayment	Text属性设置为0	输入实付金额
	txtBalance	Text属性设置为0	显示或输入差额
Button	btnSelectHandle	Text属性设置为<<	选择经手人
	btnSelectUnits	Text属性设置为<<	选择供货单位
	btnSave	Text属性设置为“保存”	保存进货信息
	btnExit	Text属性设置为“退出”	退出当前窗体
DataGridView	dgvStockList	在其Columns属性中添加“商品编号”、“商品名称”、“商品单位”、“数量”、“单价”和“金额”等6列	选择并显示进货单中的所有商品信息

（2）在frmBuyStock.cs代码文件中，声明全局业务层BaseInfo类对象、单据数据结构cBillInfo类对象、往来账数据结构cCurrentAccount类对象和库存商品信息数据结构stockinfo类对象。代码如下：

```
BaseClass.BaseInfo baseinfo = new EMS.BaseClass.BaseInfo();                //创建BaseInfo类的对象
BaseClass.cBillInfo billinfo = new EMS.BaseClass.cBillInfo();              //创建cBillInfo类的对象
//创建cCurrentAccount类的对象
BaseClass.cCurrentAccount currentAccount = new EMS.BaseClass.cCurrentAccount();
//创建cStockInfo类的对象
BaseClass.cStockInfo stockinfo = new EMS.BaseClass.cStockInfo();
```

（3）在frmBuyStock窗体的Load事件中编写代码，主要用于实现自动生成进货商品单据编号的功能。

代码如下：

```
private void frmBuyStock_Load(object sender, EventArgs e)
{
    txtBillDate.Text = DateTime.Now.ToString("yyyy-MM-dd");              //获取录单日期
    DataSet ds = null;                                                    //创建数据集对象
    string P_Str_newBillCode = "";                                        //记录新的单据编号
    int P_Int_newBillCode = 0;                                            //记录单据编号中的数字码
    ds = baseinfo.GetAllBill("tb_warehouse_main");                        //获取所有进货单信息
    if (ds.Tables[0].Rows.Count == 0)                                     //判断数据集中是否有值
    {
        //生成新的的单据编号
        txtBillCode.Text = DateTime.Now.ToString("yyyyMMdd") + "JH" + "1000001";
    }
    else
    {
        //获取已经存在的最大编号
        P_Str_newBillCode = Convert.ToString(ds.Tables[0].Rows[ds.Tables[0].Rows.Count - 1]["billcode"]);
        //获取一个最新的数字码
        P_Int_newBillCode = Convert.ToInt32(P_Str_newBillCode.Substring(10, 7)) + 1;
        //获取最新的单据编号
        P_Str_newBillCode = DateTime.Now.ToString("yyyyMMdd") + "JH" + P_Int_newBillCode.ToString();
        txtBillCode.Text = P_Str_newBillCode;                             //将单据编号显示在文本框
    }
    txtHandle.Focus();                                                    //使经手人文本框获得焦点
}
```

（4）单击“经手人”文本框后的【<<】按钮，弹出对话框，用于选择进货单据经手人。关键代码如下：

```
private void btnSelectHandle_Click(object sender, EventArgs e)
{
    EMS.SelectDataDialog.frmSelectHandle selecthandle;                    //声明窗体对象
    selecthandle = new EMS.SelectDataDialog.frmSelectHandle();            //初始化窗体对象
    //将新创建的窗体对象设置为同一个窗体类的对象
    selecthandle.buyStock = this;
    //用于识别是那一个窗体调用的selecthandle窗口
    selecthandle.M_str_object = "BuyStock";
    selecthandle.ShowDialog();                                            //显示窗体
}
```

（5）单击“往来单位”文本框后的【<<】按钮，弹出“往来单位”对话框，用于选择供货单位。关键代码如下：

```
private void btnSelectUnits_Click(object sender, EventArgs e)
{
```

```
    EMS.SelectDataDialog.frmSelectUnits selectUnits;                    //声明窗体对象
    selectUnits = new EMS.SelectDataDialog.frmSelectUnits();            //初始化窗体对象
    //将新创建的窗体对象设置为同一个窗体类的对象
    selectUnits.buyStock = this;
    //用于识别是哪一个窗体调用的selectUnits窗口
    selectUnits.M_str_object = "BuyStock";
    selectUnits.ShowDialog();                                           //显示窗体
}
```

（6）双击DataGridView控件的单元格，弹出“库存商品数据”对话框，用于选择进货商品。关键代码如下：

```
private void dgvStockList_CellDoubleClick(object sender, DataGridViewCellEventArgs e)
{
    //创建frmSelectStock窗体对象
    SelectDataDialog.frmSelectStock selectStock = new EMS.SelectDataDialog.frmSelectStock();
    //将新创建的窗体对象设置为同一个窗体类的对象
    selectStock.buyStock = this;
    selectStock.M_int_CurrentRow = e.RowIndex;                          //记录选中的行索引
    //用于识别是哪一个窗体调用的selectStock窗口
    selectStock.M_str_object = "BuyStock";
    //显示frmSelectStock窗体
    selectStock.ShowDialog();
}
```

（7）为了实现自动合计某一商品进货金额，在DataGridView控件的单元格中的CellValueChanged事件中添加如下代码：

```
private void dgvStockList_CellValueChanged(object sender, DataGridViewCellEventArgs e)
{
    if (e.ColumnIndex == 3)                                             //计算——统计商品金额
    {
        try
        {
            float tsum = Convert.ToSingle(dgvStockList[3, e.RowIndex].Value.ToString()) * Convert.
ToSingle(dgvStockList[4, e.RowIndex].Value.ToString());                 //计算商品总金额
            dgvStockList[5, e.RowIndex].Value = tsum.ToString();        //显示商品总金额
        }
        catch { }
    }
    if (e.ColumnIndex == 4)
    {
        try
        {
            float tsum = Convert.ToSingle(dgvStockList[3, e.RowIndex].Value.ToString()) * Convert.
```

```
ToSingle(dgvStockList[4, e.RowIndex].Value.ToString());                    //计算商品总金额
            dgvStockList[5, e.RowIndex].Value = tsum.ToString();            //显示商品总金额
        }
        catch { }
    }
}
```

（8）为了统计进货单的进货数量和进货金额，在DataGridView控件的CellStateChanged事件下添加如下代码：

```
private void dgvStockList_CellStateChanged(object sender, DataGridViewCellStateChangedEventArgs e)
{
    try
    {
        float tqty = 0;                                                     //记录进货数量
        float tsum = 0;                                                     //记录应付金额
        //遍历DataGridView控件中的所有行
        for (int i = 0; i <= dgvStockList.RowCount; i++)
        {
            //计算应付金额
            tsum = tsum + Convert.ToSingle(dgvStockList[5, i].Value.ToString());
            //计算进货数量
            tqty = tqty + Convert.ToSingle(dgvStockList[3, i].Value.ToString());
            txtFullPayment.Text = tsum.ToString();                          //显示应付金额
            txtStockQty.Text = tqty.ToString();                             //显示进货数量
        }
    }
    catch { }
}
```

（9）在实付金额文本框的TextChanged事件添加如下代码，用于实现计算应付金额和实付金额的差额。关键代码如下：

```
private void txtpayment_TextChanged(object sender, EventArgs e)
{
    try
    {
        txtBalance.Text = Convert.ToString(Convert.ToSingle(txtFullPayment.Text) - Convert.
ToSingle(txtpayment.Text));                                                    //自动计算差额
    }
    catch(Exception ex)
    {
        MessageBox.Show("录入非法字符！！！"+ex.Message,"错误提示",MessageBoxButtons.
OK,MessageBoxIcon.Error);
        //使实付金额文本框获得鼠标光标焦点
```

```
            txtpayment.Focus();
        }
    }
```

（10）单击【保存】按钮，保存单据所有进货商品信息，关键代码如下：

```
    private void btnSave_Click(object sender, EventArgs e)
    {
        //往来单位和经手人不能为空
        if (txtHandle.Text == string.Empty || txtUnits.Text == string.Empty)
        {
            MessageBox.Show("供货单位和经手人为必填项！", "错误提示",MessageBoxButtons.OK,MessageBoxIcon.
Error);
            return;
        }
        if (Convert.ToString(dgvStockList[3, 0].Value) == string.Empty || Convert.ToString(dgvStockList[4,
0].Value) == string.Empty || Convert.ToString(dgvStockList[5, 0].Value) == string.Empty) //列表中数据不能为空
        {
            MessageBox.Show("请核实列表中数据："数量"、"单价"、"金额"不能为空！", "错误提示",
MessageBoxButtons.OK, MessageBoxIcon.Error);
            return;
        }
        if (txtFullPayment.Text.Trim() == "0")                                    //应付金额不能为空
        {
            MessageBox.Show("应付金额不能为"0"！", "错误提示", MessageBoxButtons.OK, MessageBoxIcon.Error);
            return;
        }
        //向进货表（主表）录入商品单据信息
        billinfo.BillCode = txtBillCode.Text;
        billinfo.Handle = txtHandle.Text;
        billinfo.Units = txtUnits.Text;
        billinfo.Summary = txtSummary.Text;
        billinfo.FullPayment = Convert.ToSingle(txtFullPayment.Text);
        billinfo.Payment = Convert.ToSingle(txtpayment.Text);
        baseinfo.AddTableMainWarehouse(billinfo, "tb_warehouse_main");              //执行添加操作
        //向进货（明细表）中录入商品单据信息
        for (int i = 0; i < dgvStockList.RowCount - 1; i++)
        {
            billinfo.BillCode = txtBillCode.Text;
            billinfo.TradeCode = dgvStockList[0, i].Value.ToString();
            billinfo.FullName = dgvStockList[1, i].Value.ToString();
            billinfo.TradeUnit = dgvStockList[2, i].Value.ToString();
            billinfo.Qty = Convert.ToSingle(dgvStockList[3, i].Value.ToString());
```

```
            billinfo.Price = Convert.ToSingle(dgvStockList[4, i].Value.ToString());
            billinfo.TSum = Convert.ToSingle(dgvStockList[5, i].Value.ToString());
            //执行多行录入数据（添加到明细表中）
            baseinfo.AddTableDetailedWarehouse(billinfo, "tb_warehouse_detailed");
            //更改库存数量和加权平均价格
            DataSet ds = null;                                                    //创建数据集对象
            stockinfo.TradeCode = dgvStockList[0, i].Value.ToString();
            ds = baseinfo.GetStockByTradeCode(stockinfo, "tb_stock");
            stockinfo.Qty = Convert.ToSingle(ds.Tables[0].Rows[0]["qty"]);
            stockinfo.Price = Convert.ToSingle(ds.Tables[0].Rows[0]["price"]);
            stockinfo.AveragePrice = Convert.ToSingle(ds.Tables[0].Rows[0]["averageprice"]);
            //处理--加权平均价格
            if (stockinfo.Price == 0)
            {
              //第一次进货时，加权平均价格等于进货价格
              stockinfo.AveragePrice = billinfo.Price;
              stockinfo.Price = billinfo.Price;                                   //获取单价
            }
            else
            {
              //加权平均价格=（加权平均价*库存总数量+本次进货价格*本次进货数量）/
              （库存总数量+本次进货数量）
              stockinfo.AveragePrice = ((stockinfo.AveragePrice * stockinfo.Qty + billinfo.Price * billinfo.Qty) /
(stockinfo.Qty + billinfo.Qty));
            }
            stockinfo.Qty = stockinfo.Qty + billinfo.Qty;                         //更新--商品库存数量
            int d = baseinfo.UpdateStock_QtyAndAveragerprice(stockinfo);          //执行更新操作
          }
          //向往来对账明细表中添加明细数据
          currentAccount.BillCode = txtBillCode.Text;
          currentAccount.ReduceGathering = Convert.ToSingle(txtFullPayment.Text);
          currentAccount.FactReduceGathering = Convert.ToSingle(txtpayment.Text);
          currentAccount.Balance = Convert.ToSingle(txtBalance.Text);
          currentAccount.Units = txtUnits.Text;
          int ca = baseinfo.AddCurrentAccount(currentAccount);                   //执行添加操作
          MessageBox.Show("进货单--过账成功！","成功提示",MessageBoxButtons.OK,MessageBoxIcon.
Information);
          this.Close();                                                          //关闭当前窗体
      }
```

13.5.4 商品销售排行模块概述

商品销售排行模块主要用来根据指定的日期、往来单位及经手人等条件，按销售数量或销售金额对商品销售信息进行排行，该模块运行时，首先弹出“选择排行榜条件”对话框，如图13-15所示。

在图13-15所示对话框中选择完排行榜条件后，单击【确定】按钮，显示“商品销售排行榜”窗体，如图13-16所示。

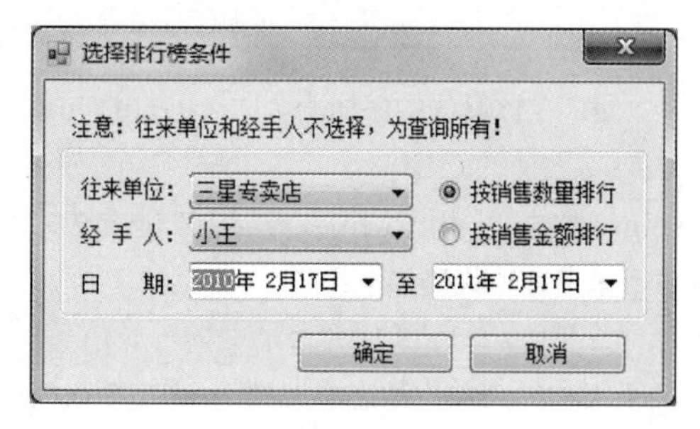

图13-15 “选择排行榜条件”对话框

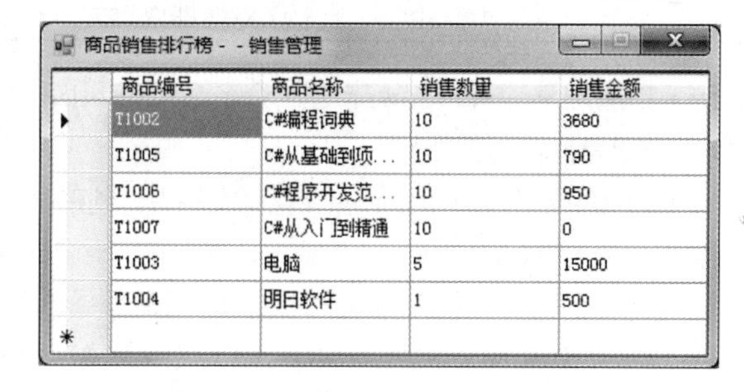

图13-16 “商品销售排行榜”对话框

1. 使用BETWEEN…AND关键字查询数据

实现商品销售排行模块时，涉及到查询指定时间段内信息的功能，这时需要使用SQL中的BETWEEN…AND关键字，下面对其进行详细讲解。

BETWEEN…AND关键字是SQL中提供的用来查询指定时间段数据的关键字，其使用效果如图13-17所示。

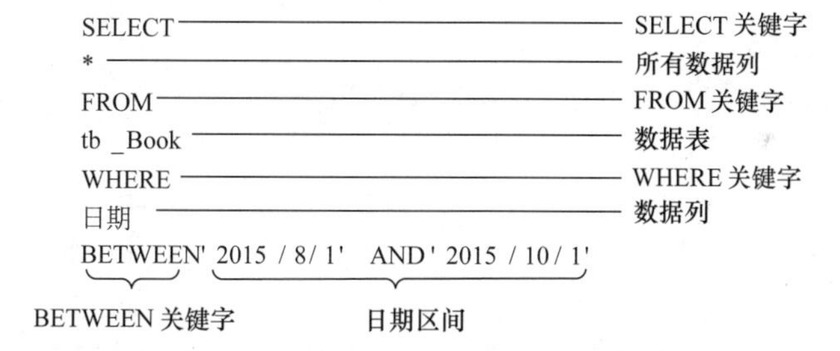

图13-17 使用BETWEEN…AND关键字查询指定时间段数据

本系统中使用了BETWEEN…AND关键字查询指定时间段的数据记录，另外，开发人员还可以通过该关键字查询指定数值范围的数据记录，例如，查询年龄在20至29岁之间的学生信息等。

2. 商品销售排行模块实现过程

（1）新建一个Windows窗体，命名为frmSelectOrderby.cs，主要用来指定筛选商品销售排行榜的条件，该窗体主要用到的控件如表13-8所示。

表13-8 商品排行榜条件窗体主要用到的控件

控件类型	控件ID	主要属性设置	用　途
ComboBox	cmbUnits	DropDownStyle属性设置为DropDownList	选择往来单位
	cmbHandle	DropDownStyle属性设置为DropDownList	选择经手人
RadioButton	rdbSaleQty	Checked属性设置为True，Text属性设置为“按销售数量排行”	按销售数量排行
	rdbSaleSum	Text属性设置为“按销售金额排行”	按销售金额排行

续表

控件类型	控件ID	主要属性设置	用　途
DateTimePicker	dtpStar	无	选择开始日期
	dtpEnd	无	选择结束日期
Button	btnOk	Text属性设置为“确定”	根据指定的条件查询信息
	btnCancel	Text属性设置为“取消”	关闭当前窗体

（2）新建一个Windows窗体，命名为frmSellStockDesc.cs，在该窗体中添加一个DataGridView控件，用来显示商品销售排行。

（3）在frmSelectOrderby.cs代码文件中，创建全局BaseInfo类对象，用于调用业务层中功能方法，因为类BaseInfo存放在BaseClass目录中，在创建类对象时先指名目录名称。代码如下：

```
BaseClass.BaseInfo baseinfo = new EMS.BaseClass.BaseInfo();  //创建BaseInfo类的对象
```

（4）在窗体的Load事件中编写如下代码，主要用于将经手人和往来单位动态添加到ComboBox控件中。关键代码如下：

```
private void frmSelectOrderby_Load(object sender, EventArgs e)
{
    DataSet ds = null;                                          //创建数据集对象
    ds = baseinfo.SetUnitsList("tb_units");                     //获取往来单位信息
    for (int i = 0; i < ds.Tables[0].Rows.Count; i++)          //遍历往来单位信息数据集
    {
        //显示往来单位名称
        cmbUnits.Items.Add(ds.Tables[0].Rows[i]["fullname"].ToString());
    }
    ds = baseinfo.SetHandleList("tb_employee");                 //获取职员信息
    for (int i = 0; i < ds.Tables[0].Rows.Count; i++)          //遍历职员信息数据
    {
        //显示职员名称
        cmbHandle.Items.Add(ds.Tables[0].Rows[i]["fullname"].ToString());
    }
}
```

（5）单击【确定】按钮，根据所选的条件进行排行。关键代码如下：

```
private void btnOk_Click(object sender, EventArgs e)
{
    //创建“商品销售排行榜”窗体对象
    SaleStock.frmSellStockDesc sellStockDesc = new EMS.SaleStock.frmSellStockDesc();
    DataSet ds = null;                                          //创建数据集对象
    //判断"按销售金额排行"单选按钮是否选中
    if (rdbSaleSum.Checked)
    {
        ds = baseinfo.GetTSumDesc(cmbHandle.Text, cmbUnits.Text, dtpStar.Value, dtpEnd.Value, "tb_desc");
                                                                //按销售金额排行查询数据
```

```
        //在"商品销售排行榜"窗体中显示查询到的数据
        sellStockDesc.dgvStockList.DataSource = ds.Tables[0].DefaultView;
    }
    else
    {
        //按销售数量排行查询数据
        ds = baseinfo.GetQtyDesc(cmbHandle.Text, cmbUnits.Text, dtpStar.Value, dtpEnd.Value, "tb_desc");
        //在"商品销售排行榜"窗体中显示查询到的数据
        sellStockDesc.dgvStockList.DataSource = ds.Tables[0].DefaultView;
    }
    sellStockDesc.Show();                               //显示"商品销售排行榜"窗体
    this.Close();                                       //关闭当前窗体
}
```

13.6 运行项目

模块设计及代码编写完成之后，单击Visual Studio 2015开发环境工具栏中的▶图标，或者在菜单栏中选择【调试】→【启动调试】或【调试】→【开始执行（不调试）】命令，运行该项目，弹出腾龙进销存管理系统“登录”对话框，如图13-18所示。

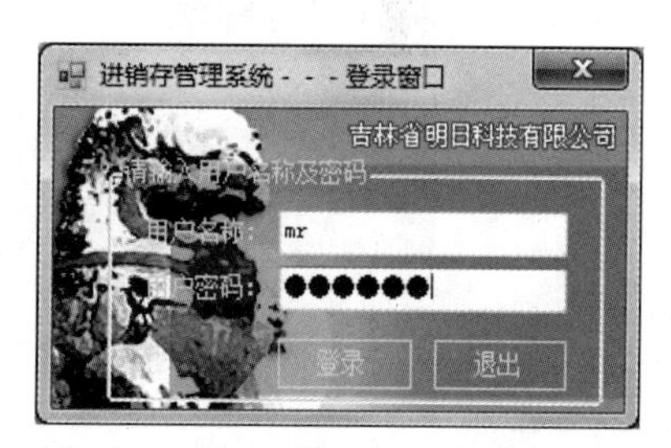

图13-18 “登录”对话框

在“登录”对话框中输入用户名和密码，单击【登录】按钮，进入腾龙进销存管理系统的主窗体，然后用户可以通过对主窗体中的菜单栏进行操作，以调用其各个子模块。例如，在主窗体中单击菜单栏中的【进货管理】→【进货单】菜单，可以弹出“进货单---进货管理”窗体，如图13-19所示。在该窗体中，可以添加进

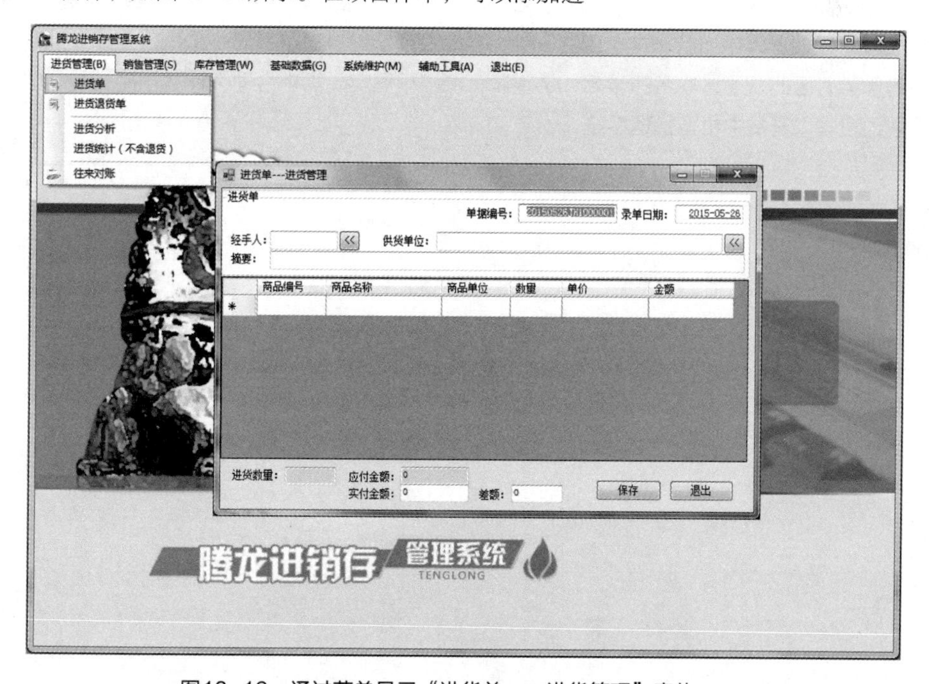

图13-19 通过菜单显示“进货单——进货管理”窗体

货信息。

在添加进货信息时，还可以单击“供货单位”文本框后面的【<<】按钮，在弹出的“选择——往来单位——”对话框中选择供货单位，如图13-20所示。

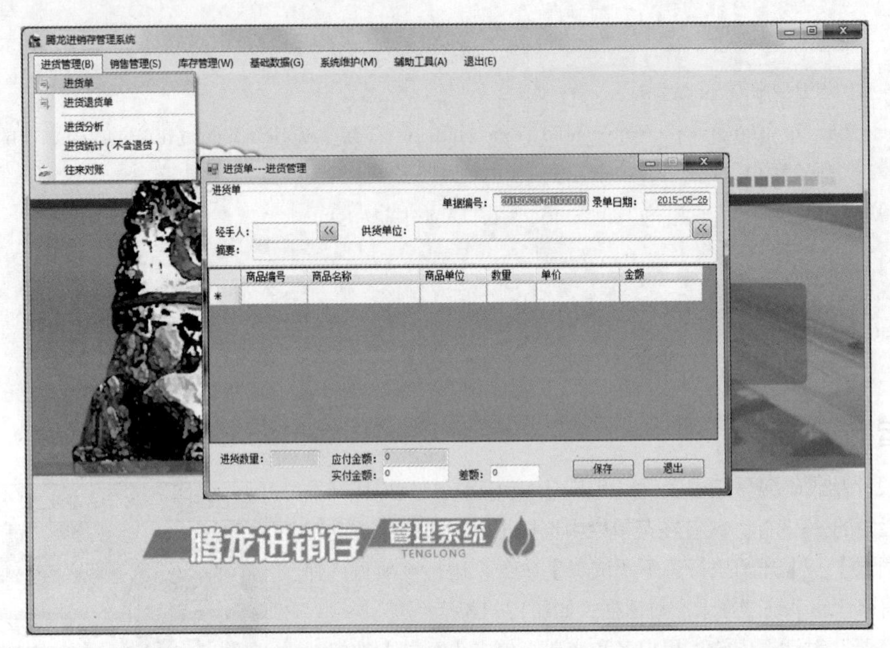

图13-20　在弹出的“选择——往来单位——”对话框中选择供货单位

小结

本章主要使用SQL Server 2012数据库，结合C#开发语言开发了一个进销存管理系统。SQL Server 2012数据库是当前非常常用的一种数据库管理软件，对于存储中小型数据库管理系统的数据尤其有优势，因此，通过本章的学习，希望读者能够根据实际需求合理设计数据库，并能够使用相应的开发语言辅助开发中小型管理系统。

附录

上机实验

实验1　安装SQL Server 2012数据库

实验目的：

学习和掌握SQL Server 2012命名实例的安装。

实验内容和步骤：

安装SQL Server 2012服务器。

（1）将安装盘放入光驱，光盘会自动运行。在开始界面中选择【服务器组件、工具、联机丛书和示例（C）】命令，执行安装程序。

（2）【接受许可条款和条件（A）】→【安装必备组件】；使用SQL Server安装向导；进行“系统配置检查”；输入相关注册信息；选择需要升级或安装的组件，如图附1-1所示。

（3）单击【下一步】按钮，在出现的“实例名”对话框中（如图附1-2所示）选择实例的命名方式为实例命名，并输入实例名称，单击【下一步】按钮继续进行安装。

（4）根据向导完成SQL Server 2012的安装。

通过安装SQL Server 2012的服务器端，其客户机端也被自动安装到计算机中。

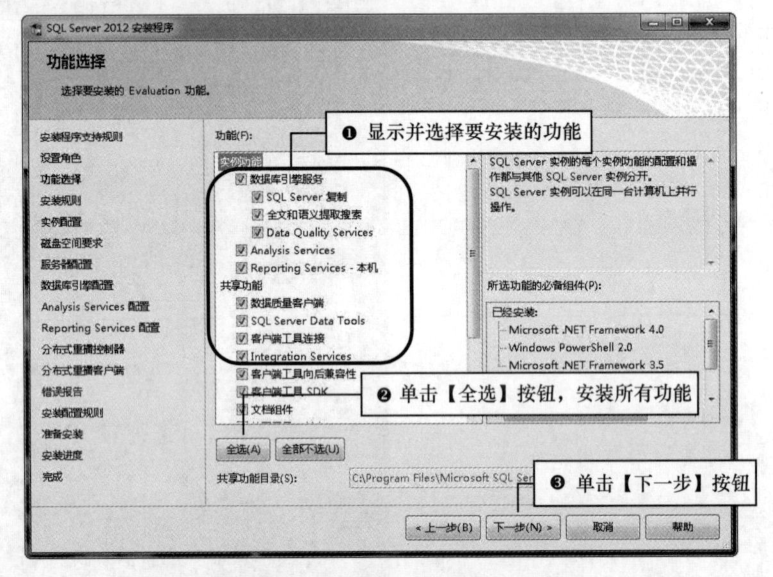

图附1-1　“要安装的组件”对话框

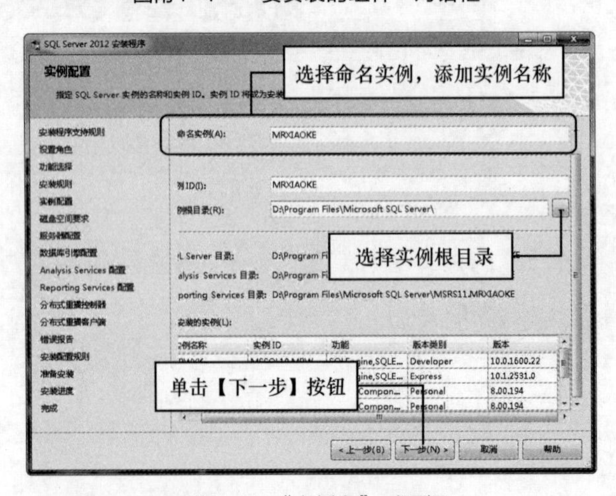

图附1-2　“实例名”对话框

实验2　创建数据库和修改数据库

实验目的：

（1）掌握使用SQL Server Management Studio创建数据库的方法。

（2）掌握使用Transact-SQL创建数据库的方法。

（3）学会查看和修改数据库选项。

（4）学会给数据库更名和删除数据库。

实验内容和步骤：

创建名为“db_temp”的数据库，主数据文件名称是“db_temp.mdf”，初始大小是8MB，最大存储空间是100MB，增长大小是5MB。日志文件名称是“db_temp_log.ldf ”，初始大小是5MB，最大存储空间是50MB，增长大小是8MB。

1. 使用SQL Server Management Studio创建数据库

（1）启动SQL Server Management Studio，并连接到SQL Server 2012中的数据库，在“对象资源管理器”中鼠标右键单击【数据库】选项，在弹出的快捷菜单中选择【新建数据库】命令，如图附2-1所示。

（2）进入“新建数据库”对话框，如图附2-2所示，输入数据库名称，并定义数据库文件名称、文件初始大小、自动增长值等。

图附2-1　选择【新建数据库】

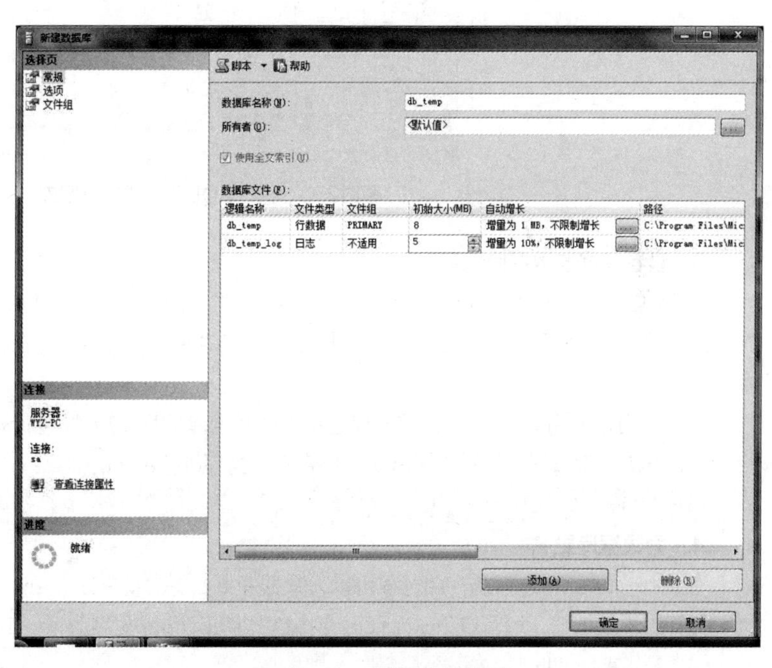

图附2-2　“常规”选项卡

（3）设置完成后，单击【确定】按钮，数据库创建完成。

2. 使用Transact-SQL创建数据库

（1）启动SQL Server Management Studio，并连接到SQL Server 2012中的数据库。

（2）在“标准”工具栏中单击【新建查询】按钮，打开一个查询窗口。

（3）在查询窗口中输入以下SQL代码，并单击工具栏上的运行按钮 ! 执行(X)，完成数据库的创建，如图附2-3所示。

```
create database db_temp
on
(name=db_temp,
filename='D:\Program Files\Microsoft SQL Server\MSSQL10.NXT\MSSQL\Data\db_temp.mdf ',
size=8,
maxsize=100,
filegrowth=5)
log on
(name='db_temp_log',
filename='D:\Program Files\Microsoft SQL Server\ MSSQL10.NXT \MSSQL\Data\db_temp_log.ldf',
size=5mb,
maxsize=50mb,
filegrowth=8mb )
```

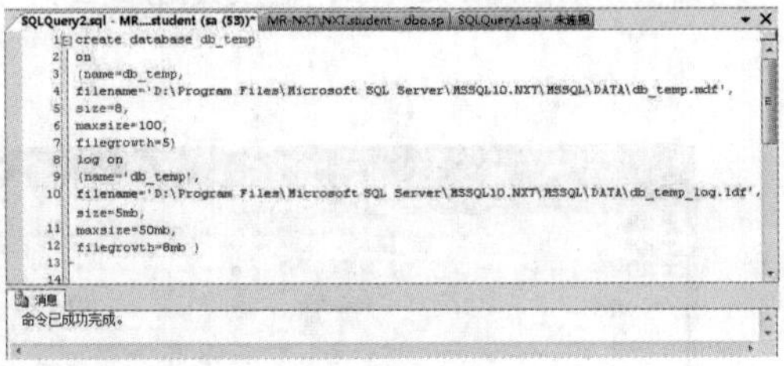

图附2-3　执行SQL语句创建数据库

3. 查看和修改数据库选项

启动SQL Server Management Studio，展开“数据库”节点，鼠标右键单击所要操作的数据库名称，在弹出的快捷菜单中选择【属性】命令，打开数据库“属性”对话框，在各选项页中可以查看或设置数据库参数。

另外，可以使用sp_helpdb系统存储过程查看数据库信息。启动SQL Server Management Studio，新建查询，打开脚本编辑器，编写以下SQL代码查看数据库db_temp的信息：

```
exec sp_helpdb db_temp
```

4. 为数据库更名

使用sp_renamedb系统存储过程可以为数据库更名。启动SQL Server Management Studio，新建查询，打开脚本编辑器，编写以下SQL代码，将数据库db_temp更名为my_db：

```
exec sp_renamedb db_temp,my_db
```

5. 删除数据库

启动SQL Server Management Studio，并连接到SQL Server 2012中的数据库。在“对象资源管理器”中展开“数据库”节点。鼠标右键单击要删除的数据库，在弹出的快捷菜单中选择【删除】命令，即可完成删除数据库的操作。

使用DROP DATABASE命令删除数据库。参考代码如下：

```
DROP DATABASE my_db
```

实验3　创建数据表和修改数据表

实验目的：

（1）了解数据表的结构特点。

（2）学会使用SQL Server Management Studio创建或修改表。

（3）学会使用Transact-SQL语句创建或修改表。

实验内容和步骤：

数据表定义为列的集合，数据在表中是按照行和列的格式组织排列的。

在数据库db_temp中创建员工信息表（employee），表结构如表附3-1所示。

表附3-1　employee

字段名称	说　明	字段类型	字段宽度	是否空（NULL）
ely_id	员工编号	int		不允许空（NOT NULL）
ely_name	员工姓名	varchar	30	不允许空（NOT NULL）
ely_age	员工年龄	int		不允许空（NOT NULL）

1. 使用SQL Server Management Studio创建表

（1）启动SQL Server Management Studio，展开“数据库”节点，鼠标右键单击【表】选项，在弹出的快捷菜单中选择【新建表】命令。

（2）进入“表设计器”界面，如图附3-1所示。输入列名“ely_id”，选择数据类型为“int”，取消【允许空】选项。

（3）依此类推，设计其他字段。

（4）鼠标右键单击字段“ely_id”，在弹出的快捷菜单中选择【设置主键】命令，将此字段设置为员工信息表的主键，如图附3-2所示。

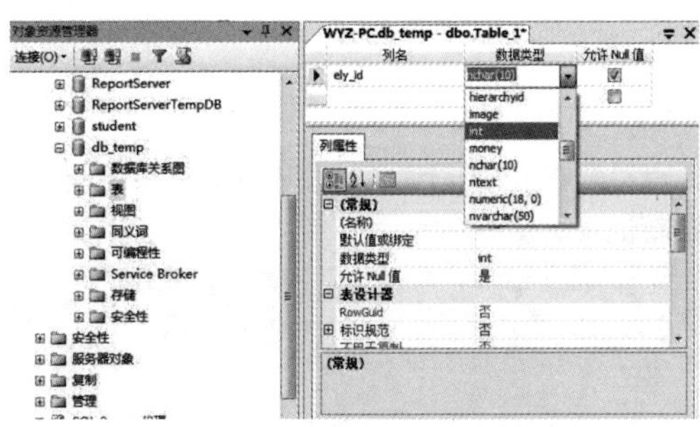

图附3-1　“表设计器”界面

图附3-2　设置表的主键

（5）保存数据表为“employee”，完成表的创建。

2. 使用SQL Server Management Studio修改表

启动SQL Server Management Studio，展开“数据库”节点，鼠标右键单击数据表“employee”，在弹出的快捷菜单中选择【修改】命令。在弹出的“表设计器”界面中可以直接修改表的结构。例如，修改字段的名称、数据类型，添加新的字段或者删除字段等。

3. 使用CREATE TABLE语句创建表

创建如表附3-1所示的数据表employee，参考代码如下：

```
CREATE TABLE [dbo].[employee](
	[ely_id] [int] NOT NULL,
```

```
        [ely_name] [varchar](30) NOT NULL,
        [ely_age] [int] NOT NULL,
 CONSTRAINT [PK_employee] PRIMARY KEY CLUSTERED
(
        [ely_id] ASC
)
) ON [PRIMARY]
```

4. 使用ALTER TABLE语句修改表

向数据表employee中添加新字段，参考代码如下：

```
ALTER TABLE [dbo].[employee](
        ADD { [部门] [nvarchar](50) NOT NULL }
}
```

修改数据表中已存在列的属性，参考代码如下：

```
ALTER TABLE [dbo].[ employee](
        ALTER { [部门] [varchar](30) NULL }
}
```

删除数据表中的字段，参考代码如下：

```
ALTER TABLE [dbo].[ employee]( DROP [部门] )
```

实验4　使用语句更新记录

实验目的：

（1）掌握使用INSERT语句添加记录的方法。

（2）掌握使用UPDATE语句修改记录的方法。

（3）掌握使用DELETE语句删除记录的方法。

实验内容和步骤：

1. 使用INSERT语句添加记录

操作数据库db_temp，向员工信息表employee中添加一条新记录。

```
Use db_temp
insert into employee(ely_name,ely_age) values('于明明',26)
```

2. 使用UPDATE语句修改记录

在员工信息表employee中，修改员工“于明明”的年龄为27。

```
Use db_temp
update employee set ely_age=27 where ely_name='于明明'
```

3. 使用DELETE语句删除记录

在员工信息表employee中，删除名称为“于明明”、年龄为27的员工记录。

```
Use db_temp
Delete from employee where ely_name='于明明' and ely_age=27
```

实验5　创 建 视 图

实验目的：

（1）理解视图的概念。

（2）掌握使用SQL Server Management Studio创建视图的方法。

（3）掌握使用Transact-SQL语句创建视图的方法。

实验内容和步骤：

依据数据库db_temp中的employee表创建视图“view_employee”，视图查询表中前两行记录。

1. 使用SQL Server Management Studio创建视图

（1）启动SQL Server Management Studio，展开“数据库”节点，鼠标右键单击【视图】选项，在弹出的快捷菜单中选择【新建视图】命令。

（2）进入“添加表”对话框，选择员工信息表“employee”。

（3）在“视图设计器”界面（如图附5-1所示）的“表选择区”中选择【所有列】选项，在“SQL语句区”中编辑SQL语句，单击执行按钮 ，“视图结果区”中将自动显示视图结果。

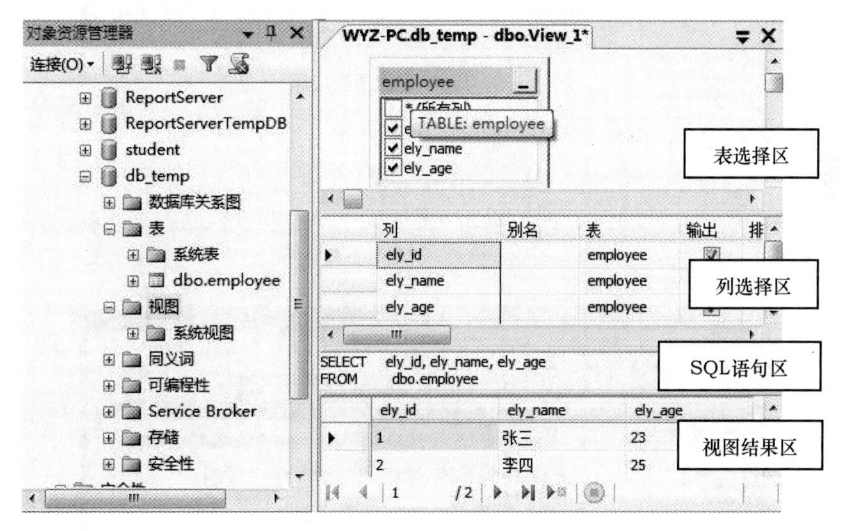

图附5-1　视图设计器

（4）保存视图为“view_employee”。

2. 使用CREATE VIEW语句创建视图

启动SQL Server Management Studio，新建查询，打开脚本编辑器，编写以下SQL代码创建视图“view_employee”：

```
Use db_temp
create view view_employee
as
select top 2 * from employee
```

实验6　在查询中使用Transact-SQL函数

实验目的：

（1）了解Transact-SQL函数。

（2）掌握常用Transact-SQL函数的使用方法。

（3）在查询中灵活应用Transact-SQL函数。

实验内容和步骤：

（1）在员工信息表employee中，查询上岗年份是2012的员工信息。

```
Use db_temp
Select * from employee where DatePart(yyyy,ely_hiredate) like '2012'
```

查询结果如图附6-1所示。

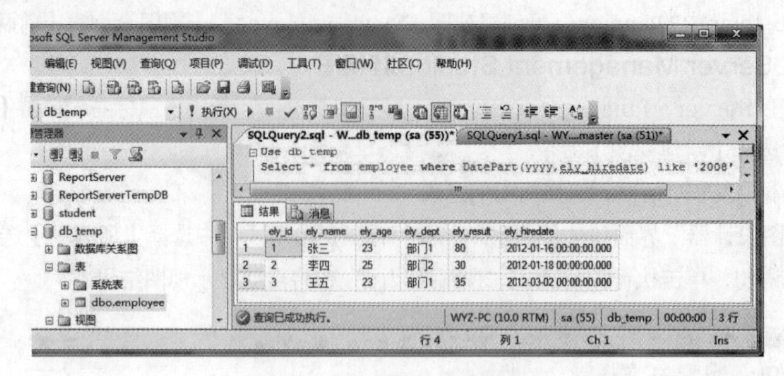

图附6-1　DatePart函数应用

（2）在员工信息表employee中，查询距今工作一年以上的员工信息。

```
Use db_temp
Select * from employee where Datediff (mm,ely_hiredate,GETDATE())>12
```

查询结果如图附6-2所示。

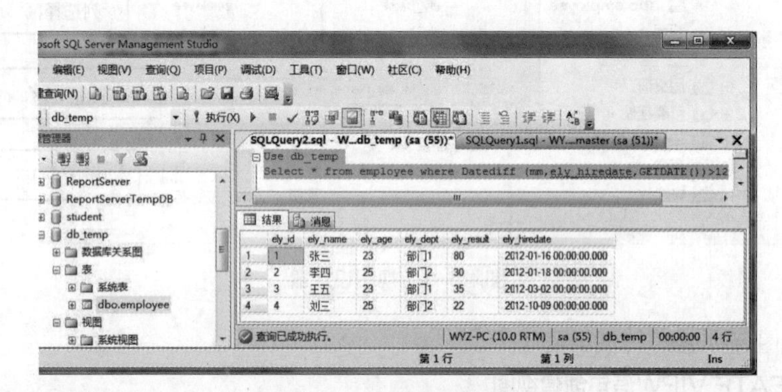

图附6-2　Datediff函数应用

（3）在员工信息表employee中，查询员工手机号码第4位起为5698的员工信息。

```
Use db_temp
Select * from employee where substring(ely_tel,4,4)= '5698'
```

实验7　查询和汇总数据库的数据

实验目的：

（1）掌握SELECT语句的基本语法和用法。

（2）学会用聚合函数计算统计检索结果。

（3）掌握使用GROUP BY子句进行分组统计的方法。

（4）掌握使用HAVING子句对分组结果进行筛选的方法。

实验内容和步骤：

1. SELECT语句的基本使用

（1）查询员工信息表employee中每个员工的所有信息。

```
Use db_temp
Select * from employee
```

查询结果如图附7-1所示。

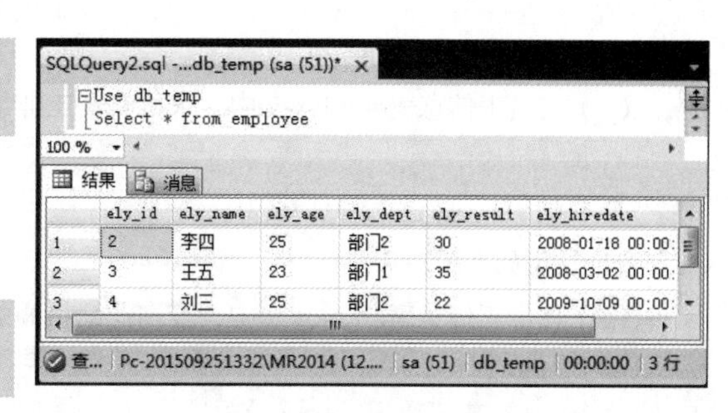

图附7-1　查询所有信息

（2）查询员工信息表employee中员工的姓名和年龄。

```
Use db_temp
Select ely_name ,ely_age from employee
```

查询结果如图附7-2所示。

（3）在员工信息表employee中按照员工年龄降序查询数据。

```
Use db_temp
Select * from employee order by ely_age desc
```

查询结果如图附7-3所示。

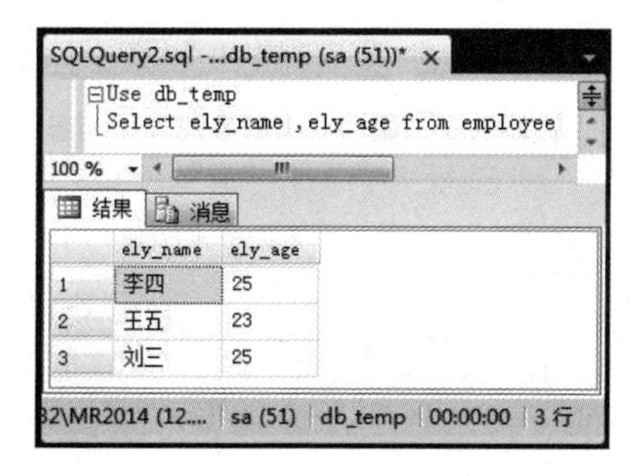

图附7-2　查询员工的姓名和年龄

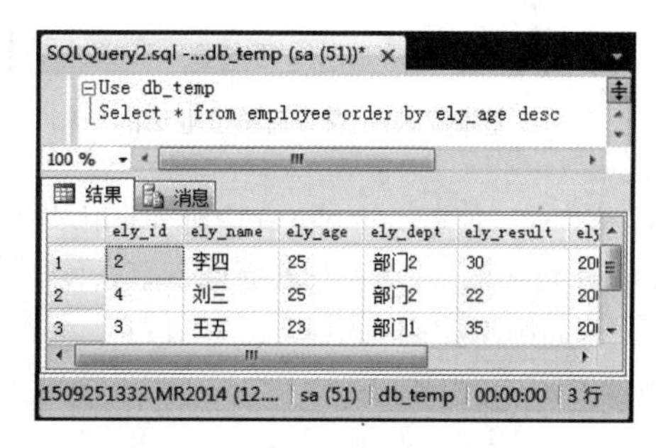

图附7-3　按照员工年龄降序查询数据

（4）在员工信息表employee中查询年龄在20至26岁之间的员工姓名。

```
Use db_temp
Select ely_name from employee where ely_age between 20 and 26
```

查询结果如图附7-4所示。

（5）在员工信息表employee中查询姓“赵”的员工信息。

```
Use db_temp
Select * from employee where ely_name like '赵%'
```

查询结果如图附7-5所示。

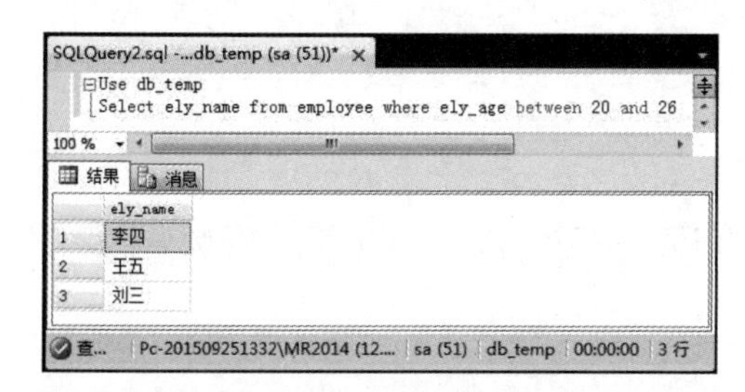

图附7-4　查询年龄在20至26岁之间的员工姓名

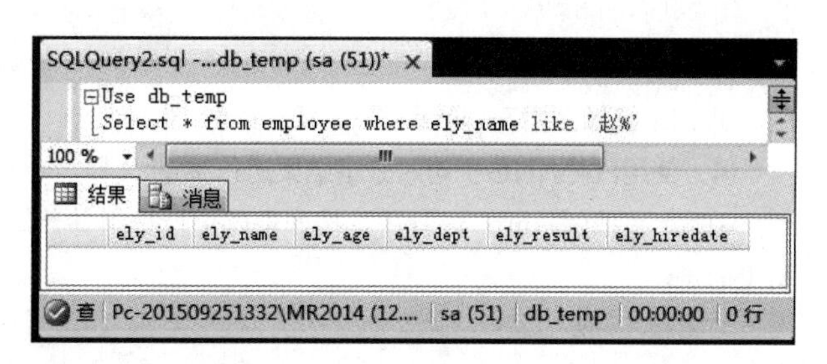

图附7-5　查询姓“赵”的员工信息

2. 使用聚合函数查询

（1）在员工信息表employee中，求所有员工业绩的总和。

```
Use db_temp
Select sum(ely_result) from employee
```

查询结果如图附7-6所示。

（2）在员工信息表employee中，查询业绩最高的员工信息。

```
Use db_temp
Select max(ely_result) from employee
```

查询结果如图附7-7所示。

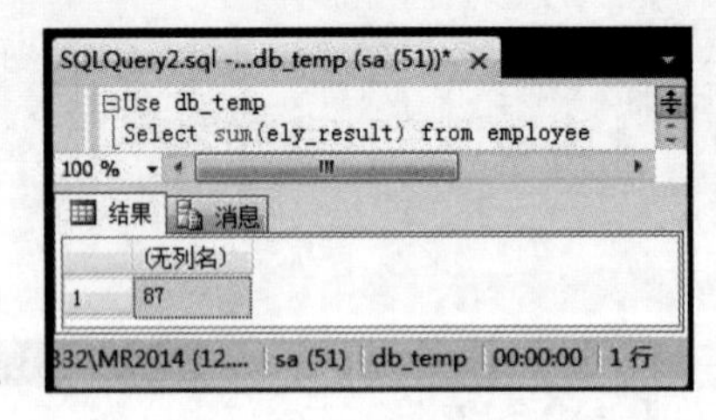

图附7-6　求所有员工业绩的总和

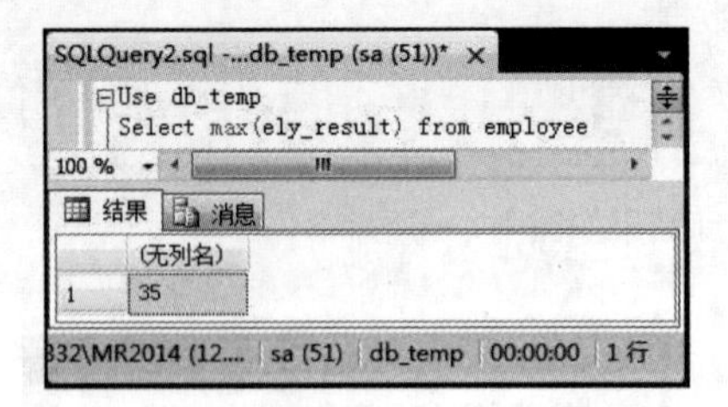

图附7-7　查询业绩最高的员工信息

（3）查询员工信息表employee中所有的记录数。

```
Use db_temp
Select count(*) from employee
```

查询结果如图附7-8所示。

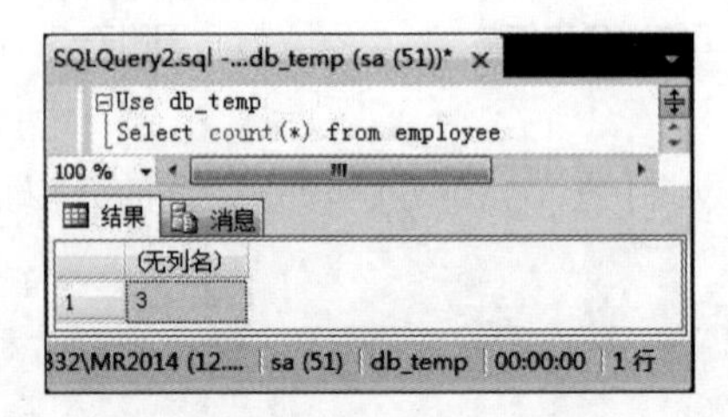

图附7-8　查询所有的记录数

3. 使用GROUP BY子句对查询结果分组

在员工信息表employee中，统计各部门员工的总业绩。

```
Use db_temp
Select ely_dept AS 部门,sum(ely_result) AS 业绩 from employee GROUP BY ely_dept
```

查询结果如图附7-9所示。

4. 使用HAVING子句对分组结果进行筛选

在员工信息表employee中，按照部门进行分组并计算部门员工的平均年龄，再查询平均年龄小于22的员工信息。

```
Use db_temp
Select ely_dept AS 部门,avg(ely_age) AS 年龄 from employee GROUP BY ely_dept HAVING avg(ely_age) < 22
```

查询结果如图附7-10所示。

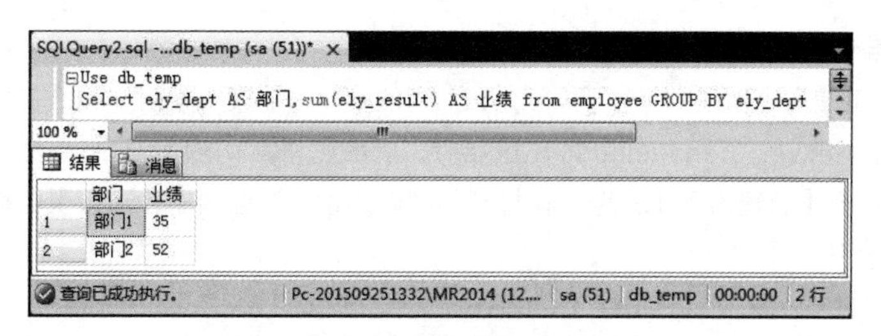

图附7-9　统计各部门员工的总业绩

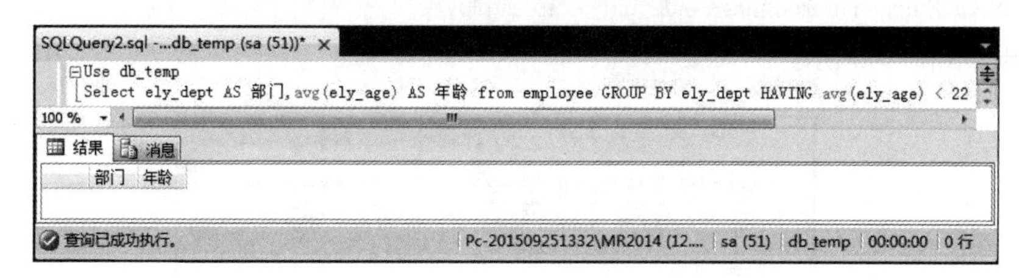

图附7-10　对分组结果进行筛选

实验8　创建和使用索引

实验目的：

（1）了解索引的作用。

（2）学会使用SQL Server Management Studio创建索引。

（3）学会使用SQL语句创建索引。

（4）学会创建唯一、聚集、非聚集、复合索引。

实验内容和步骤：

1. 建立索引

对数据库db_temp的员工信息表employee中的“ely_id”列建立一个名为“eid_index”的索引。

（1）启动SQL Server Management Studio，并连接到SQL Server 2012中的数据库。在“对象资源浏览器”中展开“数据库”节点，然后依次展开数据库db_temp和数据表employee，鼠标右键单击【索引】选项，在弹出的快捷菜单中选择【新建索引】命令。根据向导建立索引。

（2）在查询窗口中，输入CREATE INDEX语句建立索引：

```
use db_temp
create index eid_index on  employee(ely_id)
```

执行效果如图附8-1所示。

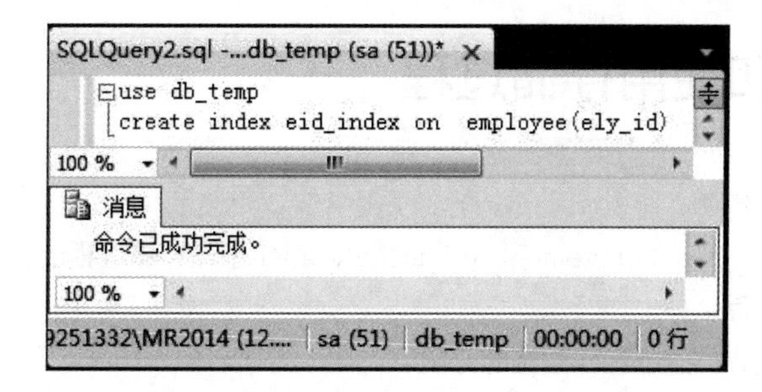

图附8-1　建立一个名为“eid_index”的索引

2. 创建一个唯一、非聚集索引

为employee员工信息表创建一个基于“ely_id”列的唯一、非聚集索引“eid2_index”。

（1）启动SQL Server Management Studio后，依次展开表节点后，鼠标右键单击【索引】选项，在弹出的快捷菜单中选择【新建索引】命令，在打开的“新建索引”窗口中输入索引名称、选择索引类型、添加索引键列，创建索引。

（2）在查询窗口中，输入CREATE INDEX语句创建索引：

```
use db_temp
create UNIQUE nonclustered index eid2_index on  employee(ely_id)
```

执行效果如图附8-2所示。

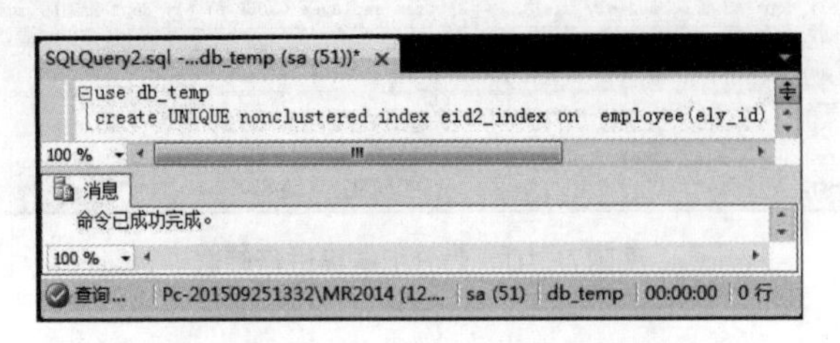

图附8-2　创建一个唯一、非聚集索引

实验9　创建并使用约束及实现数据完整性

实验目的：

（1）认识数据完整性的重要性。

（2）熟悉SQL Server提供的4种数据完整性机制。

（3）掌握使用SQL Server Management Studio创建约束的方法。

（4）学会创建和使用CHECK约束实现数据完整性。

实验内容和步骤：

在数据库db_temp的数据表employee中创建检查约束，以便在输入记录时列“ely_sex”的取值只能是“男”或“女”。通过限制输入到列“ely_sex”中的可能值，确保了SQL Server数据库中数据的域完整性。

（1）启动SQL Server Management Studio。

（2）鼠标右键单击数据表“employee”，在弹出的快捷菜单中选择【修改】命令。

（3）鼠标右键单击字段“ely_sex”，在弹出的快捷菜单中选择【CHECK约束】命令。在“CHECK约束”对话框中添加约束，并输入表达式ely_sex ='男'OR ely_sex ='女'。

（4）完成CHECK约束的创建。

实验10　创建和使用存储过程

实验目的：

（1）理解存储过程的概念、作用。

（2）掌握使用SQL Server Management Studio和SQL语句创建存储过程的方法。

（3）学会执行存储过程。

（4）掌握用户自定义存储过程操作数据的方法。

实验内容和步骤：

创建存储过程procedure1，列出employee表中的ely_id、ely_name、ely_dept、ely_result的信息。

（1）启动SQL Server Management Studio，展开数据库db_temp节点→【可编程性】节点，鼠标右键单击【存储过程】，在弹出的快捷菜单中选择【新建存储过程】命令，在打开的窗口中输入SQL语句创建存储过程。

（2）在查询窗口中，输入CREATE PROCEDURE语句创建存储过程：

```
use db_temp
go
create procedure procedure1 as
select ely_id,ely_name,ely_dept,ely_result from employee
```

执行效果如图附10-1所示。

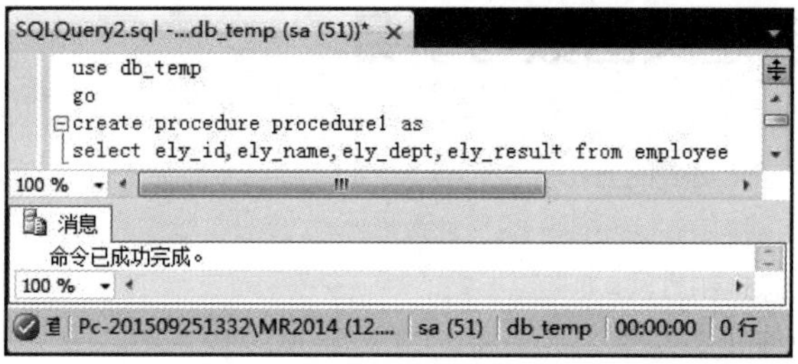

图附10-1　创建存储过程

实验11　创建触发器

实验目的：

（1）认识和理解触发器的概念、类型、功能。

（2）掌握使用SQL Server Management Studio创建触发器的方法。

（3）掌握使用SQL语句创建触发器的方法。

实验内容和步骤：

创建一个触发器tr1，当删除employee表中的数据时，输出一条消息。

（1）启动SQL Server Management Studio，依次展开表employee节点，鼠标右键单击【触发器】节点，在弹出的快捷菜单中选择【新建触发器】命令，在SQL查询分析器窗口中编辑创建的触发器SQL代码。

（2）在查询窗口中，输入以下SQL语句创建触发器：

```
USE db_temp
IF OBJECT_ID ('tr1', 'TR') IS NOT NULL
  DROP TRIGGER tr1
GO
CREATE TRIGGER tr1
ON employee
AFTER delete
as
print'你删除了一行数据，操作成功！'
GO
```

创建完以上触发器之后，如果在employee表中删除一条记录，会自动执行该触发器。例如，删除employee表中ely_id为1的记录，会自动打印“你删除了一行数据，操作成功！”记录。效果如图附11-1所示。

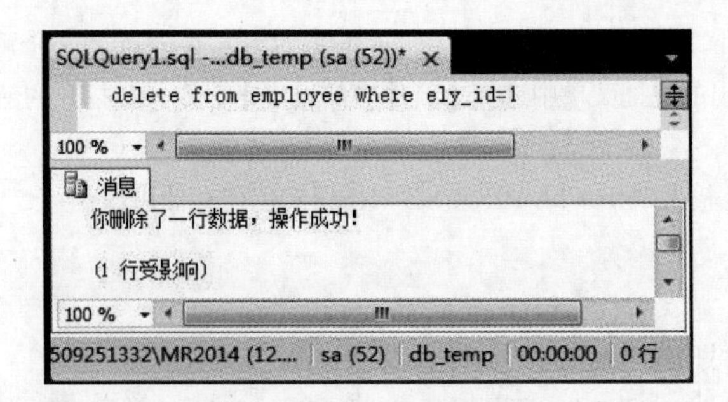

图附11-1　自动执行触发器

实验12　用户自定义函数与事务

实验目的：

（1）掌握创建用户自定义函数的方法。

（2）理解事务的概念、特性。

（3）掌握事务的设计思想和方法。

（4）掌握事务处理数据的方法。

实验内容和步骤：

创建一个名为function1的内联表值函数，功能是在employee表中根据输入的业绩值查询大于输入值的信息。

（1）启动SQL Server Management Studio，展开数据库db_temp→【可编程性】节点，鼠标右键单击【函数】，选择【新建】→【内联表值函数】命令，打开查询模板修改相应参数，创建用户自定义函数。

（2）在查询窗口中，输入以下SQL语句创建用户自定义函数：

```
create function function1 (@x int)
returns table
as
return(select * from employee where ely_result > @x)
```

调用用户自定义函数function1，查询大于所输入业绩值的员工信息。SQL语句如下：

```
use db_temp
select * from function1 (45)
```

效果如图附12-1所示。

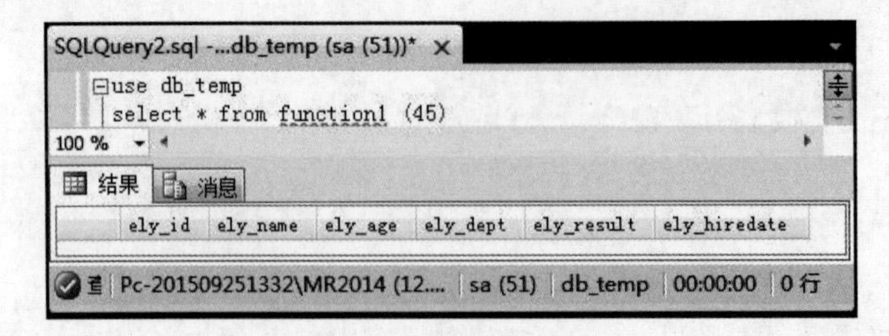

图附12-1　调用自定义函数

（3）事务处理。

对数据表employee进行插入记录的工作，当遇到错误时回滚到插入数据前的状态。参考代码如下：

```
set nocount on
```

```
BEGIN TRAN
SAVE TRAN ABC
        INSERT INTO employee(ely_name) VALUES('刘某')
        if @@error<>0
            begin
                print '遇到错误正准备回滚'
                waitfor delay '0:00:30'
                ROLLBACK TRAN ABC
            end
else
            begin
                print '操作完毕'
            end
```

效果如图附12-2所示。

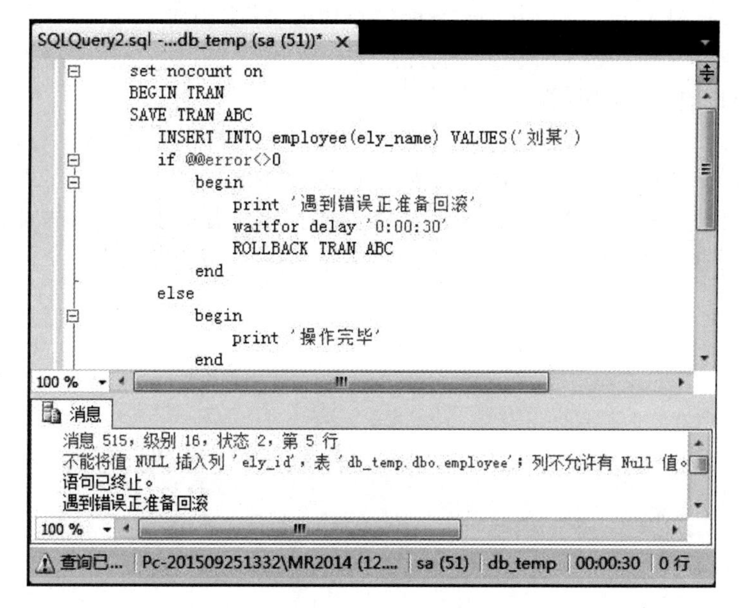

图附12-2　执行事务

实验13　SQL Server身份验证

实验目的：

（1）理解SQL Server 2012身份验证模式。

（2）掌握配置SQL Server身份验证模式的方法。

（3）学会创建和管理登录账户。

实验内容和步骤：

（1）启动SQL Server Management Studio，在服务器属性的“安全性”窗口中配置SQL Server的身份验证模式。可以选择Windows验证模式或者混合模式（SQL Server和Windows身份验证模式）。

（2）展开服务器名称→【安全性】→【登录名】，鼠标右键单击【登录名】，在弹出的快捷菜单中选择【新建登录名】命令，在“登录名-新建”窗口中输入登录名并选择身份验证模式，创建登录账户mylogin。

（3）鼠标右键单击登录名mylogin，在弹出的快捷菜单中选择【属性】命令，在弹出的“登录属性”窗口中可以修改登录名的信息。

（4）鼠标右键单击登录名mylogin，在弹出的快捷菜单中选择【删除】命令，即可直接删除此登录名。

实验14　备份和恢复数据库

实验目的：

（1）掌握数据库备份类型和恢复类型。

（2）理解数据库备份和恢复机制的作用。

（3）掌握数据库备份和恢复机制的实现方法。

实验内容和步骤：

（1）完整备份数据库db_temp，备份集名称为mybak1。

打开SQL Server Management Studio，鼠标右键单击要备份的数据库“db_temp”选项，在弹出的快捷菜单中选择【任务】→【备份】命令。在打开的“备份数据库”窗口中，选择备份类型为“完整”，设置备份集名称为mybak1，完成备份操作。

（2）应用备份集mybak1，以“覆盖现有数据库”的形式还原数据库db_temp。

打开SQL Server Management Studio，鼠标右键单击要备份的数据库“db_temp”选项，在弹出的快捷菜单中选择【任务】→【还原】→【数据库】命令。在打开的“还原数据库”窗口中，设置还原的目标数据库和源数据库，并在“选项”页中选择【覆盖现有数据库】，完成还原操作。